高等学校"专业综合改革试点"项目成果：
土木工程专业系列教材

总主编　赵顺波

组合结构设计原理

主　编　程远兵
副主编　王　慧　赵顺波
参　编　曲福来　何双华

机械工业出版社

本书为河南省高等学校"专业综合改革试点"项目：土木工程（河南省教育厅，教高〔2012〕859号）的教研成果。本书以 JGJ 138—2016《组合结构设计规范》、GB 50017—2017《钢结构设计标准》、GB 50010—2010《混凝土结构设计规范》（2015版）等标准为重要依据，系统介绍了钢与混凝土组合结构的基本理论、设计与计算方法、构造措施等，并通过例题进行了组合结构设计计算示范。全书共分6章，主要内容有：绪论、混凝土叠合结构设计、钢-混凝土组合楼盖设计、型钢混凝土组合结构设计、钢管混凝土结构设计、预弯型钢预应力混凝土梁设计。为了便于教学，本书各章除给出了相应的例题外，还在各章后列出了反映相应重点概念和计算方法的思考题和习题。

本书可作为高等院校土木工程专业学生的课程教材，也可作为土建工程技术人员的继续教育教材。

图书在版编目（CIP）数据

组合结构设计原理/程远兵主编. —北京：机械工业出版社，2020.9
高等学校"专业综合改革试点"项目成果. 土木工程专业系列教材
ISBN 978-7-111-66143-6

Ⅰ.①组… Ⅱ.①程… Ⅲ.①组合结构-结构设计-高等学校-教材
Ⅳ.①TU398

中国版本图书馆 CIP 数据核字（2020）第 130570 号

机械工业出版社（北京市百万庄大街22号　邮政编码100037）
策划编辑：林　辉　责任编辑：林　辉
责任校对：陈　越　封面设计：张　静
责任印制：常天培
北京虎彩文化传播有限公司印刷
2021年1月第1版第1次印刷
184mm×260mm・14.25印张・346千字
标准书号：ISBN 978-7-111-66143-6
定价：39.00元

电话服务　　　　　　　　　网络服务
客服电话：010-88361066　　机 工 官 网：www.cmpbook.com
　　　　　010-88379833　　机 工 官 博：weibo.com/cmp1952
　　　　　010-68326294　　金 书 网：www.golden-book.com
封底无防伪标均为盗版　机工教育服务网：www.cmpedu.com

高等学校"专业综合改革试点"项目成果：土木工程专业系列教材

编 审 委 员 会

前　言

随着建筑业的不断发展，钢与混凝土组合结构在高层建筑、超高层建筑、地震区建筑、大跨空间结构、桥梁等土木工程中得到了越来越广泛的应用。钢与混凝土组合结构具有承载能力高、刚度大、延性和抗震性能好、施工速度快等优点。

"组合结构设计原理"课程是土木工程专业的重要专业课之一，具有理论复杂、公式繁琐、综合性强、实践性强、须重视构造要求等特点，旨在使学生在学习混凝土结构和钢结构的基础上，掌握钢与混凝土组合结构的特点、共同工作原理以及组合构件的计算方法和构造要求，从而合理地进行结构分析、计算和设计，并为后续课程的学习和钢与混凝土组合结构设计、施工及相关研究奠定基础。

为适应高等学校土木工程专业本科生培养的需要，本书以 GB 50068—2018《建筑结构可靠性设计统一标准》、JGJ 138—2016《组合结构设计规范》、GB 50017—2017《钢结构设计标准》、GB 50010—2010《混凝土结构设计规范》（2015 版）等标准为重要依据，结合近年来钢与混凝土组合结构理论研究及工程应用方面的最新成果，系统地介绍了钢与混凝土组合结构的基本理论、设计与计算方法、构造措施等，通过例题进行了计算运用示范。本书可作为高等院校土木工程专业学生的课程教材，也可作为土建工程技术人员的继续教育教材。

本书为河南省高等学校"专业综合改革试点"项目：土木工程（河南省教育厅，教高〔2012〕859 号）的教研成果，由河南省土木工程结构类课程教学团队"组合结构设计原理"课程的授课教师团队共同编写，全书共分 6 章，主要内容有：绪论、混凝土叠合结构设计、钢-混凝土组合楼盖设计、型钢混凝土组合结构设计、钢管混凝土结构设计、预弯型钢预应力混凝土梁设计。为了便于教学，本书各章除给出相应的例题外，还在各章后列出了反映相应重点概念和计算方法的思考题和习题。

编写分工如下：第 2 章、第 6 章由曲福来教授、程远兵教授编写，第 3 章、第 4 章由王慧副教授、赵顺波教授编写，第 1 章、第 5 章由何双华讲师编写。本书由课程负责人程远兵教授担任主编，团队负责人赵顺波教授审核定稿。

本书编写过程中参考了国内同行的著作、教材和论文资料，在此谨致谢忱。由于编者水平有限，书中不妥甚至错误之处，恳请读者批评指正。

编　者

目　录

第1章　绪　　论

本章导读

➤ 内容及要求　介绍钢-混凝土组合结构的概念、类型、主要特点和应用发展，以及本课程的任务和特点。通过本章学习，应对钢-混凝土组合结构有基本了解，包括其类型、特点及工程应用，以建立组合结构学习的感性认识。

➤ 重点　钢-混凝土组合结构的类型、特点。

1.1　钢-混凝土组合结构的特点

钢-混凝土组合结构（下文简称组合结构）是由组合结构构件组成的结构，以及由组合结构构件与钢构件、钢筋混凝土构件组成的结构。组合结构构件是由型钢、钢管或钢板与钢筋混凝土组合并能整体受力的结构构件。

随着建筑结构技术的发展，组合结构在国内外得到了越来越广泛的应用，成为继传统的木结构、砌体结构、钢筋混凝土结构、钢结构之后的第五大结构形式。典型的组合结构或构件主要有钢-混凝土组合梁、压型钢板组合楼板、型钢混凝土组合结构以及钢管混凝土组合结构等。随着建筑材料、设计理论和设计方法的不断发展，组合结构的概念已经由钢与混凝土组合的材料层次、结构构件层次拓展到结构体系层次。近年来，通过对不同结构构件以及体系之间的相互组合，形成了一系列新型而高效的组合结构体系。

组合结构是在钢结构和钢筋混凝土结构的基础上发展而来的，这种结构充分利用了钢材和混凝土的材料性能，相对于单独的钢构件或混凝土构件形成的结构，更具有优越性。不同类型的组合结构或构件，其组合的方式不同，工程特性也不同。

1.1.1　钢-混凝土组合梁的特点

钢-混凝土组合梁（以下简称组合梁）是混凝土翼板与钢梁通过抗剪连接件组合而成的整体受力梁。它具有以下特点：

（1）截面尺寸小、自重轻　由于有较宽的混凝土翼板参与抵抗压力，组合梁的截面惯性矩比钢梁大得多，可以达到降低梁高、增加室内净高的效果。一般情况下，简支组合梁的高跨比为 1/16～1/20，连续组合梁的高跨比为 1/25～1/35。

（2）承载力高、刚度大、稳定性好　组合梁能充分利用混凝土抗压强度高和钢材抗拉性能好的优点，提高了梁的承载力。组合梁的混凝土翼板与钢梁共同工作，抗弯刚度增大，挠度减小；上翼缘侧向刚度大，梁整体稳定性好；钢梁的受压翼缘受到混凝土板的约束，其翼缘与腹板的局部稳定性都得到了改善。

（3）抗震性能、抗疲劳性能好　由于组合梁有较好的延性，耗能能力强、整体性好，因而表现出良好的抗震性能和抗疲劳性能。

（4）经济合理　组合梁截面受力合理，混凝土替代钢材承压，有效节省了钢结构中用作加劲肋的钢材，如采用塑性理论设计还可以进一步降低造价。

（5）施工速度快 组合梁可减少模板，减少预埋件的施工工作量，加快施工速度。混凝土板的存在使得钢梁上翼缘的应力水平降低，因而由裂缝引起的损伤较小，用于吊车梁时比钢吊车梁使用寿命更长。

钢-混凝土组合梁广泛应用于建筑结构和桥梁结构。在跨度和荷载较大的情况下，采用组合梁具有显著的技术、经济效益。在建筑结构中，组合梁可用于民用建筑和工业厂房的楼盖结构、工业厂房的吊车梁、工作平台、栈桥等。在桥梁结构中，可广泛用于城市桥梁、公路桥梁、铁路桥梁中的梁式桥，还可应用于拱桥、悬索桥、斜拉桥等。

1.1.2 压型钢板组合楼盖的特点

组合楼盖是在压型钢板上现浇混凝土，组成的压型钢板与混凝土共同承受荷载的楼盖。它具有以下特点：

（1）自重轻、节约钢材 组合楼板将抗压强度高、刚度大、造价低的混凝土置于截面受压区，将抗拉性能好的压型钢板置于截面受拉区，可部分或全部代替板中的受力钢筋，使得混凝土和钢材的优缺点互补，同时能减小钢筋用量。

（2）施工方便、施工工期短 由于本身具有一定刚度和强度，压型钢板可作为浇筑混凝土的永久模板，节省了施工中支模和拆模的工序，缩短了工期。在施工阶段压型钢板铺设完毕后，可以作为施工平台使用。合理选择板跨及压型钢板板厚，可以不设临时支撑，实现多层交叉施工，因而可极大地加快施工进度。压型钢板一般很薄，自重轻，便于运输、堆放和安装。

（3）整体稳定性和抗震性能好 组合楼板将各层中的竖向构件联系在一起，将剪力水平传递给各个支撑构件上，传力途径明确，有利于提升建筑的整体性，从而达到良好的抗震性能。

（4）方便铺设管线，直接作为建筑顶棚 压型钢板的肋部方便铺设水、电、通信等管线，同时压型钢板可以直接作为建筑顶篷使用，无须再安装吊顶。

压型钢板组合楼板主要应用于高层钢结构建筑中，如上海瑞金大厦在 10 层以上采用压型钢板组合楼板，北京京广中心（53 层）、上海希尔顿酒店（43 层）、深圳发展中心大厦（41 层）、中国国际贸易中心（39 层）、上海国际贸易中心大楼（37 层）、北京长富宫中心（26 层）等工程，均采用了使用栓钉抗剪连接件的压型钢板组合楼板。

1.1.3 型钢混凝土组合结构的特点

型钢混凝土组合结构是指在混凝土中配置型钢并配有一定纵向钢筋和箍筋的结构。

与钢筋混凝土结构相比，型钢混凝土组合结构具有以下特点：

（1）承载能力高 由于型钢混凝土组合结构中的含钢量较大，构件的承载力可以达到相同截面尺寸的钢筋混凝土构件承载力两倍以上，因此可以通过减小构件截面尺寸，增加房屋的使用面积和净高，提高经济效益。

（2）变形能力强、抗震性能好 型钢的存在，使构件的延性得到了很大改善，尤其是实腹式型钢混凝土构件，其抗震性能非常优越。

（3）施工方便、工期短 型钢混凝土构件中的型钢，在混凝土浇筑之前就经形成了具有较高承载力的钢骨架，能够承担构件自重和施工时的活荷载，模板也可以悬挂在型钢骨架上且不必再单独设置模板支柱，从而减少了支设模板的工作量，缩短了工期。

与钢结构相比，型钢混凝土组合结构具有以下特点：

（1）整体稳定性好　外包混凝土对型钢起到了良好的约束作用，提高了钢构件整体和局部抗屈曲能力。组合结构承载力大、稳定性好、变形小，尤其利于抵御水平荷载作用。

（2）节约钢材　由于混凝土和型钢共同承担荷载，组合结构整体刚度提高，钢材的强度得以充分利用，可节省钢材、降低造价。

（3）耐火性和耐久性好　包裹在型钢骨架外面的钢筋混凝土还可以作为型钢的保护层，可以替代型钢外涂的防锈漆和防火涂料，不仅节省经常性维护费用，而且提高了构件整体的耐火性能。

型钢混凝土组合结构主要用于多、高层结构中，在框支剪力墙中的框支层、框架—剪力墙、筒体等结构中采用型钢混凝土梁、柱或墙，可以充分发挥型钢混凝土组合结构的优点。型钢混凝土组合结构也可制作拱和壳体，在桥梁和核反应堆保护壳等工程中使用。

1.1.4　钢管混凝土组合结构的特点

钢管混凝土构件是在钢管内填充混凝土的构件，在钢管内可以配置钢筋，也可以只填充素混凝土。采用钢管混凝土构件作为主要受力构件的结构，称为钢管混凝土组合结构。它具有以下特点：

（1）承载力高　钢管内的混凝土受到横向约束而处于三向受压状态，抗压强度和变形能力提高；在钢管内部填充混凝土后，由于混凝土的支撑作用，可以避免或延缓钢管壁的屈曲，保证了钢材材料性能的充分发挥。正是由于这种相互作用，钢管混凝土的承载力远大于钢管和混凝土各自承载力之和。

（2）塑性和韧性好　混凝土的强度越高，脆性越大。有了钢管的约束，混凝土的脆性得到了显著改善，即使在冲击和振动荷载作用下也表现出良好的韧性。试验表明，在往复荷载作用下，钢管混凝土压弯构件的荷载-位移滞回曲线形状饱满，且没有明显的刚度退化，呈现出良好的耗能能力和变形能力。

（3）防腐和耐火性能良好　由于钢管内有混凝土，钢管仅需做外部防锈，防腐工艺简单。钢管内部填充混凝土之后，由于混凝土的吸热作用，可降低钢管壁的温度，更为重要的是，钢管包裹的混凝土保持了完整性，从而有效提高了构件的抗火性能，减少了火灾后构件的补强工作量、降低了维修费用。

（4）施工方便　钢管在施工阶段可兼作混凝土的施工模板，承受施工荷载，加快施工进度。由于管内一般不配置钢筋，便于混凝土振捣。空钢管构件易于制作、构造简单、自重小，可减少运输和吊装等费用。

（5）经济性好　在钢管混凝土组合结构中，钢材和混凝土充分发挥了各自的材料特性。在保持钢材用量相近和承载力相同的条件下，受压构件采用钢管混凝土比普通钢筋混凝土节约混凝土 50%，减轻自重 50% 左右；在保持自重相近和承载力相同的条件下，钢管混凝土组合结构比纯钢结构节约钢材 50%，焊接工作量大幅减少，柱截面尺寸大大减小。

钢管混凝土结构更能适应现代工程结构向大跨、高耸、重载发展和承受极端工作条件的需要，符合现代施工技术的工业化要求，越来越广泛地应用于单层和多层工业厂房柱、高层和超高层建筑、设备构架柱、栈桥柱、地铁站台柱、送变电塔、桁架压杆、桩、空间结构、各种支架以及桥梁结构中,并且取得了良好的经济效果。

1.2 本课程的任务与特点

1.2.1 本课程的性质和任务

本课程是土木工程专业的主要专业课之一,结合近年来钢与混凝土组合结构理论研究及工程应用方面的最新成果和有关现行标准,系统介绍钢与混凝土组合结构的基本理论、设计与计算方法、构造措施等。

本课程旨在使学生在学习了混凝土结构和钢结构课程的基础上,掌握钢与混凝土组合结构的特点、共同工作的原理以及组合结构构件的计算方法和构造要求,为合理地进行钢与混凝土组合结构的设计、施工及相关研究奠定基础。

1.2.2 本课程的特点

本课程具有以下特点:

(1) 理论复杂、公式繁琐 钢与混凝土组合结构的计算方法是建立在大量科学实验的基础上。因此,学习时要重视构件的受力性能,理解建立计算公式的基本假定和考虑的主要因素。在应用公式时要特别注意其适用范围和限制条件。

(2) 综合性强 本课程要解决的不仅是组合结构的承载力和变形计算问题,而且要进一步解决构件和结构的设计问题,包括结构方案、构造选型、材料选择及配筋构造等,要逐步学习综合考虑使用、施工和经济等因素的设计方法。

(3) 重视构造要求 构造处理是大量科学实验和长期工程实践经验的总结,是对计算必不可少的补充。在设计中构造与计算同样重要,要充分重视对构造要求的学习。

(4) 实践性强 本课程具有很强的实践性,要重视作业、课程设计和必要的现场参观。

思 考 题

1-1 什么是钢与混凝土组合结构?

1-2 组合结构在我国有哪些应用?

第2章 混凝土叠合结构设计

本章导读

➤ **内容及要求** 混凝土叠合梁正截面受力特点，混凝土叠合梁设计，混凝土叠合梁节点构造。通过本章学习，应熟悉钢筋混凝土叠合梁的受力特点和节点做法，掌握钢筋混凝土叠合梁的计算方法。

➤ **重点** 叠合梁正截面受弯承载力、斜截面受剪承载力及正常使用极限状态验算。

➤ **难点** 不同阶段叠合梁荷载效应组成，叠合梁设计内容。

2.1 混凝土叠合结构的特点

2.1.1 混凝土叠合结构的组成

混凝土叠合结构是在预制混凝土构件上后浇一层混凝土而形成的一种装配整体式结构。混凝土叠合结构按其受力性能可分为一次受力叠合结构和二次受力叠合结构两类。

图 2-1 所示为典型的混凝土叠合梁板结构，施工时首先将预制的梁板吊装就位，然后在其下设置支撑，施工阶段的荷载全部由支撑承受，预制梁板只起到模板作用，待叠合层现浇混凝土达到一定强度后再拆除支撑，这样叠合结构便能够承受使用阶段的全部荷载，整个截面的受力是一次性的，从而形成一次受力叠合结构。

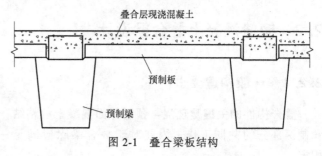

图 2-1 叠合梁板结构

若预制的梁板下面不设支撑，直接以预制部分作为现浇层混凝土的模板并承受施工期荷载，待其上现浇层混凝土达到设计强度后，再由预制部分和现浇部分形成的叠合截面承受使用荷载，叠合截面的应力状态是由二次受力产生的，便形成了二次受力叠合结构。

一次受力叠合结构除在必要时需做预制与现浇混凝土叠合面抗剪强度验算外，其余设计计算方法与普通混凝土结构相同。因此，本书除特别说明外，混凝土叠合结构均指二次受力叠合结构。

2.1.2 混凝土叠合结构的特点

混凝土叠合结构是由工厂制造的预制构件首先在施工现场装配，然后在其上浇筑现浇混凝土而形成整体受力结构。这种结构的特点主要有：

1）预制构件工厂化制作、机械化程度高，现场浇筑节省模板工程量、施工效率高。混凝土叠合结构的主要受力部分在工厂制造，机械化程度高，易于保证质量，采用流水作业生产速度快，并可提前制作，缩短工期。同时，工厂预制易于实现较复杂截面构件的制作，对于提高构件承载力，降低结构自重具有明显的优势。现浇混凝土以装配后的预制构件为模板，相比现浇混凝土结构，可减少支模工作量，节省模板材料，提高了施工效率，缩短了工期，这对于高空或困难条件下的施工具有显著优势。

2）受力性能得到优化，用钢量降低。相对全预制装配结构而言，可提高结构的整体刚度和抗震性能；由于叠合结构仅有预制部分的截面承受预压力，可以改善制造时的受力性能，一般不需在预拉区设置预应力筋，从而提高了构件在施工阶段的抗裂性，较整体预应力构件更为节省钢材。同时，混凝土叠合结构的二次受力特点减少了连续结构支座截面的负弯矩，从而减少了相应的钢筋量。

3）结构材料用量降低、施工效率提高，节约了造价。当采用高强钢筋时，钢筋用量可大大降低，节省钢材 50% 左右。当采用空腹预制截面时，节省混凝土 30%～40%，节约模板 75%～85%，工期可缩短 30% 左右。尽管增加了预制加工和运输吊装环节，但工程总造价仍可降低 10% 以上。

叠合结构截面由预制混凝土截面和后浇混凝土截面组成，它们的共同工作性能依赖于叠合面的抗剪性能。因此，混凝土叠合结构设计除需要进行预制构件和叠合构件的正截面、斜截面设计外，叠合面的抗剪设计也是非常重要的。混凝土叠合结构的设计要复杂一些，设计工作量有所增加。同时，混凝土叠合结构还存在节点构造较复杂，施工工序较多等问题，其施工技术含量较高，特别是在施工质量管理方面对施工单位提出了更严格的要求。

2.2 钢筋混凝土叠合梁设计

2.2.1 一般构造要求

叠合构件的关键是现浇与预制界面混凝土的粘结，并配置必要的连接筋，以保证现浇和预制两部分的共同工作，因此对于叠合梁除应满足一般梁的构造要求外，尚应符合下列规定：

1）叠合梁的现浇层混凝土的厚度不宜小于 100mm，混凝土强度等级不宜低于 C30。预制梁的箍筋应全部伸入现浇层，且各肢伸入现浇层的直线段长度不宜小于 $10d$（d 为箍筋直径）。预制梁的顶面应做成凸凹高差不小于 6mm 的粗糙面。

2）叠合板的现浇层混凝土厚度不应小于 40mm，混凝土强度等级不宜低于 C25。预制板表面应做成凸凹高差不小于 4mm 的粗糙面。承受较大荷载的叠合板以及预应力叠合板，宜在预制底板上设置伸入现浇层的构造钢筋。

2.2.2 正截面受力特点

1. 平均应变

已有研究表明，叠合梁预制截面在第一阶段荷载作用下和叠合截面在第二阶段荷载作用下的平均应变分别符合平截面假定。通过试验得到梁正截面平均应变实测图（见图 2-2b），其虚线表示在跨中弯矩 M_1 作用下预制梁截面上的平均应变。其中：M_1 表示现浇层混凝土达到设计强度前的第一阶段中，预制构件自重和现浇层混凝土自重在预制构件跨中产生的弯矩。

如图 2-2 所示，由于第一阶段荷载作用下预制截面混凝土受压区处于第二阶段荷载作用时叠合截面受拉区，叠合截面在此部位的混凝土需先抵消第一阶段荷载产生的压应变才能进入受拉状态，这实际上相当于第一阶段荷载在预制截面混凝土受压区产生预压应力的消压过程。

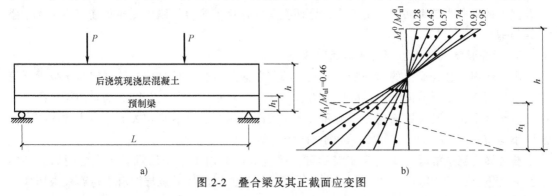

图 2-2 叠合梁及其正截面应变图

根据试验结果，叠合截面在二次受力下的混凝土应变图形因叠合参数 a_h 和 a_M（其中 a_h 为预制截面高度 h_1 与叠合截面高度 h 之比，a_M 为叠合梁第一阶段荷载作用下跨中弯矩 M_1 与预制截面极限承载弯矩 M_{u1} 之比）的不同将有三种情形：

1）当 a_h 和 a_M 均较小时，此时预制截面应变图仅对叠合截面受拉图形有影响，如图 2-3a 所示。

2）当 a_h 较小但 a_M 较大时，此时叠合截面存在两个中和轴，如图 2-3b 所示，考虑到叠合截面破坏时仍是上部混凝土受压造成的，下部中和轴对承载力实际上没有影响，所以上部中和轴是计算所考虑的对象。为此，当叠合截面产生界限破坏时，图 2-3a、b 可统一采用图 2-4 来确定中和轴高度。

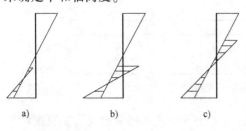

图 2-3 叠合截面的混凝土应变图形

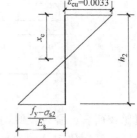

图 2-4 界限相对受压区高度

3）当 a_h 较大时，此时预制截面部分受压区处于叠合截面在第二阶段荷载下的受压区内，从而对中和轴位置产生影响。

与普通钢筋混凝土梁的界限相对受压区高度计算公式比较，钢筋混凝土叠合梁的界限相对受压区高度要考虑第一阶段荷载作用下纵向受拉钢筋应力项，这使得钢筋混凝土叠合梁的界限相对受压区高度大于同条件的普通钢筋混凝土梁的界限相对受压区高度。从简化设计计算的角度出发，按普通钢筋混凝土梁的计算公式计算钢筋混凝土叠合梁的界限相对受压区高度将是偏于安全的。

2. 纵向受拉钢筋"应力超前"现象

由材料力学可知，当叠合梁的预制截面高度不变时，叠合梁的纵向受拉钢筋应力将随着外部（第一阶段）作用荷载的增加而增大，因该预制截面的极限承载力不变，即叠合梁的纵向受拉钢筋应力随着 a_M 的增加而增大。另一方面，在第一阶段相同的荷载作用下，由于叠合梁的预制截面高度小于整浇梁的截面高度，使其纵向受拉钢筋应力大于整浇梁纵向受拉钢筋的应力。尽管在第二阶段荷载作用时，叠合梁的纵向受拉钢筋应力增值比同等荷载作用下整浇梁的纵向受拉钢筋应力增值小，但两次荷载作用下叠合梁纵向受拉钢筋应力仍大于整浇梁的钢筋应力。

3. 后浇混凝土受压的"应变滞后"现象

由于作用在叠合梁上的第一阶段荷载为预制截面所承受，后浇层受压区混凝土仅承受第二阶段外荷载在叠合截面上产生的压应力，其压应变将小于承受全部荷载的整浇梁混凝土压应变。叠合梁纵向受拉钢筋应力超前和后浇层混凝土压应变滞后是相关的，应力和应变差值的大小均随 a_M 增大而增大，随 a_h 减小而增大。

叠合梁后浇层混凝土受压应变滞后可使叠合截面纵向受拉钢筋承受更大的内力。事实上，适筋叠合梁的正截面破坏，均是由于纵向受拉钢筋屈服、后浇层混凝土达到极限压应变被压碎。

4. 裂缝形态分布和跨中挠度

由于叠合截面附加拉力的有利作用，叠合梁在第二阶段荷载作用下的纵向受拉钢筋应力、裂缝宽度和挠度增值均小于对比梁的相应值，并且裂缝沿截面高度的发展受到抑制而变得缓慢，只是当纵向受拉钢筋屈服后才向上有较大伸展。叠合梁的裂缝分布如图 2-5 所示。

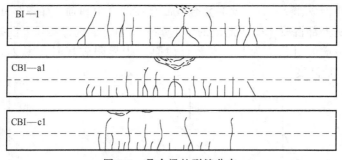

图 2-5　叠合梁的裂缝分布

但比较而言，叠合梁纵向受拉钢筋应力超前将导致叠合梁的裂缝宽度和挠度增大，使得纵向受拉钢筋在使用阶段就可能处在接近屈服强度的高应力状态，甚至达到屈服强度，使叠合梁失去应用价值，因此必须加以控制。

5. 正截面的破坏特征

试验的钢筋混凝土叠合梁由于纵向受拉钢筋配筋率的不同而表现出两种破坏特征：适筋破坏和超筋破坏，破坏形态与普通钢筋混凝土梁相同。结果表明，正截面适筋破坏的钢筋混凝土叠合梁与同条件的普通钢筋混凝土梁比较，没有本质的区别。

2.2.3　正截面受弯承载力计算

施工阶段不施加支撑的叠合受弯构件（梁和板），内力应分别按下列两个阶段计算。

1）第一阶段：后浇的叠合层混凝土未达到强度设计值之前的阶段。荷载由预制构件承担，预制构件按简支构件计算；荷载包括预制构件自重、预制楼板自重、叠合层自重以及本阶段的施工活荷载。

2) 第二阶段：叠合层混凝土达到设计规定的强度值之后的阶段。叠合构件按整体结构计算，荷载考虑下列情况并取较大值：

① 施工阶段：考虑叠合结构自重、预制楼板自重、面层、吊顶等自重以及本阶段的施工活荷载。

② 使用阶段：考虑叠合结构自重、预制楼板自重、面层、吊顶等自重以及使用阶段的可变荷载。

钢筋混凝土叠合梁的正截面承载力按钢筋混凝土梁正截面承载力计算方法，分别设计预制截面和叠合截面，其弯矩设计值应按下列规定取用

预制构件

$$M_1 = M_{1G} + M_{1Q} \tag{2-1}$$

叠合构件的正弯矩区段

$$M = M_{1G} + M_{2G} + M_{2Q} \tag{2-2}$$

叠合构件的负弯矩区段

$$M = M_{2G} + M_{2Q} \tag{2-3}$$

式中 M_{1G}——预制构件自重、预制楼板自重和叠合层自重在计算截面产生的弯矩设计值；

M_{2G}——第二阶段面层、吊顶等自重在计算截面产生的弯矩设计值；

M_{1Q}——第一阶段施工活荷载在计算截面产生的弯矩设计值；

M_{2Q}——第二阶段可变荷载在计算截面产生的弯矩设计值，取本阶段施工活荷载和使用阶段可变荷载在计算截面产生的弯矩设计值中的较大值。

在计算中，对于预制截面，混凝土强度取相应的预制混凝土的强度；对于叠合截面，正弯矩区段的混凝土强度等级，按叠合层取用，负弯矩区段的混凝土强度等级，按计算截面受压区的实际情况取用。

钢筋混凝土叠合梁的界限相对受压区高度，按普通钢筋混凝土梁的计算公式计算。

2.2.4 斜截面受剪承载力计算

预制构件和叠合构件的斜截面受剪承载力，应按 GB 50010—2010《混凝土结构设计规范》（2015 年版）第 6.3 节的有关规定进行计算。其中，剪力设计值应按下列规定取用

预制构件

$$V_1 = V_{1G} + V_{1Q} \tag{2-4}$$

叠合构件

$$V = V_{1G} + V_{2G} + V_{2Q} \tag{2-5}$$

式中 V_{1G}——预制构件自重、预制楼板自重和叠合层自重在计算截面产生的剪力设计值；

V_{2G}——第二阶段面层、吊顶等自重在计算截面产生的剪力设计值；

V_{1Q}——第一阶段施工活荷载在计算截面产生的剪力设计值；

V_{2Q}——第二阶段可变荷载在计算截面产生的剪力设计值，取本阶段施工活荷载和使用阶段可变荷载在计算截面产生的剪力设计值中的较大值。

在计算中，叠合构件斜截面上混凝土和箍筋的受剪承载力设计值 V_{cs} 应取叠合层和预制构件中较低的混凝土强度等级进行计算，且不低于预制构件的受剪承载力设计值；对预应力

混凝土叠合构件，不考虑预应力对受剪承载力的有利影响，取 $V_p = 0$。

当叠合梁符合《混凝土结构设计规范》第 9.2 节梁的各项构造要求时，其叠合面的受剪承载力应符合下列规定

$$V \leqslant 1.2 f_c b h_0 + 0.85 f_{yv} \frac{A_{sv}}{s} h_0 \tag{2-6}$$

式中 f_c——混凝土轴心抗压强度设计值；

       b——矩形截面宽度；

       h_0——截面有效高度；

       f_{yv}——箍筋的抗拉强度设计值；

       A_{sv}——配置在同一截面内箍筋各肢截面面积之和；

       s——箍筋间距。

此外，混凝土轴心抗拉强度设计值 f_t 取叠合层和预制构件中的较小值。

对于不配箍筋的叠合板，当符合《混凝土结构设计规范》叠合界面粗糙度的构造规定时，其叠合面的受剪强度应符合下式的要求

$$\frac{V}{b h_0} \leqslant 0.4 \mathrm{N/mm^2} \tag{2-7}$$

2.2.5 叠合梁正常使用极限状态验算

混凝土叠合构件应验算裂缝宽度，按荷载准永久组合或标准组合并考虑长期作用影响所计算的最大裂缝宽度 w_{max}，不应超过《混凝土结构设计规范》规定的最大裂缝宽度限制，见表 2-1。

表 2-1 结构构件的裂缝控制等级及最大裂缝宽度的限值

（单位：mm）

环境类别	钢筋混凝土结构		预应力混凝土结构	
	裂缝控制等级	w_{lim}	裂缝控制等级	w_{lim}
一	三级	0.30(0.40)	三级	0.20
二 a		0.20		0.10
二 b			二级	—
三 a、三 b			一级	—

注：1. 对处于年平均相对湿度小于 60% 地区一类环境下的受弯构件，其最大裂缝宽度限制可采用括号内的数值。

    2. 在一类环境下，对钢筋混凝土屋架、托架及需作疲劳验算的吊车梁，其最大裂缝宽度限值应取为 0.20mm；对钢筋混凝土屋面梁和托梁，其最大裂缝宽度限值取为 0.30mm。

    3. 在一类环境下，对预应力混凝土屋架、托架及双向板体系，应按二级裂缝控制等级进行验算；对一类环境下的预应力混凝土屋面板、托梁、单向板，应按表中二 a 类环境的要求进行验算；在一类和二 a 类环境下需作疲劳验算的预应力混凝土吊车梁，应按裂缝控制等级不低于二级的构件进行验算。

    4. 表中规定的预应力混凝土构件的裂缝控制等级和最大裂缝宽度限值仅适用于正截面的验算；预应力混凝土构件的斜截面裂缝控制验算应符合本规范的第 7 章的有关规定。

    5. 对于处于四、五类环境下的结构构件，其裂缝控制要求应符合专门标准的有关规定。

    6. 表中的最大裂缝宽度限值为用于验算荷载作用引起的最大裂缝宽度。

依据《混凝土结构设计规范》7.1.2 条，钢筋混凝土构件按荷载准永久组合或标准组合并考虑长期作用影响的最大裂缝宽度 w_{max} 可按下列公式计算

$$w_{max} = 2 \frac{\psi(\sigma_{s1k} + \sigma_{s2q})}{E_s} \left(1.9 c_s + 0.08 \frac{d_{eq}}{\rho_{te1}}\right) \tag{2-8}$$

$$\psi = 1.1 - \frac{0.65 f_{tk1}}{\rho_{te1} \sigma_{s1k} + \rho_{te} \sigma_{s2k}} \qquad (2\text{-}9a)$$

$$d_{eq} = \frac{\sum n_i d_i^2}{\sum n_i v_i d_i} \qquad (2\text{-}9b)$$

$$\rho_{te} = \frac{A_s + A_p}{A_{te}} \qquad (2\text{-}9c)$$

式中 d_{eq}——受拉区纵向钢筋的等效直径（mm）；对无粘结后张构件，仅为受拉区纵向普通钢筋的等效直径（mm）；

f_{tk1}——预制构件的混凝土抗拉强度标准值；

ψ——裂缝间纵向受拉钢筋应变不均匀系数：当 $\psi < 0.2$ 时，取 $\psi = 0.2$；当 $\psi > 1.0$ 时，取 $\psi = 1.0$；对直接承受重复荷载的构件，取 $\psi = 1.0$；

σ_s——按荷载准永久组合计算的钢筋混凝土构件纵向受拉普通钢筋应力或按标准组合计算的预应力混凝土构件纵向受拉钢筋等效应力；

E_s——钢筋的弹性模量；

c_s——最外层纵向受拉钢筋外边缘至受拉区底边的距离（mm）：当 $c_s < 20$ 时，取 $c_s = 20$；当 $c_s > 65$ 时，取 $c_s = 65$；

ρ_{te1}、ρ_{te}——按预制构件、叠合构件的有效受拉混凝土截面面积计算的纵向受拉钢筋配筋率；

A_{te}——有效受拉混凝土截面面积：对受弯构件取 $A_{te} = 0.5bh + (b_f - b)h_f$，此处，$b_f$、$h_f$ 为受拉翼缘的宽度、高度；

A_s、A_p——受拉区纵向普通钢筋、预应力钢筋截面面积。

d_i——受拉区第 i 种纵向钢筋的公称直径；对于有粘结预应力钢绞线束的直径取为 $\sqrt{n_1} d_{p1}$，d_{p1} 为单根钢绞线的公称直径，n_1 为单束钢绞线根数；

n_i——受拉区第 i 种纵向钢筋根数；对于有粘结预应力钢绞线，取为钢绞线束数；

v_i——受拉区第 i 种纵向钢筋的相对粘结特性系数，按《混凝土结构设计规范》表 7.1.2-2 采用。

钢筋混凝土受弯构件的最大挠度应按荷载的准永久组合，预应力混凝土受弯构件的最大挠度应按荷载的标准组合，并均应考虑荷载长期作用的影响进行计算，其计算值不应超过表 2-2 规定的挠度限值。

表 2-2 受弯构件的挠度限值

构件类型		挠度限值
吊车梁	手动吊车	$l_0/500$
	电动吊车	$l_0/600$
屋盖、楼盖及楼梯构件	当 $l_0 < 7m$ 时	$l_0/200$（$l_0/250$）
	当 $7m \leqslant l_0 \leqslant 9m$ 时	$l_0/250$（$l_0/300$）
	当 $l_0 > 9m$ 时	$l_0/300$（$l_0/400$）

注：1. 表中 l_0 为构件的计算跨度；计算悬臂构件的挠度限值时，其计算跨度 l_0 按实际悬臂长度的 2 倍选取。
2. 表中括号内的数值适用于使用上对挠度有较高要求的构件。
3. 如果构件制作时预先起拱，且使用上也允许，则在验算挠度时，可将计算所得的挠度值减去起拱值，对预应力混凝土构件，尚可减去预加力所产生的反拱值。
4. 构件制作时的起拱值和预加力所产生的反拱值，不宜超过构件在相应荷载组合作用下的计算挠度值。

　　叠合构件应按《混凝土结构设计规范》的规定进行正常使用极限状态下的挠度验算。其中，钢筋混凝土叠合受弯构件按荷载准永久组合或标准组合并考虑长期作用影响的刚度可按下列公式计算

$$B = \frac{M_q}{\left(\dfrac{B_{s2}}{B_{s1}} - 1\right)M_{1Gk} + \theta M_q} B_{s2} \tag{2-10}$$

$$M_k = M_{1Gk} + M_{2k} \tag{2-11}$$

$$M_q = M_{1Gk} + M_{2Gk} + \psi_q M_{2Qk} \tag{2-12}$$

式中　θ——考虑荷载长期作用对挠度增大的影响系数，对钢筋混凝土受弯构件，当 $\rho' = 0$ 时，取 $\theta = 2.0$；当 $\rho' = \rho$ 时，取 $\theta = 1.6$；当 ρ' 为中间值时，θ 按线性内插法取用，此处，$\rho' = A'_s/(bh_0)$，$\rho = A_s/(bh_0)$；对翼缘位于受拉区的倒 T 形截面，应增加 20%；预应力混凝土受弯构件，取 $\theta = 2.0$；

　　　　M_k——叠合构件按荷载标准组合计算的弯矩值；

　　　　M_q——叠合构件按荷载准永久组合计算的弯矩值；

　　　　B_{s1}——预制构件的短期刚度；

　　　　B_{s2}——叠合构件第二阶段的短期刚度；

　　　　ψ_q——第二阶段可变荷载的准永久值系数。

　　荷载准永久组合或标准组合下钢筋混凝土叠合构件正弯矩区段内的短期刚度，可按下列规定计算。

　　1）预制构件的短期刚度 B_{s1} 可按下式计算

$$B_{s1} = \frac{E_s A_s h_0^2}{1.15\psi + 0.2 + \dfrac{6\alpha_E \rho}{1 + 3.5\gamma_f}} \tag{2-13}$$

　　2）叠合构件第二阶段的短期刚度可按下式计算

$$B_{s2} = \frac{E_s A_s h_0^2}{0.7 + 0.6\dfrac{h_1}{h} + \dfrac{45\alpha_E \rho}{1 + 3.5\gamma_f}} \tag{2-14}$$

$$\psi = 1.1 - 0.65\frac{f_{tk}}{\rho_{te}\sigma_s}$$

$$\rho_{te} = \frac{A_s + A_p}{A_{te}}$$

式中　ψ——裂缝间纵向受拉普通钢筋应变不均匀系数；

　　　　α_E——钢筋弹性模量与叠合层混凝土弹性模量的比值，$\alpha_E = E_s/E_{c2}$；

　　　　ρ——纵向受拉钢筋配筋率，对钢筋混凝土受弯构件，$\rho = A_s/(bh_0)$；

　　　　γ_f——受拉翼缘截面面积与腹板有效截面面积的比值；

其他物理量意义同前。

2.2.6　钢筋混凝土叠合梁设计示例

1. 基本资料

某框架计算简图和叠合梁截面尺寸如图 2-6 所示：框架轴距为 6m，第一阶段施工时，预制构件简支在框架柱上，考虑施工特点，近似取框架柱净跨作为第一阶段受力时预制构件的计算跨度，即 $L_1 = 5.6m$；第二阶段受力时，叠合构件已形成连续超静定结构，取叠合框架梁的计算跨度为框架轴线距离，即 $L_2 = 6.0m$。

根据构造设计，已知 $h_1 = 450mm$，$h_{01} = 415mm$，$h_0 = 615mm$，$b'_f = 400mm$，$b = 180mm$，$h'_f = 75mm$（平均高度）；叠合厚度 $h_2 = 200mm$，取 $c_s = 25mm$。

叠合前预制构件混凝土采用 C30，$f_c = 14.3N/mm^2$，$f_t = 1.43N/mm^2$，叠合后叠合层混凝土采用 C30，纵向受拉钢筋采用 HRB335，直径小于 25mm，$f_y = 300N/mm^2$，箍筋采用 HPB300，$f_y = 270N/mm^2$，$E_c = 3×10^4 N/mm^2$，$E_s = 2×10^5 N/mm^2$。

规范规定的有关指标为：叠合前预制构件最大裂缝宽度允许值 $w_{max} = 0.2mm$，最大挠度计算值不应超过 $l_0/300$，叠合构件最大裂缝宽度 $w_{max} = 0.3mm$，最大挠度计算值不应超过 $l_0/200$，结构重要性系数 $\gamma_0 = 1.0$，准永久系数 $\psi_q = 0.4$。

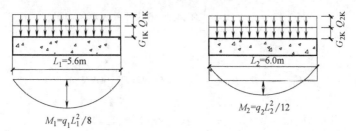

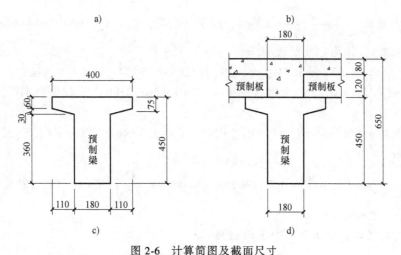

图 2-6　计算简图及截面尺寸

a) 叠合前计算简图　b) 叠合后计算简图　c) 叠合前截面　d) 叠合后截面

2. 荷载及荷载效应计算

叠合前梁和板自重（包括预制构件和后浇混凝土重量）$G_{1k} = 11.9kN/m$，施工活荷载

Q_{1k} = 8.6kN/m；叠合后楼面恒载（抹面、吊顶）G_{2k} = 4.2kN/m，使用活荷载 Q_{2k} = 24.8kN/m。

计算叠合施工阶段的恒载及施工活荷载在简支预制构件中引起的弯矩和剪力，即

$$M_{1Gk}=\frac{1}{8}G_{1k}L_1^2=\frac{1}{8}\times11.9\times5.6^2 kN\cdot m=46.65 kN\cdot m$$

$$M_{1Qk}=\frac{1}{8}Q_{1k}L_1^2=\frac{1}{8}\times8.6\times5.6^2 kN\cdot m=33.71 kN\cdot m$$

$$V_{1Gk}=\frac{1}{2}G_{1k}L_1=\frac{1}{2}\times11.9\times5.6 kN=33.32 kN$$

$$V_{1Qk}=\frac{1}{2}Q_{1k}L_1=\frac{1}{2}\times8.6\times5.6 kN=24.08 kN$$

计算叠合后使用阶段的恒载及活荷载在框架叠合梁跨中引起的弯矩和剪力，此时已无施工活荷载：

$$M_{1Gk}=46.65 kN\cdot m$$

$$M_{2Gk}=\frac{1}{12}G_{2k}L_2^2=\frac{1}{12}\times4.2\times6^2 kN\cdot m=12.60 kN\cdot m$$

$$M_{2Qk}=\frac{1}{12}Q_{2k}L_2^2=\frac{1}{12}\times24.8\times6^2 kN\cdot m=74.40 kN\cdot m$$

$$V_{1Gk}=33.32 kN$$

$$V_{2Gk}=\frac{1}{2}G_{2k}L_2=\frac{1}{2}\times4.2\times6 kN=12.60 kN$$

$$V_{2Qk}=\frac{1}{2}Q_{2k}L_2=\frac{1}{2}\times24.8\times6 kN=74.4 kN$$

3. 预制构件的施工阶段验算

（1）截面复核 $\frac{h_w}{b}=\frac{h_{01}-75}{180}=1.9<4$，属于一般梁，查 GB 50068—2018《建筑结构可靠性设计统一标准》，作用分项系数 $\gamma_G=1.3$，$\gamma_Q=1.5$。

$$V_1=1.3V_{1Gk}+1.5V_{1Qk}=1.3\times33.32 kN+1.5\times24.08 kN=79.44 kN$$

$V_1<0.25\beta_c f_c bh_{01}=0.25\times1\times14.3\times180\times415 kN=267.05 kN$，故预制构件截面满足规范要求。

（2）正截面配筋计算 $M_1=1.3M_{1Gk}+1.5M_{1Qk}=1.3\times46.65 kN\cdot m+1.5\times33.71 kN\cdot m=111.21 kN\cdot m$

$$M_1<\alpha_1 f_c b_f' h_f'\left(h_{01}-\frac{h_f'}{2}\right)=1.0\times14.3\times400\times60\times\left(415-\frac{60}{2}\right)kN\cdot m=132.13 kN\cdot m$$

h_f'偏于安全地取 60mm。

受压区在翼缘内，属于第一种 T 形截面

$$\alpha_s=\frac{M_1}{\alpha_1 f_c b_f' h_{01}^2}=\frac{111210000}{1.0\times14.3\times400\times415^2}=0.113$$

$$\gamma_s=\frac{1+\sqrt{1-2\alpha_s}}{2}=0.940,\xi=1-\sqrt{1-2\alpha_s}=0.120<\xi_b=0.550$$

由规范公式得：　　$A_{s1}=\dfrac{M_1}{\gamma_s f_y h_{01}}=\dfrac{111210000}{0.940\times300\times415}mm^2=950.3mm^2$

（3）斜截面配筋计算　　$V_1=73.7kN<0.7f_tbh_{01}=0.7\times1.43\times180\times415kN=74.77kN$
可不进行受剪承载力计算，箍筋按照构造要求配置。

4. 叠合构件的截面设计

（1）正截面配筋计算　　$M=1.3(M_{1Gk}+M_{2Gk})+1.5M_{2Qk}=1.3\times(46.65+12.60)kN\cdot m+1.5\times74.4kN\cdot m=188.62kN\cdot m$

$$\alpha_s=\dfrac{M}{\alpha_1 f_c bh_0^2}=\dfrac{188620000}{1.0\times14.3\times180\times615^2}=0.194$$

$$\gamma_s=\dfrac{1+\sqrt{1-2\alpha_s}}{2}=0.891,\ \xi=1-\sqrt{1-2\alpha_s}=0.218<\xi_b=0.550$$

由规范公式得：$A_s=\dfrac{M}{\gamma_s f_y h_0}=\dfrac{188620000}{0.891\times300\times615}mm^2=1147.4mm^2>A_{s1}=950.3mm^2$

所以由叠合构件计算控制配筋，查 GB/T 1499.2—2018《钢筋混凝土用钢　第2部分：热轧带肋钢筋》，初步选用 2Φ22 和 1Φ25，Φ22 钢筋的公称横截面面积为 380.1mm²，Φ25 钢筋的公称横截面面积为 490.9mm²，故 $A_s=(2\times380.1+490.9)mm^2=1251.1mm^2$。

（2）斜截面的配筋计算

1）截面复核

$\dfrac{h_w}{b}=\dfrac{615}{180}=3.4<4$，属于一般梁。

$V=1.3(V_{1Gk}+V_{2Gk})+1.5V_{2Qk}=1.3\times(33.32+12.60)kN+1.5\times74.4kN=171.30kN$

$V<0.25\beta_c f_c bh_0=0.25\times1\times14.3\times180\times615kN=395.75kN$，故叠合梁截面满足要求。

2）斜截面配筋计算

预制构件

$$V=171.30kN>0.7f_tbh_{01}=0.7\times1.43\times180\times415kN=74.77kN$$

叠合构件

$$V=171.30kN>0.7f_tbh_0=0.7\times1.43\times180\times615kN=110.81kN$$

应按计算配置箍筋，并采用预制构件的抗剪承载力进行计算，于是有

$$V_{cs}=0.7f_tbh_{01}+f_{yv}\dfrac{A_{sv}}{s}h_0,\ 令\ V=V_{cs}$$

得到

$$\dfrac{nA_{sv1}}{s}=0.51$$

选用双肢箍筋 $\phi8@100$，跨中 $L_0/3$ 按 $\phi8@200$ 布置，$\dfrac{nA_{sv1}}{s}=\dfrac{2\times50.3}{100}=1.006>0.51$（满足要求）

配箍率为　　　　　　　　$\rho_{sv}=\dfrac{A_{sv}}{bs}=\dfrac{100.6}{180\times100}=0.56\%$

对于二级抗震等级的梁沿梁全长箍筋的面积配筋率

$$\rho_{sv} \geq 0.28\frac{f_t}{f_{yv}} = 0.28 \times \frac{1.43}{270} = 0.15\% \text{（满足要求）}$$

此配箍量即为预制构件的配箍量，为伸过叠合面的水平抗剪强度箍筋。

（3）叠合面的抗剪强度验算

$V = 171.30\text{kN}$

$$V \leq 1.2f_tbh_0 + 0.85f_{yv}\frac{A_{sv}}{s}h_0 = 1.2 \times 1.43 \times 180 \times 615\text{kN} + 0.85 \times 270 \times 100.6 \times 615\text{kN}/100 =$$

331.95kN（满足要求）

5. 钢筋应力及裂缝宽度验算

（1）钢筋应力验算 钢筋混凝土叠合受弯构件在荷载准永久组合下，其纵向受拉钢筋的应力 σ_{sq} 应符合下列规定

$$\sigma_{sq} = \sigma_{s1k} + \sigma_{s2q} \leq 0.9f_y$$

在弯矩 M_{1Gk} 作用下，预制构件纵向受拉钢筋的应力 σ_{s1k} 可按下列公式计算

$$\sigma_{s1k} = \frac{M_{1Gk}}{0.87A_sh_{01}} = \frac{45.65\text{kN} \cdot \text{m}}{0.87 \times 1251.1\text{mm}^2 \times 415\text{mm}} = 101.06\text{N/mm}^2$$

在荷载准永久组合相应的弯矩 M_{2q} 作用下，叠合构件纵向受拉钢筋中的应力增量 σ_{s2q} 可按下列公式计算

$$\sigma_{s2q} = \frac{0.5(1+h_1/h)M_{2q}}{0.87A_sh_0}$$

其中，$M_{2q} = M_{2Gk} + M_{2Qk} = 12.60\text{kN} \cdot \text{m} + 74.40\text{kN} \cdot \text{m} = 87\text{kN} \cdot \text{m}$

为确定 $0.5(1+h_1/h)$ 的取值，《混凝土结构设计规范》规定应考虑 M_{1Gk} 与 $0.35M_{1u}$ 大小。

根据预制构件正截面抗弯承载力的计算可得到受压区高度

$$x = \frac{f_yA_s}{\alpha_1f_cb} = \frac{300 \times 1251.1}{1.0 \times 14.3 \times 180}\text{mm} = 145.8\text{mm}$$

$$\xi = 145.8/415 = 0.351 < \xi_b = 0.550$$

故 $M_{1u} = \alpha_1f_cbx(h_{01}-x/2) = 1.0 \times 14.3 \times 180 \times 145.8 \times (415-125/2)\text{kN} \cdot \text{m} = 132.29\text{kN} \cdot \text{m}$

$$0.35M_{1u} = 46.30\text{kN} \cdot \text{m} < M_{1Gk} = 46.65\text{kN} \cdot \text{m}$$

$$\sigma_{s2k} = \frac{0.5 \times (1+450/650) \times 87 \times 10^6}{0.87 \times 1251.1 \times 615}\text{N/mm}^2 = 109.97\text{N/mm}^2$$

$$\sigma_{sq} = \sigma_{s1k} + \sigma_{s2k} = 101.06\text{N/mm}^2 + 109.97\text{N/mm}^2 = 211.03\text{N/mm}^2 < 0.9 \times 335\text{N/mm}^2$$

$$= 301.5\text{N/mm}^2$$

因此，应力验算满足要求。

（2）裂缝宽度验算

1）预制构件最大裂缝宽度验算

各参数的计算：构件受力特征系数 α_{cr}，对受弯钢筋混凝土构件取 1.9。

$$A_{te} = 0.5bh + (b_f-b)h_f = 0.5 \times 180 \times 450\text{mm}^2 = 40500\text{mm}^2$$

$$\rho_{te} = \frac{A_s+A_p}{A_{te}} = \frac{1251.1}{40500} = 0.0309 \quad \sigma_s = \frac{M_{1Gk}+M_{1Qk}}{0.87h_{01}A_s} = \frac{46.65 \times 10^6 + 33.71 \times 10^6}{0.87 \times 415 \times 1251.1}\text{N/mm}^2 = 177.90\text{N/mm}^2$$

查《混凝土结构设计规范》，C30 混凝土 $f_{tk} = 2.01 N/mm^2$。

$$\varphi = 1.1 - 0.65 \frac{f_{tk}}{\rho_{te} \sigma_s} = 1.1 - 0.65 \times \frac{2.01}{0.0309 \times 177.90} = 0.862$$

$$d_{eq} = \frac{\sum n_i d_i^2}{\sum n_i v_i d_i} = \frac{2 \times 22^2 + 1 \times 25^2}{2 \times 22 + 1 \times 25} mm = 23.09 mm$$

所以得到最大裂缝宽度 $w_{max} = \alpha_{cr} \varphi \frac{\sigma_s}{E_s} \left(1.9 c_s + 0.08 \frac{d_{eq}}{\rho_{te}}\right) = 1.9 \times 0.862 \times \frac{177.90}{2 \times 10^5} \times$

$\left(1.9 \times 25 + 0.08 \times \dfrac{23.09}{0.0309}\right) mm = 0.156 mm < 0.2 mm$（满足要求）

2）叠合构件的裂缝宽度验算

由于 $f_{tk1} = 2.01 N/mm^2$，$\rho_{te} = \dfrac{A_s + A_p}{A_{te}} = \dfrac{1251.1}{0.5 \times 180 \times 650} = 0.0214$，$\rho_{te1} = 0.0309$

得到 $\varphi = 1.1 - \dfrac{0.65 f_{tk1}}{\rho_{te1} \sigma_{s1k} + \rho_{te} \sigma_{s2k}} = 1.1 - \dfrac{0.65 \times 2.01}{0.0309 \times 101.06 + 0.0214 \times 109.97} = 0.861$

代入式（2-8）得

$$w_{max} = 2 \frac{\varphi(\sigma_{s1k} + \sigma_{s2k})}{E_s} \left(1.9 c_s + 0.08 \frac{d_{eq}}{\rho_{te1}}\right)$$

$$= 2 \times \frac{0.862 \times (101.06 + 109.97)}{2 \times 10^5} \times \left(1.9 \times 25 + 0.08 \times \frac{23.09}{0.0309}\right) mm = 0.195 mm < 0.30 mm$$

（满足要求）

6. 变形计算

（1）预制构件的变形计算（按两端简支考虑）

计算在荷载短期效应组合下的短期刚度 B_{s1} 的系数

$$\alpha_E = \frac{E_s}{E_c} = \frac{2 \times 10^5}{3 \times 10^4} = \frac{20}{3} = 6.67$$

$$\rho = \frac{A_s}{bh_0} = \frac{1251.1}{180 \times 415} = 0.017$$

$$\gamma_f' = \frac{(b_f' - b) h_f'}{bh_0} = \frac{(400 - 180) \times 75}{180 \times 415} = 0.22$$

代入式（2-13）

$$B_{s1} = \frac{E_s A_s h_0^2}{1.15\varphi + 0.2 + \dfrac{6\alpha_E \rho}{1 + 3.5\gamma_f'}} = \frac{2 \times 10^5 \times 1251.1 \times 415^2}{1.15 \times 0.862 + 0.2 + \dfrac{6 \times 20 \div 3 \times 0.017}{1 + 3.5 \times 0.22}} N \cdot mm^2 = 273.53 \times 10^{11} N \cdot mm^2$$

所以挠度 $f = \dfrac{5(M_{1Gk} + M_{1Qk}) L_1^2}{48 B_{s1}} = \dfrac{5 \times (46.65 + 33.71) \times 10^6 \times 5.6^2 \times 10^6}{48 \times 273.53 \times 10^{11}} mm = 9.60 mm < \dfrac{5600}{300} mm$

$= 18.6 mm$（满足要求）

（2）叠合构件的变形计算

由式（2-14）计算 B_{s2}，其有关系数为

$$\alpha_E = 6.67, \rho = \frac{A_s}{bh_0} = \frac{1251.1}{180 \times 615} = 0.011$$

取 $b'_f = 1500, h'_f = 120$，于是 $\gamma'_f = \frac{(b'_f - b)h'_f}{bh_0} = \frac{(1500 - 180) \times 120}{180 \times 615} = 1.43$

所以 $B_{s2} = \dfrac{E_s A_s h_0^2}{0.7 + 0.6\dfrac{h_1}{h} + \dfrac{45\alpha_E \rho}{1 + 3.5\gamma'_f}}$

$$= \frac{2 \times 10^5 \times 1251.1 \times 615^2}{0.7 + 0.6 \times \dfrac{450}{650} + \dfrac{45 \times 6.67 \times 0.011}{1 + 3.5 \times 1.43}} N \cdot mm^2 = 568.34 \times 10^{11} N \cdot mm^2$$

$$M_k = M_{1Gk} + M_{2k} = 46.65 kN \cdot m + 12.6 kN \cdot m + 74.4 kN \cdot m = 133.65 kN \cdot m$$

$$M_q = M_{1Gk} + M_{2Gk} + \psi_q M_{2Qk} = 46.65 kN \cdot m + 12.6 kN \cdot m + 0.4 \times 74.4 kN \cdot m = 89.01 kN \cdot m$$

因 $\rho' = 0$，取 $\theta = 2$

所以叠合构件在荷载短期效应组合作用下并考虑荷载长期效应组合影响的长期刚度 B_L 为

$$B_L = \frac{M_q}{\left(\dfrac{B_{s2}}{B_{s1}} - 1\right) M_{1Gk} + \theta M_q} B_{s2} = \frac{89.01}{\left(\dfrac{568.34 \times 10^{11}}{273.53 \times 10^{11}} - 1\right) \times 46.65 + 2 \times 89.01} \times 568.34 \times 10^{11} N \cdot mm^2$$

$$= 221.59 \times 10^{11} N \cdot mm^2$$

挠度 $f_L = \dfrac{(G_{1k} + G_{2k} + Q_{2k})L^4}{185 B_L}$

$$= \frac{(11.9 + 4.2 + 24.8) \times 6000^4}{185 \times 221.59 \times 10^{11}} = 12.93 mm < \frac{L}{200} = 30 mm \text{（挠度满足要求）}。$$

经过承载力计算和使用阶段验算，最后确定配筋为 $2\Phi22 + 1\Phi25$，$A_s = 1251.1 mm^2$。

2.3 预应力混凝土叠合梁设计

2.3.1 一般构造要求

预应力混凝土叠合梁的关键是使新旧混凝土互相粘结，需配置必要的连接筋，以保证现浇和预制两部分的共同工作，因此对于预应力混凝土叠合梁，除应满足预应力梁的构造要求外，叠合层也应符合一些规定，构造要求同混凝土叠合梁的相关规定。

预应力混凝土结构的混凝土强度等级不宜低于C40，且不应低于C30。预应力混凝土梁的其他规定见《混凝土结构设计规范》第10.3节的相关内容。

按《混凝土结构设计规范》10.1.12条规定：施工阶段预拉区允许出现拉应力的构件，预拉区纵向钢筋的配筋率 $(A'_s + A'_p)/A$ 不宜小于0.15%，对后张法构件不应计入 A'_p，且预拉区纵向普通钢筋的直径不宜大于14mm，并应沿构件预拉区的外边缘均匀配置。其中，A 为构件截面面积；A'_s 为受压区纵向普通钢筋的截面面积；A'_p 为受压区纵向预应力筋的截面面积。

2.3.2 正截面受弯承载力计算

1. 有粘结预应力混凝土叠合梁正截面承载力

对于配置有明显屈服台阶的预应力筋的预应力混凝土叠合梁，尽管在第一阶段荷载作用下预应力筋应力超前，但由于达流幅后其应力在较大的塑性变形下维持不变，直至应变滞后的受压区混凝土达到极限压应变而破碎。因此，其正截面承载力可按普通预应力混凝土整浇梁计算，混凝土强度取叠合层混凝土轴心抗压强度设计值。

对于采用无明显屈服台阶的预应力筋的预应力混凝土叠合梁，在第一阶段荷载作用下预应力筋应力超前性质使得其正截面达到极限承载力状态时，预应力筋应力超过条件屈服应力或已进入强化阶段，导致其极限承载力明显高于同条件的普通整浇梁。如不考虑其提高作用，可以采用《混凝土结构设计规范》6.2.10 条的相关公式进行计算。

2. 相对界限受压区高度

对于预应力混凝土构件，纵向受拉钢筋屈服与受压区混凝土破坏同时发生的相对界限受压区高度 ξ_b 应按下列公式计算

$$\xi_b = \frac{\beta_1}{1 + \dfrac{0.002}{\varepsilon_{cu}} + \dfrac{f_{py} - \sigma_{p0}}{E_s \varepsilon_{cu}}} \tag{2-15}$$

式中 ξ_b——相对界限受压区高度，取 x_b/h_0，x_b 为界限受压区高度；

h_0——截面有效高度：纵向受拉钢筋合力点至截面受压边缘的距离；

E_s——钢筋弹性模量；

σ_{p0}——受拉区纵向预应力筋合力点处混凝土法向应力等于零时的预应力筋应力，按照《混凝土结构设计规范》，先张法构件时，预应力筋合力点处混凝土法向应力等于零时，$\sigma_{p0} = \sigma_{con} - \sigma_1$；后张法构件，预应力筋合力点处混凝土法向应力等于零时，$\sigma_{p0} = \sigma_{con} - \sigma_1 + \alpha_E \sigma_{pc}$；$\sigma_1$ 为相应阶段的预应力损失值，σ_{con} 为预应力筋的张拉控制应力，α_E 为钢筋弹性模量与混凝土弹性模量的比值，σ_{pc} 为由预加力产生的混凝土法向应力；

ε_{cu}——非均匀受压时的混凝土极限压应变，当 $f_{cu,k} < 50\text{MPa}$ 时，$\varepsilon_{cu} = 0.0033$；$\beta_1$ 为系数，按《混凝土结构设计规范》6.2.6 条的规定计算。

2.3.3 斜截面受剪承载力计算

1. 截面验算

按照《混凝土结构设计规范》6.3.1 条规定，矩形、T 形和 I 形截面受弯构件的受剪截面应符合下列条件：

当 $h_w/b \leqslant 4$ 时

$$V \leqslant 0.25\beta_c f_c b h_0$$

当 $h_w/b \geqslant 6$ 时

$$V \leqslant 0.2\beta_c f_c b h_0$$

当 $4 < h_w/b < 6$ 时，按线性内插法确定。

式中 V——构件斜截面上的最大剪力设计值；

β_c——混凝土强度影响系数：当混凝土强度等级不超过 C50 时，β_c 取 1.0；当混凝土强度等级为 C80 时，β_c 取 0.8；其间按线性内插法确定；

b——矩形截面宽度，T 形截面或 I 形截面的腹板宽度；

h_0——截面的有效高度；

h_w——截面的腹板高度：矩形截面，取有效高度；T 形截面，取有效高度减去翼缘高度；I 形截面，取腹板净高。

2. 斜截面受剪承载力计算

《混凝土结构设计规范》规定：在计算中，叠合构件斜截面上混凝土和箍筋的受剪承载力设计值 V_{cs} 应取叠合层和预制构件中较低的混凝土强度等级进行计算，且不低于预制构件的受剪承载力设计值；对预应力混凝土叠合构件，不考虑预应力对受剪承载力的有利影响，取 $V_p = 0$。因此，可按普通混凝土叠合构件进行计算。

2.3.4 叠合梁正常使用极限状态验算

1. 应力和裂缝宽度验算

（1）受拉边缘应力或正截面裂缝宽度验算

1）一级裂缝控制等级构件：在荷载标准组合下，其受拉边缘应力应符合下式规定

$$\sigma_{ck} - \sigma_{pc} \leqslant 0 \tag{2-16}$$

2）二级裂缝控制等级构件：在荷载标准组合下，其受拉边缘应力应符合下式规定

$$\sigma_{ck} - \sigma_{pc} \leqslant f_{tk} \tag{2-17}$$

3）三级裂缝控制等级构件：钢筋混凝土构件的最大裂缝宽度可按荷载准永久组合并考虑长期作用影响的效应计算，预应力混凝土构件的最大裂缝可按荷载标准组合并考虑长期作用影响的荷载效应。最大裂缝宽度应符合下列规定

$$w_{max} \leqslant w_{lim} \tag{2-18}$$

4）对环境类别为二 a 类的预应力混凝土构件，在荷载准永久组合下，受拉边缘应力尚应符合下列规定

$$\sigma_{cq} - \sigma_{pc} \leqslant f_{tk} \tag{2-19}$$

式中 σ_{ck}、σ_{cq}——荷载标准组合、准永久组合下抗裂验算边缘的混凝土法向应力；

σ_{pc}——扣除全部预应力损失后在抗裂验算边缘混凝土的预压应力，详见《混凝土结构设计规范》第 10.1 节内容；

f_{tk}——混凝土轴心抗拉强度标准值；

w_{max}——按荷载标准组合或准永久组合并考虑长期作用影响计算的最大裂缝宽度；

w_{lim}——最大裂缝宽度限值。

（2）混凝土主拉应力和主压应力验算 预应力混凝土受弯构件应分别对截面上的混凝土主拉应力和主压应力进行验算：

1）混凝土主拉应力。

① 一级裂缝控制等级构件，应符合下列规定

$$\sigma_{tp} \leqslant 0.85 f_{tk} \tag{2-20}$$

② 二级裂缝控制等级构件，应符合下列规定

$$\sigma_{tp} \leqslant 0.95 f_{tk} \tag{2-21}$$

2）混凝土主压应力。

对一、二级裂缝控制等级构件，均应符合下列规定

$$\sigma_{cp} \leqslant 0.60 f_{tk} \tag{2-22}$$

式中　σ_{tp}、σ_{cp}——混凝土的主拉应力、主压应力，可按下式计算

$$\begin{cases} \sigma_{tp} \\ \sigma_{cp} \end{cases} = \frac{\sigma_x + \sigma_y}{2} \pm \sqrt{\left(\frac{\sigma_x - \sigma_y}{2}\right)^2 + \tau^2}$$

$$\sigma_x = \sigma_{pc} + \frac{M_k y_0}{I_0}$$

$$\tau = \frac{(V_k - \sum \sigma_{pe} A_{pb} \sin\alpha_p) S_0}{I_0 b}$$

式中　σ_x——由预加力和弯矩值 M_k 在计算纤维处产生的混凝土法向应力；

σ_y——由集中荷载标准值 F_k 产生的混凝土竖向压应力；

τ——由剪力值 V_k 和弯起预应力筋的预加力在计算纤维处产生的混凝土剪应力，当计算截面上有扭矩作用时，尚应计入扭矩引起的剪应力；

σ_{pc}——扣除全部预应力损失后，在计算纤维处由预加力产生的混凝土法向应力；

y_0——换算截面重心至计算纤维处的距离；

I_0——换算截面惯性矩；

V_k——按荷载标准组合计算的剪力值；

S_0——计算纤维以上部分的换算截面面积对构件换算截面重心的面积矩；

σ_{pe}——弯起预应力筋的有效预应力；

A_{pb}——计算截面上同一弯起平面内的弯起预应力筋的截面面积；

α_p——计算截面上弯起预应力筋的切线与构件纵向轴线的夹角。

应注意上述公式中的 σ_x、σ_y、σ_{pc} 和 $M_k y_0 / I_0$ 的符号，当为拉应力时，以正值代入；当为压应力时，以负值代入。

钢筋混凝土叠合受弯构件在荷载准永久组合下，其纵向受拉钢筋的应力 σ_{sq} 应符合下列规定

$$\sigma_{sq} = \sigma_{s1k} + \sigma_{s2q} \leqslant 0.9 f_y \tag{2-23}$$

在弯矩 M_{1Gk} 作用下，预制构件纵向受拉钢筋的应力 σ_{s1k} 可按下式计算

$$\sigma_{s1k} = \frac{M_{1Gk}}{0.87 A_s h_{01}} \tag{2-24}$$

式中　h_{01}——预制构件截面有效高度。

在荷载准永久组合相应的弯矩 M_{2q} 作用下，叠合构件纵向受拉钢筋中的应力增量 σ_{s2q} 可按下式计算

$$\sigma_{s2q} = \frac{0.5(1 + h_1/h) M_{2q}}{0.87 A_s h_0} \tag{2-25}$$

当 $M_{1Gk} < 0.35 M_{1u}$ 时，式（2-25）中 $0.5(1 + h_1/h)$ 取 1.0；此处 M_{1u} 为预制构件正截面受弯承载力设计值。

预应力混凝土叠合构件裂缝宽度可按下式计算

$$w_{\max} = 1.6\frac{\psi(\sigma_{s1k}+\sigma_{s2k})}{E_s}\left(1.9c_s+0.08\frac{d_{eq}}{\rho_{te1}}\right) \quad (2\text{-}26)$$

$$\psi = 1.1-\frac{0.65f_{tk1}}{\rho_{te1}\sigma_{s1k}+\rho_{te}\sigma_{s2k}} \quad (2\text{-}27)$$

2. 变形验算

预应力混凝土叠合构件应进行正常使用极限状态下的挠度验算。叠合受弯构件按荷载准永久组合或标准组合并考虑长期作用影响的刚度，可按下式计算

$$B = \frac{M_k}{\left(\dfrac{B_{s2}}{B_{s1}}-1\right)M_{1Gk}+(\theta-1)M_q+M_k}B_{s2} \quad (2\text{-}28)$$

式中　θ——考虑荷载长期作用对挠度增大的影响系数，预应力混凝土受弯构件，取 $\theta=2.0$；

M_k——叠合构件按荷载标准组合计算的弯矩值，$M_k=M_{1Gk}+M_{2Gk}+M_{2Qk}$；

M_q——叠合构件按荷载标准组合计算的弯矩值，$M_q=M_{1Gk}+M_{2Gk}+\psi_q M_{2Qk}$；

B_{s1}——预制构件的短期刚度，可按《混凝土结构设计规范》$B_{s1}=0.85E_{c1}I_0$，E_{c1} 为预应力构件混凝土的弹性模量，I_0 为叠合构件换算截面惯性矩；

B_{s2}——叠合构件第二阶段的短期刚度，$B_{s2}=0.7E_{c1}I_0$。

2.3.5　预应力混凝土叠合梁设计示例

试设计一预应力混凝土叠合梁，相关资料如下：梁叠合前及叠合后均为简支，计算跨度 $L_0=5200\text{mm}$，截面尺寸：$b=200\text{mm}$，$h_1=300\text{mm}$，$h_2=240\text{mm}$，$h=300\text{mm}+240\text{mm}=540\text{mm}$，如图 2-7 所示。采用先张法施工，$h_{01}=270\text{mm}$，$h_0=505\text{mm}$。

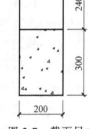

图 2-7　截面尺寸

预制构件和叠合层的混凝土分别采用 C40 和 C30 级混凝土，其性能指标见表 2-3。

表 2-3　混凝土性能指标

构件截面部位	混凝土强度等级	f_c /(N/mm²)	f_{ck} /(N/mm²)	f_t /(N/mm²)	f_{tk} /(N/mm²)	E_c /(10⁴N/mm²)
叠合前构件	C40	19.1	26.8	1.71	2.39	3.25
叠合层	C30	14.3	20.1	1.43	2.01	3.00

纵向预应力筋采用 $\Phi^T 18$ 预应力螺纹钢筋，屈服强度标准值 $f_{pyk}=785\text{N/mm}^2$，抗拉强度设计值 $f_{py}=650\text{N/mm}^2$，弹性模量 $E_p=2.0\times10^5\text{N/mm}^2$，张拉控制应力 $\sigma_{con}=0.70\times f_{pyk}=549.5\text{N/mm}^2$，放松时要求混凝土强度达到80%设计强度；普通钢筋采用Ⅱ级钢 HRB335 钢筋，屈服强度标准值 $f_{yk}=335\text{N/mm}^2$，抗拉强度设计值 $f_y=300\text{N/mm}^2$，弹性模量 $E_s=2.0\times10^5\text{N/mm}^2$；箍筋采用 HPB300 级光圆钢筋，抗拉强度设计值 $f_y=270\text{N/mm}^2$。

荷载及荷载效应：由第一阶段作用的荷载在预制构件跨中及支座引起的荷载效应：$M_{1Gk}=26.3\text{kN}\cdot\text{m}$，$M_{1Qk}=11.7\text{kN}\cdot\text{m}$，$V_{1Gk}=30.7\text{kN}$，$V_{1Qk}=14.2\text{kN}$；由第二阶段作用的荷载在叠合构件跨中及支座引起的荷载效应：$M_{2Gk}=13.7\text{kN}\cdot\text{m}$，$M_{2Qk}=37.6\text{kN}\cdot\text{m}$，$V_{2Gk}=15.7\text{kN}$，$V_{2Qk}=45.5\text{kN}$。

叠合前要求预制构件不出现裂缝，叠合后构件的最大裂缝宽度允许值 $[w_{max}]=0.2mm$，最大挠度计算值不应超过 $L_0/300$，结构重要性系数 $\gamma_0=1.0$，准永久系数 $\psi_q=0.4$。

要求对构件进行施工阶段的验算；叠合构件使用阶段正截面和斜截面的计算；叠合构件在使用阶段的钢筋应力及裂缝宽度的验算；使用阶段的变形验算。

1. 预制构件的施工阶段验算

（1）截面复核

$$\frac{h_w}{b}=\frac{270}{200}=1.35<4（属于一般梁）$$

根据 GB 50060—2018《建筑结构可靠性设计统一标准》恒载作用分项系数 $\gamma_G=1.3$，活载作用分项系数 $\gamma_Q=1.5$。

$V_1=1.3V_{1Gk}+1.5V_{1Qk}=1.3\times30.7kN+1.5\times14.2kN=61.21kN$

$V_1<0.25\beta_c f_c bh_{01}=0.25\times1\times19.1\times200\times270kN=257.85kN$ （预制构件截面满足要求）

（2）正截面配筋计算

$$M_1=1.3M_{1Gk}+1.5M_{1Qk}=1.3\times26.3kN\cdot m+1.5\times11.7kN\cdot m=51.74kN\cdot m$$

$$\alpha_s=\frac{M_1}{\alpha_1 f_c b'_f h_{01}^2}=\frac{51.74\times10^6}{1.0\times19.1\times200\times270^2}=0.186$$

$$\gamma_s=\frac{1+\sqrt{1-2\alpha_s}}{2}=0.896$$

则

$$A_{p1}=\frac{M_1}{\gamma_s f_{py} h_{01}}=\frac{51.74\times10^6}{0.896\times549.5\times270}mm^2=389.21mm^2$$

（3）斜截面配筋计算

$$V_1=61.21kN<0.7f_t bh_{01}=0.7\times1.71\times200\times270kN=64.6kN$$

可不进行受剪承载力计算，箍筋按照构造要求配置。

2. 叠合构件的截面设计

（1）正截面配筋计算

$$M_1=1.3(M_{1Gk}+M_{2Gk})+1.5M_{2Qk}=1.3\times(26.3+13.7)kN\cdot m+1.5\times37.6kN\cdot m=108.4kN\cdot m$$

$$\alpha_s=\frac{M_1}{\alpha_1 f_c bh_0^2}=\frac{108.4\times10^6}{1.0\times14.3\times200\times505^2}=0.149$$

$$\gamma_s=\frac{1+\sqrt{1-2\alpha_s}}{2}=0.919$$

$$A_p=\frac{M_1}{\gamma_s f_{py} h_0}=\frac{108.4\times10^6}{0.919\times650\times505}mm^2=359.34mm^2>A_{p1}=357mm^2$$

所以由叠合构件计算控制配筋，初步选用 $2\Phi^T18$，$A_p=509mm^2$。

（2）斜截面的配筋计算

1）截面复核

$$\frac{h_w}{b}=\frac{505}{200}=2.525<4（属于一般梁）$$

$$V_1=1.3(V_{1Gk}+V_{2Gk})+1.5V_{2Qk}=1.3\times(30.7+15.7)kN+1.5\times45.5kN=128.57kN$$

$$V_1 < 0.25\beta_c f_c b h_0 = 0.25 \times 1 \times 14.3 \times 200 \times 505\text{kN} = 361\text{kN}(叠合梁截面满足要求)$$

2）斜截面配筋计算（不考虑预应力的有利影响）

$$V_c = 0.7 f_t b h_0 = 0.7 \times 1.43 \times 200 \times 270\text{kN} = 54.05\text{kN} < V_1 = 128.57\text{kN}$$

应按计算配置箍筋。

$$V_{cs} = 0.7 f_t b h_{01} + f_{yv} \frac{A_{sv}}{s} h_0，令 \ V_1 = V_{cs}，则 \ \frac{A_{sv}}{s} = \frac{V_1 - 0.7 f_t b h_{01}}{f_{yv} h_0} = \frac{128.57\text{kN} - 54.05\text{kN}}{270\text{N/mm}^2 \times 505\text{mm}} = 0.546$$

得到 $\dfrac{n A_{sv1}}{s} = 0.546$

选用双肢箍筋 $\phi 6@100$，跨中 $L_0/3$ 按 $\phi 6@200$ 布置，$\dfrac{n A_{sv1}}{s} = \dfrac{2 \times 28.3}{100} = 0.566 > 0.546$（满足）

配箍率为 $\rho_{sv} = \dfrac{A_{sv}}{bs} = \dfrac{56.6}{200 \times 100} = 0.283\%$

对于二级抗震等级的梁，沿梁全长箍筋的面积配筋率应符合下列规定

$$\rho_{sv} \geqslant 0.28 \frac{f_t}{f_{yv}} = 0.28 \times \frac{1.43}{270} = 0.15\%（满足）$$

此配箍量即为预制构件的配箍量，为伸过叠合面的水平抗剪箍筋。

（3）叠合面的抗剪强度验算

$$V_1 = 128.57\text{kN}$$

$$V_1 \leqslant 1.2 f_t b h_0 + 0.85 f_{yv} \frac{A_{sv}}{s} h_0 = 1.2 \times 1.43 \times 200 \times 505\text{kN} + 0.85 \times 270 \times 56.6 \times 505/100\text{kN}$$

$$= 217.36\text{kN}（满足要求）$$

3. 抗裂度计算

（1）叠合前截面特性计算

$A_1 = 200 \times 300\text{mm}^2 = 60000\text{mm}^2$

$A_p = 509\text{mm}^2$，架立筋 $A_s' = 226\text{mm}^2$

$$\alpha_{E1} = \frac{E_s}{E_{c1}} = \frac{2.0 \times 10^5}{3.25 \times 10^4} = 6.15，\quad \alpha_{E2} = \frac{E_s}{E_{c1}} = \frac{2.0 \times 10^5}{3.25 \times 10^4} = 6.15$$

换算面积 $A_{01} = b h_1 + (\alpha_{E1} - 1) A_p + (\alpha_{E2} - 1) A_s' = 200 \times 300\text{mm}^2 + 5.15 \times 509\text{mm}^2 + 5.15 \times 226\text{mm}^2$
$$= 63785\text{mm}^2$$

$$S_{01} = 60000 \times 150\text{mm}^3 + 5.15 \times 509 \times 30\text{mm}^3 + 5.15 \times 226 \times 265\text{mm}^3 = 9387074\text{mm}^3$$

$$Y_{01下} = \frac{S_{01}}{A_{01}} = 147\text{mm}，Y_{01上} = 153\text{mm}$$

$$I_{01} = \frac{200 \times 300^3}{12}\text{mm}^4 + 60000 \times (150 - 147)^2\text{mm}^4 + 5.15 \times 509 \times (147 - 30)^2\text{mm}^4 + 5.15 \times 226 \times$$

$$(265 - 147)^2\text{mm}^4 = 5.03 \times 10^8\text{mm}^4$$

$$W_{01} = \frac{I_{01}}{Y_{01下}} = 342 \times 10^4\text{mm}^3$$

（2）叠合后截面特性计算

$A_p = 509 \text{mm}^2$，架立筋 $A_s' = 226 \text{mm}^2$，后浇混凝土为 C30，换算为 C40 混凝土。

$$\alpha_{E1} = 6.15, \alpha_{E2} = 6.15, \alpha_{E3} = \frac{E_c}{E_{c1}} = \frac{3.0 \times 10^4}{3.25 \times 10^4} = 0.92$$

$A_0 = bh_1 + (\alpha_{E1} - 1)A_p + (\alpha_{E2} - 1)A_s' + \alpha_{E3}bh_2$

$\quad = 200 \times 300 \text{mm}^2 + 5.15 \times 509 \text{mm}^2 + 5.15 \times 226 \text{mm}^2 + 0.92 \times 200 \times 240 \text{mm}^2 = 107945 \text{mm}^2$

$S_0 = 60000 \times 150 \text{mm}^3 + 5.15 \times 509 \times 30 \text{mm}^3 + 5.15 \times 226 \times 265 \text{mm}^3 + 0.92 \times 200 \times 240 \times 420 \text{mm}^3$

$\quad = 27934290 \text{mm}^3$

$$Y_{0\text{下}} = \frac{S_0}{A_0} = 259 \text{mm}$$

$I_0 = \dfrac{200 \times 300^3}{12} \text{mm}^4 + 60000 \times (259 - 150)^2 \text{mm}^4 + 5.15 \times 509 \times (259 - 30)^2 \text{mm}^4 + 5.15 \times 226 \times$

$\quad (259 - 265)^2 \text{mm}^4 + \dfrac{0.92 \times 200 \times 240^3}{12} \text{mm}^4 + 0.92 \times 200 \times 240 \times (420 - 259)^2 \text{mm}^4$

$\quad = 26.57 \times 10^8 \text{mm}^4$

$$W_0 = \frac{I_0}{Y_{0\text{下}}} = 1026 \times 10^4 \text{mm}^3$$

（3）预应力损失计算

采用先张法预应力螺纹钢筋，$\sigma_{con} = 0.7f_{pyk} = 0.7 \times 785 \text{N/mm}^2 = 549.5 \text{N/mm}^2$

1）锚具变形引起的预应力损失值

假定台座长 100m，后加一块垫板，取 $a = 2 \text{mm}$，则

$$\sigma_{l1} = \frac{a}{l}E_s = \frac{2}{10^5} \times 2 \times 10^5 \text{MPa} = 4 \text{MPa}$$

2）钢筋应力松弛引起的预应力损失值

$$\sigma_{l4} = 0.03 \times 549.5 \text{MPa} = 16.5 \text{MPa}$$

第一批预应力损失

$$\sigma_{lI} = \sigma_{l1} + \sigma_{l4} = 4 \text{MPa} + 16.5 \text{MPa} = 20.5 \text{MPa}$$

3）混凝土收缩徐变引起的预应力损失值

第一批损失出现后，预应力筋的合力为

$$N_{p01} = (\sigma_{con} - \sigma_{lI})A_p = (549.5 - 20.5) \times 509 \text{N} = 269261 \text{N}$$

叠合前预应力筋合力点距换算截面重心的偏心距为

$$e_{p01} = Y_{01\text{下}} - 30 = 147 \text{mm} - 30 \text{mm} = 117 \text{mm}$$

预应力筋合力处混凝土的法向应力为

$$\sigma_{pcI} = \frac{N_{p01}}{A_{01}} + \frac{N_{p01}e_{p0}^2}{I_{01}} = \frac{269261}{63785} \text{MPa} + \frac{269261 \times 117^2}{5.03 \times 10^8} \text{MPa} = 11.55 \text{MPa}$$

受拉区预应力筋的含钢率为 $\rho = \dfrac{A_p}{A} = \dfrac{509}{200 \times 300} = 0.85\%$

$$f_{cu}' = 0.8f_{cu} = 0.8 \times 40 \text{MPa} = 32 \text{MPa}$$

$$\sigma_{l5} = \frac{60+340\dfrac{\sigma_{pc}}{f'_{cu}}}{1+15\rho} = \frac{60+340\times\dfrac{11.55}{32}}{1+15\times0.85\%}MPa = 162.1MPa$$

混凝土预压后第二批损失值 $\sigma_{l\text{II}} = \sigma_{l5} = 162.1MPa$

总的预应力损失为 $\sigma_l = \sigma_{l\text{I}} + \sigma_{l\text{II}} = 20.5MPa + 162.1MPa = 182.6MPa$

于是，$N_{p0} = (\sigma_{con} - \sigma_l)A_p = (594.5 - 182.6)\times509N = 186752N$

叠合前预压力 $\sigma_{pc1} = \dfrac{N_{p0}}{A_{01}} + \dfrac{N_{p0}e_{p0}}{I_{01}}Y_{01下} = \dfrac{186752}{63785}MPa + \dfrac{186752\times117}{5.03\times10^8}\times147MPa = 9.32MPa$

（压）

（4）叠合前预制构件截面的抗裂度计算　按一般不允许出现裂缝的构件计算，即

$$\sigma_{ck1} - \sigma_{pc1} \le f_{tk1}$$

其中　$\sigma_{ck1} = \dfrac{M_{1Gk} + M_{1Qk}}{W_{01}} = \dfrac{26.3 + 11.7}{342\times10^4}MPa = 11.11MPa$（拉）

因此，$\sigma_{ck1} - \sigma_{pc1} = 11.11MPa - 9.32MPa = 1.97MPa$（拉）$< f_{tk1} = 2.39MPa$

由此可见，考虑施工荷载时，预制构件的抗裂度可以满足要求。如抗裂度不满足要求，为保证预制构件在施工时不开裂，可以加临时支撑。

（5）施工预制阶段验算

1）校核截面上边缘混凝土拉应力（压力为负）

$$\sigma'_{pc} = -\dfrac{N_{p0}}{A_{01}} + \dfrac{N_{p0}e_{p0}}{I_{01}}Y_{01上} = -\dfrac{186752}{63785}MPa + \dfrac{186752\times117}{5.03\times10^8}\times153MPa = -2.93MPa + 6.65MPa$$

$$= 3.72MPa$$

考虑自重影响

$$M_G = \frac{1}{8}gL^2 = \frac{1}{8}\times(0.2\times0.3\times25)\times5.4^2kN\cdot m = 5.47kN\cdot m$$

$$\sigma_G = -\dfrac{M_G\cdot Y_{01上}}{I_{01}} = -\dfrac{5.47\times10^6\times153}{5.03\times10^8}MPa = -1.66MPa$$

$$\sigma_{ct} = \sigma'_{pc} + \sigma_G = 3.72MPa - 1.66MPa = 2.06MPa（拉）$$

按《混凝土结构设计规范》10.1.12 规定：施工阶段预拉区允许出现拉应力的构件，预拉区纵向钢筋的配筋率 $(A'_s + A'_p)/A$ 不宜小于 0.15%，且预拉区纵向普通钢筋的直径不宜大于 14mm，并应沿构件预拉区的外边缘均匀配置，因此配置 2Φ12 钢筋。

$$A'_s = 226mm^2 > 0.15\%\times200\times300mm^2 = 90mm^2（满足）$$

2）校核截面下边缘混凝土压应力

$$\sigma_{cc} = \dfrac{N_{p0}}{A_{01}} + \dfrac{N_{p0}e_{p0}}{I_{01}}Y_{01下} - \dfrac{M_Gy_{01下}}{I_{01}}$$

$$= \dfrac{186752}{63785}MPa + \dfrac{186752\times117\times147}{5.03\times10^8}MPa - \dfrac{5.47\times147\times10^6}{5.03\times10^8}MPa = 7.71MPa < 0.8f'_{ck}$$

$$= 0.8\times21.42 = 17.14MPa（满足施工阶段应力限值）$$

（6）叠合后使用阶段抗裂度验算　按一般不允许出现裂缝的构件计算，即

$$\sigma_{ck} - \sigma_{pc} \leqslant f_{tk}$$

其中　　$\sigma_{ck} = \dfrac{M_{1Gk}}{W_{01}} + \dfrac{M_{2Qk}}{W_0} = \dfrac{26.3 \times 10^6}{3.42 \times 10^6} MPa + \dfrac{(13.7 + 37.6) \times 10^6}{10.26 \times 10^6} MPa = 7.69MPa + 5MPa$

$\qquad\qquad = 12.69MPa\ (拉)$

由此，$\sigma_{ck} - \sigma_{pc} = 12.69MPa - 9.32MPa = 3.37MPa > f_{tk} = 2.39MPa$

故叠合构件在使用阶段将开裂，因此应进行应力及裂缝宽度的验算。

4. 应力及裂缝宽度验算

（1）混凝土主拉和主压应力验算　《混凝土结构设计规范》7.1.6 条规定，二级裂缝控制等级的预应力混凝土受弯构件应符合下列规定

$$\sigma_{tp} \leqslant 0.95 f_{tk} = 0.95 \times 2.01MPa = 1.91MPa$$

$$\sigma_{cp} \leqslant 0.60 f_{ck} = 0.60 \times 20.1MPa = 12.06MPa$$

下边缘　　　　　　　　　　　$\sigma_x = \sigma_{pc} + \dfrac{M_k Y_{0下}}{I_0}$

其中　　　　　$\sigma_{pc} = -9.32MPa, M_k = M_{1Gk} + M_{2Gk} + M_{2Qk} = 77.6MPa$

得到　　　　　　　$\sigma_x = -9.32MPa + 7.56MPa = -1.76MPa$

$$\tau = \dfrac{V_k S_0^*}{I_0 b} = \dfrac{91.9 \times 10^3 \times 7.31 \times 10^6}{26.57 \times 10^8 \times 200} MPa = 1.26MPa$$

代入 $\sigma_{tp} = \dfrac{\sigma_x}{2} - \sqrt{\left(\dfrac{\sigma_x}{2}\right)^2 + \tau^2}$，$\sigma_{cp} = \dfrac{\sigma_x}{2} + \sqrt{\left(\dfrac{\sigma_x}{2}\right)^2 + \tau^2}$，得到 $\sigma_{tp} = 0.66MPa < 1.91MPa$，

$\sigma_{cp} = 2.42MPa < 12.06MPa$（满足要求）

（2）钢筋应力验算　按照《混凝土结构设计规范》H.0.7 规定：钢筋混凝土叠合受弯构件在荷载准永久组合下，其纵向受拉钢筋的应力 σ_{sq} 应符合下列规定

$$\sigma_{sq} = \sigma_{s1k} + \sigma_{s2q} \leqslant 0.9 f_y$$

在弯矩 M_{1Gk} 作用下，预制构件纵向受拉钢筋的应力 σ_{s1k} 可按下列公式计算

$$\sigma_{s1k} = \dfrac{M_{1Gk}}{0.87 A_s h_{01}} = \dfrac{26.3 \times 10^6}{0.87 \times 509 \times 270} MPa = 220MPa$$

在荷载准永久组合相应的弯矩 M_{2q} 作用下，叠合构件纵向受拉钢筋中的应力增量 σ_{s2q} 可按下列公式计算

$$\sigma_{s2q} = \dfrac{0.5\left(1 + \dfrac{h_1}{h}\right) M_{2q}}{0.87 A_s h_0}$$

式中，$M_{2q} = M_{2Gk} + M_{2Qk} = 13.7kN \cdot m + 37.6kN \cdot m = 51.3kN \cdot m$，为确定 $0.5(1 + h_1/h)$ 的取值，规范规定应考虑 M_{1Gk} 与 $0.35 M_{1u}$ 的大小。

根据预制构件正截面抗弯承载力的计算可得到受压区高度

$$x = \dfrac{f_{py} A_s}{\alpha_1 f_c b} = \dfrac{549.5 \times 509}{1.0 \times 19.1 \times 200} mm = 73.2mm$$

故 $M_{1u} = \alpha_1 f_c b x (h_{01} - x/2) = 1.0 \times 19.1 \times 200 \times 73.2 \times (505 - 73.2/2) kN \cdot m = 131kN \cdot m$

$M_{1Gk} = 26.3kN \cdot m < 0.35 M_{1u} = 45.85kN \cdot m$，因此 $0.5(1 + h_1/h)$ 取 1.0。

得到：
$$\sigma_{s2k} = \frac{51.3 \times 10^6}{0.87 \times 509 \times 505} MPa = 23MPa$$

$\sigma_{sq} = \sigma_{s1k} + \sigma_{s2k} = 220MPa + 23MPa = 243MPa < 0.9 \times 550MPa = 495MPa$（满足要求）

（3）裂缝宽度验算

$$\rho_{te} = \frac{A_s + A_p}{A_{te}} = \frac{0 + 509}{0.5 \times 200 \times 540} = 0.94\%$$

$$\rho_{te1} = \frac{A_s + A_p}{A_{te1}} = \frac{0 + 509}{0.5 \times 200 \times 300} = 1.70\%$$

$$\psi = 1.1 - \frac{0.65 f_{tk1}}{\rho_{te1}\sigma_{s1k} + \rho_{te}\sigma_{s2k}} = 1.1 - \frac{0.65 \times 2.01}{1.70\% \times 220 + 0.94\% \times 23} = 0.77$$

$$d_{eq} = \frac{\sum n_i d_i^2}{\sum n_i v_i d_i} = 18mm, c_s = 21mm, E_s = 2.0 \times 10^5 N/mm^2$$

因此，$w_{max} = 1.6 \dfrac{\psi(\sigma_{s1k} + \sigma_{s2k})}{E_s}\left(1.9c_s + 0.08\dfrac{d_{eq}}{\rho_{te1}}\right)$

$$= 1.6 \times \frac{0.77 \times (220 + 23)}{2.0 \times 10^5} \times \left(1.9 \times 21 + 0.08 \times \frac{18}{1.70\%}\right) = 0.1865mm < w_{max} = 0.20mm$$

（裂缝宽度满足要求）

5. 变形计算

（1）预制构件的变形计算　根据《混凝土结构设计规范》7.2.3条的规定，对于允许出现裂缝的预应力混凝土受弯构件，短期刚度 B_{s1} 为

$$B_{s1} = \frac{0.85 E_c I_0}{K_{cr} + (1 - K_{cr})\omega}$$

式中，$K_{cr} = \dfrac{M_{cr}}{M_k}$

$$M_{cr} = (\sigma_{pc} + \gamma f_{tk})W_0 = (9.32 + 1.55 \times 2.39) \times 342 \times 10^4 kN \cdot m = 44.54kN \cdot m$$

当 $h < 400$ 时，取 $h = 400$，$\gamma = \left(0.7 + \dfrac{120}{h}\right)\gamma_m = \left(0.7 + \dfrac{120}{400}\right) \times 1.55 = 1.55$

$$M_k = M_{1Gk} + M_{1Qk} = 26.3kN \cdot m + 11.7kN \cdot m = 38kN \cdot m$$

得 $K_{cr} = \dfrac{M_{cr}}{M_k} = \dfrac{44.54}{38} = 1.17 > 1$，取 $K_{cr} = 1.0$

所以，$B_{s1} = 0.85 E_c I_{01} = 0.85 \times 3.25 \times 10^4 \times 5.03 \times 10^8 N \cdot mm^2 = 13.9 \times 10^{12} N \cdot mm^2$

挠度　$f = \dfrac{5(M_{1Gk} + M_{1Qk})L_1^2}{48B_{s1}} = \dfrac{5 \times 38 \times 10^6 \times 5.2^2 \times 10^6}{48 \times 13.9 \times 10^{12}} mm = 7.7mm < 5200/300mm$

$\qquad = 17.3mm$（满足要求）

（2）叠合梁构件变形验算

叠合梁构件第二阶段的短期刚度 $B_{s2} = 0.7 E_{c1} I_0 = 0.7 \times 3.25 \times 10^4 \times 26.57 \times 10^8 N \cdot mm^2 = 60.45 \times 10^{12} N \cdot mm^2$

$$B = \cfrac{M_k}{\left(\cfrac{B_{s2}}{B_{s1}} - 1\right) M_{1Gk} + (\theta - 1) M_q + M_k} B_{s2}$$

$$M_k = M_{1Gk} + M_{2Gk} + M_{2Qk} = 77.6 \text{kN} \cdot \text{m}$$

$$M_q = M_{1Gk} + M_{2Gk} + \psi_q M_{2Qk} = 55.04 \text{kN} \cdot \text{m}$$

取 $\theta = 2.0$，因此 $B = 21.25 \times 10^{12} \text{N} \cdot \text{mm}^2$

$$f_L = \frac{5 M_k L_0^2}{48B} = \frac{5 \times 77.6 \times 10^6 \times 5.2^2 \times 10^6}{48 \times 21.25 \times 10^{12}} \text{mm} = 10.3 \text{mm} < [L_0/250] = 20.8 \text{mm}$$

计算的挠度值小于规范的限值，设计符合要求，最后采用 2 根 $\phi^T 18$ 预应力螺纹钢筋。

2.4 混凝土叠合结构节点设计

2.4.1 柱与梁的连接

1. 明牛腿式节点连接

明牛腿式节点连接是以柱身挑出牛腿，用于搭载梁，实现框架承重方向的梁、柱连接。这种做法通常用于长柱和梁端剪力较大的情况，其构造如图 2-8 所示。这种牛腿做法不仅可以铰接，也可以刚接，但构造细节是不同的。它的优点是承载力大、受力可靠、施工方便、但占用空间，并可能造成建筑上不美观，当有三面或四面需要挑出牛腿时，预制施工困难。因此，一般只在主框架方向采用明牛腿，另一方向可采用暗牛腿或齿槽式节点连接。

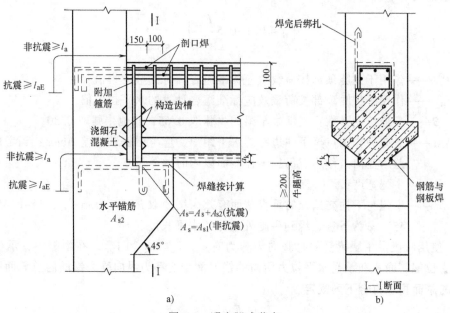

图 2-8 明牛腿式节点

（1）构造要求

1）柱截面尺寸不宜小于 400mm×400mm；梁截面宽度不宜小于柱

截面宽度的 1/2。

2）明牛腿的尺寸除按 CECS 43《钢筋混凝土装配整体式框架节点与连接设计规程》4.1.5 条第一款通过计算确定外，牛腿的挑出长度尚应根据梁端预埋件焊缝计算长度和梁柱间的接缝宽度确定，且不得小于 250mm；牛腿底面与水平面的倾斜角不应大于 45°；牛腿外边缘高度不宜小于牛腿高度的 1/3，且不应小于 200mm。

3）在梁端和柱侧面宜设置 2~3 个构造齿槽，齿深可取 25mm，齿高可取 50~80mm，齿距可取 50~100mm；梁柱间的接缝宽度不宜小于 80mm；接缝中应设置一道箍筋，箍筋直径与梁端的箍筋直径相同，但不宜小于 8mm，并浇筑比梁柱混凝土等级高一级的细石混凝土。

4）预制梁端上部纵向受力钢筋与柱的伸出钢筋宜采用剖口焊连接，焊口位置距柱面不宜小于 150mm；当梁上部纵向受力钢筋为两层时，下层钢筋不宜多于 2 根。

5）框架梁的纵向受力钢筋在节点内的锚固长度应符合《混凝土结构设计规范》11.6.7 条的要求。节点核心区与梁端、柱端箍筋加密的构造要求均与现浇框架的构造相同。当明牛腿与柱的宽度相同时，核心区下部柱端箍筋加密范围应从牛腿根部算起。梁端箍筋加密范围应从牛腿外沿算起，第一道箍筋离牛腿外沿不应大于 50mm。

（2）计算方法

明牛腿承受的竖向力应分别进行施工阶段和使用阶段的计算。

1）施工阶段。牛腿承受的竖向剪力有：梁板自重、后浇层自重和施工荷载，剪力设计值 V_1 应按下式计算

$$V_1 = V_{1G} + V_{1Q} \tag{2-29}$$

按《混凝土结构设计规范》，牛腿的裂缝控制应符合下式要求，取式中 F_{hk} 为 0 可进行牛腿的截面尺寸验算

$$F_{vk} \leq \beta \left(1 - 0.5 \frac{F_{hk}}{F_{vk}}\right) \frac{f_{tk} b h_0}{0.5 + \frac{a}{h_0}} \tag{2-30}$$

式中 F_{vk}——作用于牛腿顶部按荷载效应标准组合计算的竖向力值；

F_{hk}——作用于牛腿顶部按荷载效应标准组合计算的水平拉力值；

β——裂缝控制系数：支承吊车梁的牛腿取 0.65；其他牛腿取 0.80；

a——竖向力作用点至下柱边缘的水平距离，应考虑安装偏差 20mm；当考虑安装偏差后竖向力作用点仍位于柱截面以内时取等于 0；

b——牛腿宽度；

h_0——牛腿与下柱交接处的垂直截面有效高度，取 $h_1 + c \cdot \tan\alpha - a_s$，当 $\alpha > 45°$ 时，取 45°，c 为下柱边缘到牛腿外边缘的水平长度。

2）使用阶段。牛腿承受的总竖向力剪力有：V_{1G}、V_{2G} 和 V_{2Q}。在牛腿中，承受竖向力所需的受拉钢筋面积和承受水平拉力所需的锚筋面积之和为纵向受力钢筋的总截面面积，纵向钢筋的总面积应符合下列规定

$$A_s \geq \frac{F_v a}{0.85 f_y h_0} + 1.2 \frac{F_h}{f_y} \tag{2-31}$$

当 a 小于 $0.3 h_0$ 时，取 $a = 0.3 h_0$。

式中 F_v——作用在牛腿顶部的竖向力设计值；

F_h——作用在牛腿顶部的水平拉力设计值。

沿牛腿顶部配置的纵向受力钢筋,宜采用 HRB400 级或 HRB500 级热轧带肋钢筋。全部纵向受力钢筋及弯起钢筋宜沿牛腿外边缘向下深入柱内 150mm 后截断。

纵向受力钢筋及弯起钢筋深入上柱的锚固长度,当采用直线锚固时不应小于规范规定的锚固长度;当上柱的尺寸不足时,可将钢筋弯折 90° 后锚固。此时,锚固长度应从上柱边算起。

承受竖向力所需的纵向受力钢筋的配筋率应不小于 0.20% 和 $0.45f_t/f_y$ 的最大值,也不宜大于 0.60%。受力钢筋不宜少于 4 根,直径不小于 12mm。

牛腿应设置水平箍筋,箍筋直径宜为 6~12mm,间距宜为 100~150mm;在上部 $2h_0/3$ 范围内的箍筋总截面面积不宜小于承受竖向力的受拉钢筋截面面积的一半。

当牛腿的剪跨比不小于 0.3 时,宜设置弯起钢筋。弯起钢筋宜采用 HRB400 级或 HRB500 级热轧带肋钢筋,并宜使其与集中荷载作用点到牛腿斜边下端点连线的交点位于牛腿上部 $l/6$ ~ $l/2$ 之间的范围内,l 为该连线的长度。弯起钢筋截面面积不宜小于承受竖向力的受拉钢筋截面面积的一半,且不宜少于 2 根直径 12mm 的钢筋。纵向受拉钢筋不得兼作弯起钢筋。

2. 暗牛腿式节点连接

暗牛腿式节点连接是在柱内预埋型钢,预制叠合梁端部做成缺口,通过钢筋或预埋钢板与型钢暗牛腿焊成一体,然后浇筑混凝土与柱形成刚性节点。这种做法通常用于剪力较小的情况,也可用于主梁与次梁的连接,构造做法如图 2-9 所示。它的优点是牛腿不外露,外形美观,便于管线布置。

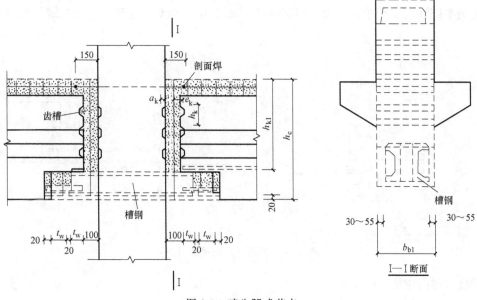

图 2-9　暗牛腿式节点

(1) 构造要求

1) 暗牛腿应尽量靠近预制梁底布置。

2) 预制缺口的梁端箍筋直径不宜小于 8mm,间距不宜大于 100mm;缺口处梁内箍筋应伸出不少于 2 根,并与型钢暗牛腿或梁下纵筋绑扎。抗震设计时,梁端下部纵向受力钢筋截面面积不应小于梁上部纵向受力钢筋截面面积的 30%。

3) 其他构造要求,如节点的负弯矩钢筋连接、梁柱的接缝、节点核心区的构造等均与明牛腿节点的有关构造要求相同。

4) 暗牛腿式节点采用构造齿槽或受力齿槽时,可参考齿槽式节点连接的构造要求。

(2) 计算方法 暗牛腿的连接部位应进行施工阶段和使用阶段的承载力验算。使用阶段需进行牛腿承载力、混凝土局部承压和缺口承载力验算。暗牛腿的受弯、受剪承载力应满足下列公式要求

$$\frac{M_x}{W_x} \leqslant f \tag{2-32}$$

$$\frac{VS}{It_w} \leqslant f_v \tag{2-33}$$

式中 M_x——绕 x 轴的弯矩 $M_x = Va$;

　　W_x——对 x 轴的截面抵抗矩;

　　V——由型钢暗牛腿承受的组合剪力设计值;

　　a——剪力 V 作用点至柱边缘的距离;

　　f——钢材抗拉、抗压和抗弯强度设计值;

　　f_v——钢材抗剪强度设计值;

　　S——型钢毛截面对中性轴的面积矩;

　　I——毛截面惯性矩;

　　t_w——腹板厚度。

型钢牛腿埋设在柱中,混凝土局部受压(图 2-10)承载力应满足下列公式的要求:

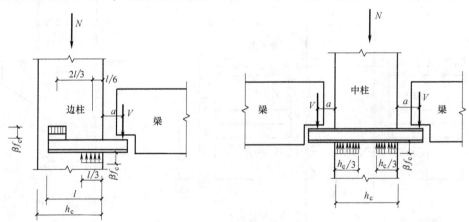

图 2-10　混凝土局部受压计算

荷载对称的中柱

$$V \leqslant \frac{1}{3}\left(\beta f_c - \frac{N}{b_c h_c}\right) A_1 \tag{2-34}$$

荷载不对称的中柱

$$V \leqslant \frac{1}{3 + 4a/h_c}\left(\beta f_c - \frac{N}{b_c h_c}\right) A_1 \tag{2-35}$$

边柱

$$V \leqslant \frac{1}{3+4a/l}\left(\beta f_c - \frac{N}{b_c h_c}\right)A_l \tag{2-36}$$

式中　N——所在截面的柱轴向压力设计值;

　　　　β——混凝土局部受压强度提高系数,$\beta=\sqrt{A_b/A_l}$;

　　　　A_l——局部受压面积,对于中柱可取 $A_l=bh_c$,对于边柱可取 $A_l=b\cdot l$,b 为型钢翼缘总宽度,l 为型钢在柱中的埋置长度;

　　　　A_b——混凝土局部受压的计算底面积,根据同心短边对称原则,$A_b=3bl$,并满足 $A_b \leqslant 3b_c h_c$;b、h_c 为柱截面宽度、高度。

如验算不满足要求,可采取增加型钢翼缘总宽度、在混凝土设置网片、在柱边加角钢,或在型钢两侧焊竖向钢筋等措施。

3. 齿槽式节点连接

齿槽式节点连接是利用梁柱连接处的混凝土所形成的齿槽传递梁端剪力,它具有节约钢材,便于构件叠浇制作等优点,适用于承受中等荷载的梁柱连接,也可用于主梁与次梁的连接。对荷载较大的框架,宜采用齿槽与牛腿共同承担设计剪力的梁柱节点,其构造如图 2-11 所示。

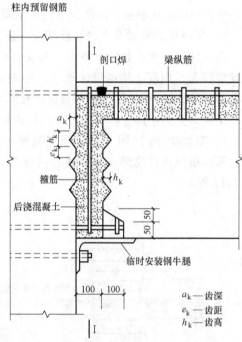

图 2-11　齿槽式节点

(1)受力齿槽构造要求

1)齿型宜用等腰三角形或梯形,齿槽沿梁截面高度宜均匀布置。

2)齿深 a_k 宜采用 40mm,齿高 h_k 宜采用 40~100mm,但不宜大于齿深的 3 倍。

3)同一截面上齿槽的净距 e_k 不应小于齿高。

4)齿槽上、下面的倾斜角宜采用 45°。

5)梁柱接缝宽度不宜小于 80mm,梁高大于 1m 时可适当加大,以利后浇混凝土振捣。

6)为保证齿槽节点的刚性,承载框架中梁柱接头的齿槽数目不应少于 2 个,齿槽受剪面积一般不应小于梁截面的 1/3。接头处受拉筋配筋率不应少于 0.5%。在梁柱接缝内,应设置封闭箍筋 1~2 个,箍筋直径与梁内的箍筋相同。

(2)计算方法　叠合梁端竖向接缝的受剪承载力设计值应按下列公式计算

持久设计状况

$$V_u = 0.07f_c A_{c1} + 0.10f_c A_k + 1.65A_{sd}\sqrt{f_c f_y} \tag{2-37}$$

地震设计状况

$$V_{uE} = 0.04f_c A_{c1} + 0.06f_c A_k + 1.65A_{sd}\sqrt{f_c f_y} \tag{2-38}$$

式中　A_{c1}——叠合梁端截面后浇混凝土叠合层截面面积;

f_c——预制构件混凝土轴心抗压强度设计值；

f_y——垂直穿过结合面钢筋抗拉强度设计值；

A_k——各键槽根据截面面积之和，按后浇键槽根部截面和预制槽键根部截面分别计算，并取二者的较小值；

A_{sd}——垂直穿过结合面所有钢筋的面积，包括叠合层内的纵向钢筋。

4. 现浇柱预制梁节点连接

现浇柱预制梁节点的柱是采用定型承重模板或其他施工方法在现场浇筑的。节点核心区部位的构造与计算均与装配整浇式节点相同。

1）施工缝可设在叠合梁上顶面处或设在距梁底 100mm 处，在施工缝处要设置清理口，以保证整体性。施工缝清洁干净后方可继续浇筑混凝土，箍筋要保证有 135°弯钩。

2）采用非承重模板时，下柱应先浇筑至框架主梁底部，待下柱混凝土达到设计强度的 70%时方可吊装预制梁，并浇筑节点区混凝土。

3）现浇柱预制梁节点的连接部位要进行施工阶段和使用阶段的承载力验算。

梁、柱纵向钢筋在后浇节点区内采用直线锚固、弯折锚固或机械锚固的方式时，其锚固长度应符合《混凝土结构设计规范》中的有关规定；当梁、柱纵向钢筋采用锚固板时，应符合 JGJ 256—2011《钢筋锚固板应用技术规程》中的有关规定。

梁纵向受力钢筋应伸入后浇节点区内锚固或连接，应符合下列规定：

1）对框架中间层中节点，节点两侧的梁下部纵向受力钢筋宜锚固在后浇节点区内，也可以采用机械连接或焊接的方式直接连接；梁的上部纵向受力钢筋应贯穿后浇节点区，如图 2-12 所示。

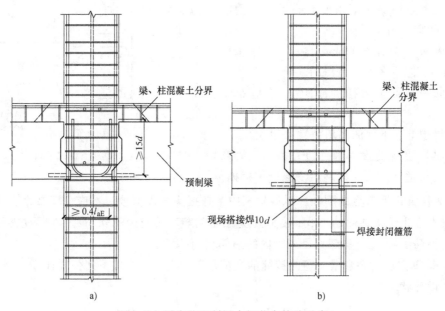

a)   b)

图 2-12　现浇柱预制梁中间节点构造示意

a）梁下部纵向受力钢筋锚固　b）梁下部纵向受力钢筋连接

2）对框架中间层端节点，当柱截面尺寸不满足梁纵向受力钢筋的直线锚固要求时，宜采用锚固板锚固，也可以采用 90°弯折锚固，如图 2-13 所示。

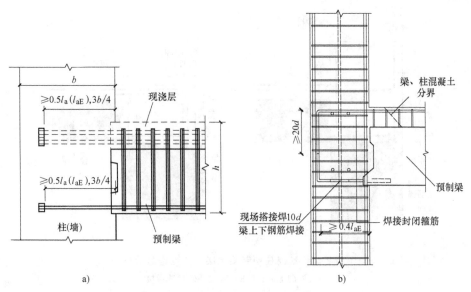

图 2-13　现浇柱预制梁边节点构造示意

a）锚固板锚固　b）90°弯折锚固

3）对框架顶层中节点，柱纵向受力钢筋宜采用直线锚固，当梁截面尺寸不满足直线锚固要求时，宜采用锚固板锚固，如图 2-14 所示。

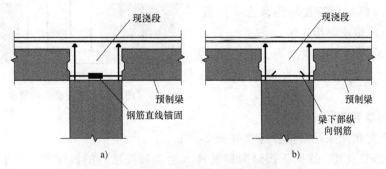

图 2-14　现浇柱预制梁顶层中节点构造示意

a）梁下部纵向受力钢筋连接　b）梁下部纵向受力钢筋锚固

4）对框架顶层端节点，梁下部纵向受力钢筋应锚固在后浇节点区内，宜采用锚固板的锚固方式；梁、柱其他纵向受力钢筋的锚固应符合下列规定：

① 柱宜伸出屋面并将柱纵向受力钢筋锚固在伸出段内，伸出段长度不宜小于 500mm，伸出段内箍筋间距不应大于 5d（d 为柱纵向受力钢筋直径），且不应大于 100mm；柱纵向钢筋宜采用锚固板锚固，锚固长度不应小于 40d；梁上部纵向受力钢筋宜采用锚固板锚固，如图 2-15 所示。

② 柱外侧纵向受力钢筋也可与梁上部纵向受力钢筋在后浇区搭接，其构造要求应符合《混凝土结构设计规范》中的规定；柱内侧纵向受力钢筋宜采用锚固板锚固。

2.4.2　梁与梁的连接

混凝土叠合结构中常见的梁与梁的连接有对接连接、主梁与次梁连接两种情况。

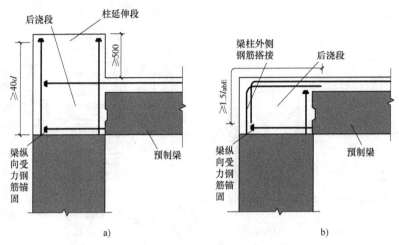

图 2-15 现浇柱预制梁顶层边节点构造示意

a) 柱向上伸长 b) 梁柱外侧钢筋搭接

1. 梁与梁对接连接（图 2-16）

1）连接处应设置后浇段，后浇段的长度应满足梁下部纵向钢筋连接作业的空间需求。

2）梁下部纵向钢筋在后浇段宜采用机械连接、套筒连接或焊接连接。

3）后浇段内的箍筋应加密，箍筋间距不应大于 $5d$（d 为纵向钢筋直径），且不应大于 100mm。

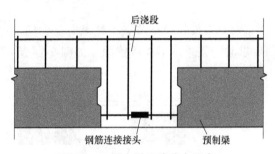

图 2-16 叠合梁连接节点示意

2. 主梁与次梁连接

（1）主梁与次梁采用后浇段连接（图 2-17）

1）在端部节点处，次梁下部纵向钢筋伸入主梁后浇段内的长度不应小于 $12d$。次梁上部纵向钢筋应在主梁后浇段内锚固。当采用弯折锚固或锚固板时，锚固直段长度不应小于 $0.6l_{ab}$；当钢筋应力不大于钢筋强度设计值的 50% 时，锚固直段长度不应小于 $0.35l_{ab}$；弯折锚固的弯折后直段长度不应小于 $12d$。

2）在中间节点处，两侧次梁的下部纵向钢筋伸入主梁后浇段内长度不应小于 $12d$；次梁上部纵向钢筋应在现浇层内贯通。

（2）预制主梁与次梁的连接

1）由主梁上挑出牛腿支承次梁，此时主梁的断面形式一般为 L 形、倒 T 形或十字形。预制主梁和次梁的连接构造示例如图 2-18 所示，预制主梁和现浇次梁的连接构造如图 2-19 所示。主梁上挑出牛腿的长度 L 一般不小于 150mm，不小于次梁宽度 b_0，挑出宽度一般取 $B = b_0 + 100mm$。当次梁反力较大时，也可将牛腿适当加宽。

2）次梁支承在主梁的牛腿上，一般情况下用砂浆找平和灌浆连接，但叠接面必须为粗糙面。对承受较大活荷载或承受振动荷载的边梁，需在梁端底面预埋钢板与牛腿的预埋件相焊接。

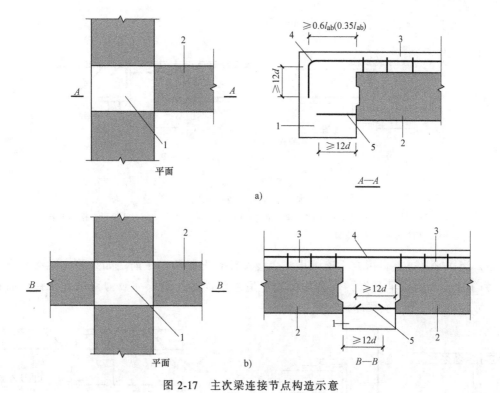

图 2-17　主次梁连接节点构造示意

a）端部节点　b）中间节点

1—主梁后浇段　2—次梁　3—后浇混凝土叠合层　4—次梁上部纵向钢筋　5—次梁下部纵向钢筋

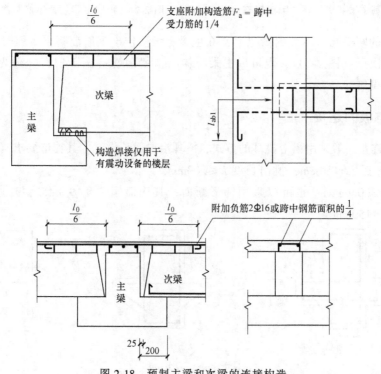

图 2-18　预制主梁和次梁的连接构造

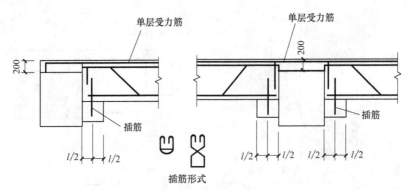

图 2-19 预制主梁与现浇次梁的连接构造

注：固定次梁的插筋锚入次梁和主梁牛腿内的长度应不小于 15d（d 为受力钢筋的直径），插筋应不少于 2Φ12

3）当次梁考虑叠合后成为连续梁时，应按计算配置负弯矩筋。如果将次梁按简支梁设计，为了避免支座过早开裂，仍需构造配置适量负筋，其面积一般为跨中受力钢筋面积的 1/4，每边伸出长度为次梁净跨长度的 1/6。

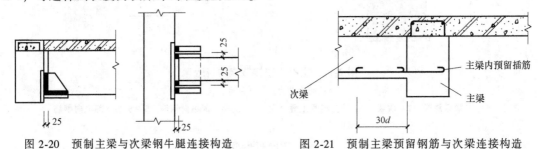

图 2-20 预制主梁与次梁钢牛腿连接构造   图 2-21 预制主梁预留钢筋与次梁连接构造

当主次梁的断面高差不大的情况下，在主梁上无法伸出钢筋混凝土牛腿时，可借助悬吊式钢牛腿支承次梁（图 2-20），也可以主梁内伸出预留钢筋（图 2-21，一般为 2 根），次梁与现浇板一起捣制。

2.4.3 梁与板的连接

梁与板的连接一般采用梁上挑耳的方式，挑耳沿梁通长设置。其构造要求（图 2-22）为：

1）挑耳高度 $h \geqslant 150\text{mm}$，挑出长度 $L \leqslant 200\text{mm}$。

2）当 $h \geqslant 300\text{mm}$ 时，也可以采用梯形断面，其底面倾斜角 $\beta \leqslant 45°$，外边缘高度 $h_k \geqslant h/3$，且不小于 150mm。

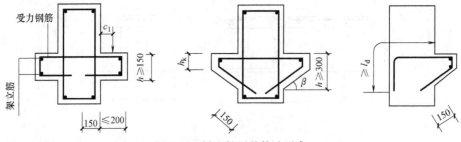

图 2-22 梁上挑耳的构造要求

3）挑耳的受拉钢筋最小配筋率，当采用Ⅰ、Ⅱ级钢筋时，分别为0.2%、0.15%。受拉钢筋直径一般不小于8mm，间距不大于200mm。受拉钢筋伸入梁内的锚固长度，受压区不小于150mm，受拉区不小于受拉钢筋最小锚固长度 l_d。

思 考 题

2-1 什么是混凝土叠合结构？

2-2 混凝土叠合结构有哪些优缺点？

2-3 钢筋混凝土叠合梁正截面受力有哪些特点？

2-4 钢筋混凝土叠合梁正截面破坏形式有哪些？

2-5 钢筋混凝土叠合梁设计需要验算哪些内容？

2-6 影响钢筋混凝土叠合梁裂缝和挠度的因素有哪些？

2-7 什么是预应力钢筋混凝土叠合梁？

2-8 预应力钢筋混凝土叠合梁需要验算哪些内容？

2-9 混凝土叠合结构柱与梁的连接有哪几种方式？

2-10 混凝土叠合结构中常见的梁与梁的连接有哪些方式？

习 题

2-1 如图2-23所示为某钢筋混凝土叠合梁，叠合前预制构件混凝土、叠合后叠合层混凝土均采用C40；纵向受拉钢筋采用Ⅲ级钢 3Φ20，箍筋采用HPB300，为双肢箍筋 φ8@100，跨中 $L_0/3$ 按 φ8@200 布置。施工阶段的恒载及施工活荷载在简支预制构件中引起的弯矩和剪力为：$M_{1Gk} = 50kN \cdot m$；$M_{1Qk} = 35kN \cdot m$；$V_{1Gk} = 35kN$；$V_{1Qk} = 25kN$。叠合后使用阶段的恒载及活荷载在框架叠合梁跨中引起的弯矩和剪力为：$M_{2Gk} = 15kN \cdot m$；$M_{2Qk} = 80kN \cdot m$；$V_{2Gk} = 16kN$；$V_{2Qk} = 80kN$。验算该叠合梁是否满足要求。

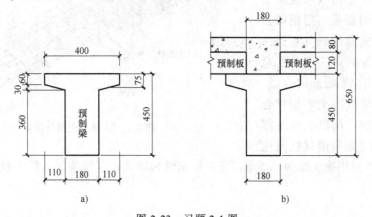

图 2-23 习题 2-1 图

a）叠合前截面 b）叠合后截面

第3章 钢-混凝土组合楼盖设计

本章导读

➢ 内容及要求 钢-混凝土组合楼盖的类型,压型钢板-混凝土组合楼板的构造要求和设计方法,钢-混凝土组合梁的构造要求和设计方法。通过本章学习,应了解钢-混凝土组合楼盖的基本类型;熟悉压型钢板-混凝土组合楼板的构造要求,掌握该类楼板施工阶段和使用阶段的设计方法;熟悉钢-混凝土组合梁截面分析方法及一般规定,掌握组合梁截面的弹性和塑性分析方法、抗剪连接件设计方法、纵向抗剪设计方法、简支组合梁的正常使用极限状态验算方法,熟悉连续组合梁设计的相关内容。

➢ 重点 压型钢板-混凝土组合楼板的构造要求和施工、使用阶段的设计方法;钢-混凝土组合梁截面的弹性和塑性分析方法,抗剪连接件设计方法和纵向抗剪设计方法,简支组合梁的变形计算。

➢ 难点 压型钢板-混凝土组合楼板使用阶段设计方法;钢-混凝土组合梁截面弹性设计方法,抗剪连接件设计方法,简支组合梁的变形计算。

钢-混凝土组合楼盖是指通过粘结力或设置连接件把楼盖体系中的钢部件和混凝土连接在一起,使它们共同受力和变形的楼盖。组合结构楼盖包括组合楼板结构和组合梁结构,如图3-1所示。组合楼板是指压型钢板上现浇混凝土组成压型钢板与混凝土共同承受载荷的楼板。把钢梁和各种形式的楼板通过抗剪连接件组合成整体,并共同工作的受弯构件,则称为钢-混凝土组合梁。组合楼盖体系将混凝土和钢材合理地连接在一起,可以充分发挥混凝土抗压强度高和钢材抗拉性

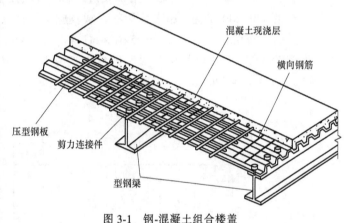

图 3-1 钢-混凝土组合楼盖

能好的优势,在民用建筑结构、工业厂房、桥梁结构以及地下结构等各类工程中得到了广泛应用。

3.1 钢-混凝土组合楼盖的常见类型

3.1.1 压型钢板组合楼盖

压型钢板组合楼盖是以铺设在钢梁上的压型钢板作为施工工作平台、永久性模板和受力部件,并将混凝土板和波纹状的压型钢板以及钢梁三者通过剪力连接件相连接,成

为一个整体的楼面及屋面承重结构，如图 3-2 所示。这种楼盖是在钢结构建筑中使用最多的一种楼盖。

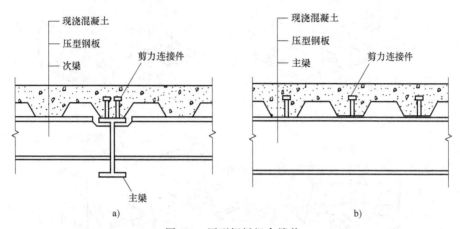

图 3-2　压型钢板组合楼盖

a）压型钢板板肋平行于主梁　b）压型钢板板肋垂直于主梁

压型钢板与混凝土之间的组合效应，是依靠叠合面之间适当的连接方式形成的，可以通过在压型钢板表面、端部及截面形状上进行相应的构造处理来实现。常见的处理方法有：

1）采用上宽下窄闭口式或缩口式压型钢板，通过压型钢板本身的形状变化改善组合作用，如图 3-3a 所示。

2）采用带有压痕、冲孔或加劲肋的压型钢板，主要依靠机械咬合作用提高混凝土与钢板的粘结力，如图 3-3b、c 所示。

3）板件端部设置横向钢筋或栓钉，通过机械作用提高组合板端部嵌固作用，避免组合板端部掀起和滑移，如图 3-3d、e 所示。

3.1.2　现浇混凝土板组合楼盖

现浇混凝土板组合楼盖是由钢梁和现浇混凝土板通过剪力连接件组合而成的，如图 3-4 所示。这类楼盖由于良好的整体性能和灵活便捷的布置形式，在组合结构发展的早期曾得到推广。但由于其需进行现场湿作业，施工工序烦琐，会影响后续工程的进度，在高层钢结构中已经很少采用，并逐渐被压型钢板组合楼盖所替代。

3.1.3　预制混凝土板组合楼盖

预制混凝土板组合楼盖采用预制混凝土板支承于钢梁上，在钢梁上设有栓钉，并留有槽口，用细石混凝土浇灌槽口缝隙，如图 3-5 所示。这类组合楼盖也可以采用叠合板，即先把预制混凝土板或预制预应力混凝土板（厚度不小于 40mm）铺在钢梁上，在施工时作为模板承受现浇混凝土的后浇层。预制混凝土板组合楼盖多用于钢结构高层旅馆及公寓建筑，因为这类建筑预埋管线少，一般不需吊顶，且采用预制板可以改善隔声效果。但它传递水平力的效果较差，楼板施工时还会影响钢结构的吊装。

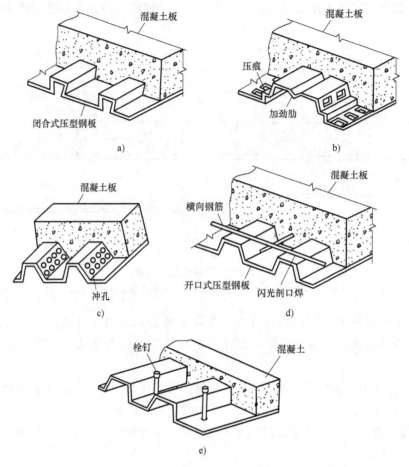

图 3-3 压型钢板与混凝土板的组合形式

a) 闭合式压型钢板 b) 带有压痕或加劲肋的压型钢板 c) 带有冲孔的压型钢板

d) 板件端部焊接横向钢筋 e) 板件端部焊接栓钉

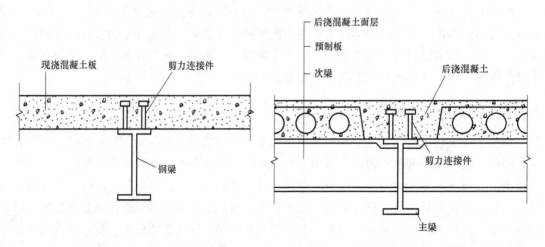

图 3-4 现浇钢筋混凝土板组合楼盖   图 3-5 预制混凝土板组合楼盖

3.2　压型钢板-混凝土组合楼板设计

3.2.1　一般构造要求

1. 压型钢板和混凝土材料

组合板中的压型钢板应选用热浸镀锌钢板，净厚度不小于 0.75mm，一般控制在 1.0mm 以上，仅作施工中模板使用时不宜小于 0.50mm。开口型压型钢板凹槽重心轴处宽度 ($b_{l,m}$)、缩口型和闭口型压型钢板槽口最小浇筑宽度 ($b_{l,m}$) 不应小于 50mm。当在槽内设置圆柱头焊钉时，压型钢板总高度 h_s (包括压痕在内) 不应超过 80mm，如图 3-6 所示。组合楼板中压型钢板的外表面应有保护层，以防御施工和使用过程中大气的有害侵蚀。

组合板总厚度 h 不小于 90mm，压型钢板板肋顶部以上混凝土厚度 h_c 不小于 50mm，混凝土强度等级不低于 C20，一般为 C30~C40。

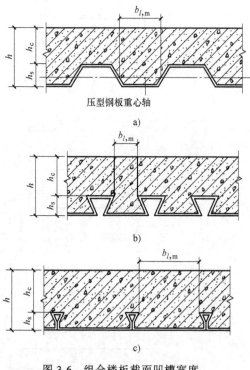

压型钢板重心轴

a)

b)

c)

图 3-6　组合楼板截面凹槽宽度
a) 开口型压型钢板　b) 缩口型压型钢板
c) 闭口型压型钢板

2. 配筋要求

若需提高组合板正截面承载力，可在板底沿顺肋方向配置附加的抗拉钢筋，钢筋保护层净厚度不应小于 15mm。

组合板在集中荷载作用处，应设置横向钢筋，其截面面积不应小于肋上混凝土截面面积的 0.2%，其延伸宽度不应小于集中荷载分布的有效宽度。钢筋间距不宜大于 150mm，直径不宜小于 6mm。当板上开有洞口时，沿板上洞口周边也需配置附加钢筋。

组合板在正弯矩区的压型钢板满足受弯承载力要求时，正弯矩区可不配置钢筋，仅在负弯矩区配置受力钢筋及在楼板顶面配置温度抗裂钢筋。连续组合板或悬臂组合板的负弯矩区需配置连续钢筋。连续组合板按简支板设计时，抗裂钢筋截面不应小于混凝土截面的 0.2%。从支承边缘算起，抗裂钢筋的长度不应小于跨度的 1/6，且必须与不少于 5 根分布钢筋相交。抗裂钢筋最小直径为 4mm，最大间距为 150mm，顺肋方向抗裂钢筋的保护层厚度为 20mm，与抗裂钢筋垂直的分布钢筋直径不应小于抗裂钢筋直径的 2/3，其间距不应大于抗裂钢筋间距的 1.5 倍。

若正弯矩区设置有压型钢板，该区域可不配置钢筋，仅在负弯矩区配置受力钢筋及在楼板顶面配置温度抗裂钢筋。当不能满足受弯承载力要求或耐火极限要求时，可在正弯矩区配置受力钢筋。当组合楼板内承受较大拉应力时，可在压型钢板肋顶布置钢筋网片。

3. 组合板端部构造

组合板在钢梁上的支承长度不应小于75mm，其中压型钢板在钢梁上的支承长度不应小于50mm，如图3-7a所示。组合板在混凝土梁或砌体墙上的支承长度不应小于100mm，其中压型钢板的搁置长度不应小于75mm，如图3-7b所示。连续板或搭接板在钢梁、混凝土梁（墙）上的支承长度分别不小于75mm和100mm，如图3-7c所示。

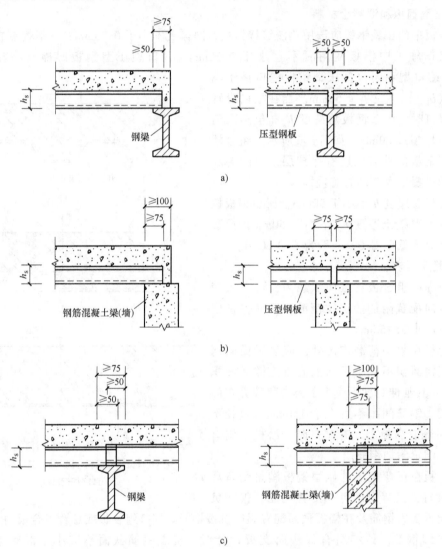

图 3-7　组合板的端部构造

a）钢梁支承　b）混凝土梁（墙）支承　c）连续板或搭接板支承

3.2.2　压型钢板的选用

1. 压型钢板钢材及强度设计值

压型钢板一般采用国家标准 GB/T 2518—2008《连续热镀锌薄钢板和板带》中规定的 S250、S350、S550 钢，GB/T 700—2006《碳素结构钢》和 GB/T 1591—2018《低合金高强度结构钢》中规定的 Q235 及 Q345 钢。压型钢板钢材强度设计值见表 3-1。热轧钢板弹性模量 E_s 为 $2.06×10^5 N/mm^2$，冷轧钢板弹性模量 E_s 为 $1.90×10^5 N/mm^2$。

表 3-1 压型钢板钢材强度设计值

（单位：N/mm^2）

强度设计值	钢材牌号				
	S250	S350	S550	Q235	Q345
抗拉、压、弯 f_a	205	290	395	205	300
抗剪 f_{av}	120	170	230	120	175

2. 压型钢板板型

压型钢板典型板型如图 3-8 所示，按板端连接方式可分为搭接型、扣合型和咬合型，按板肋形状可分为开口型和闭口型。

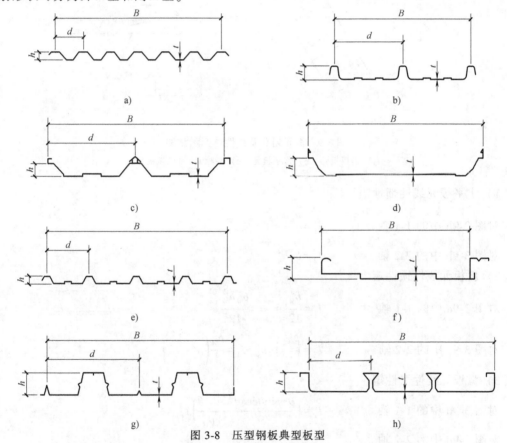

图 3-8 压型钢板典型板型

a）搭接型屋面板　b）扣合型屋面板　c）咬合型屋面板（180°）　d）咬合型屋面板（360°）
e）搭接型墙面板（紧固件外露）　f）搭接型墙面板（紧固件隐藏）　g）楼盖板（开口型）
h）楼盖板（闭口型）
B—板宽　d—波距　h—波高　t—板厚

3. 压型钢板截面特征

（1）几何参数计算　压型钢板的截面可划分为水平板元、斜板元和弧板元三部分，如图 3-9 所示。计算板件几何参数时通常采用线性元件算法，即压型钢板各板元的截面可取各自的中心线，并用其代替板元。按线性单元简图分别计算各板块的截面几何参数，然后相加，再累加乘以板厚，即求得压型钢板实际的截面几何参数。

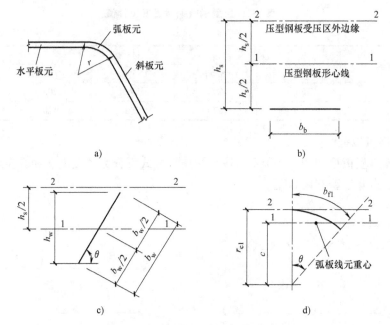

图 3-9　板元划分及线性单元示意图
a）钢板板元　b）水平板元　c）斜板元　d）弧板元

1）水平板元线性惯性矩

对图 3-9b 中的 1-1 轴

$$I_1 = \frac{b_b h_s^2}{4} \tag{3-1}$$

对图 3-9b 中的 2-2 轴

$$I_2 = b_b h_s^2 \tag{3-2}$$

2）斜板元线性惯性矩

对图 3-9c 中的 1-1 轴

$$I_1 = \frac{b_w^3}{12}\sin^2\theta = \frac{b_w h_w^2}{12} \tag{3-3}$$

对图 3-9c 中的 2-2 轴

$$I_2 = \left(\frac{h_s}{2}\right)^2 b_w + I_1 = \frac{b_w}{4}\left(h_s^2 + \frac{h_w^2}{3}\right) \tag{3-4}$$

3）弧板元线性惯性矩

对图 3-9d 中的 1-1 轴

$$I_1 = \left(\frac{\theta + \sin\theta\cos\theta}{2} - \frac{\sin^2\theta}{\theta}\right) r_{c1}^3 \tag{3-5}$$

对图 3-9d 中的 2-2 轴

$$I_2 = \theta r_{c1}(r_{c1}-c)^2 + I_1 = \left[\theta(r_{c1}-c)^2 + \left(\frac{\theta+\sin\theta\cos\theta}{2} - \frac{\sin^2\theta}{\theta}\right)r_{c1}^2\right] r_{c1} \tag{3-6}$$

$$r_{c1} = r + \frac{t}{2} \tag{3-7}$$

$$b_{fl} = r_{c1}\theta \tag{3-8}$$

$$c = \frac{r_{c1}\sin\theta}{\theta} \tag{3-9}$$

（2）受压翼缘有效计算宽度　压型钢板受弯时，其翼缘截面的纵向应力并非均匀分布，在与腹板相交处的应力最大，距腹板越远应力越小，其应力分布呈曲线形，如图 3-10a 所示。实际计算时，常根据合力等效的原则把翼缘上的曲线应力分布简化为在一定板宽上的均匀应力分布形式，此宽度即为受压翼缘有效计算宽度 b_{ef}，如图 3-10b 所示。

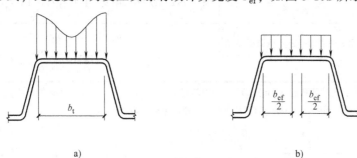

a)　　　　　　　　　　　　　　　　　b)

图 3-10　压型钢板翼缘应力分布

a）实际应力分布　b）有效宽度上简化应力分布

为保证压型钢板达到极限状态时受压翼缘全截面充分发挥作用，一般应控制翼缘的宽厚比不超过表 3-2 规定的限值。此时板件有效计算宽度可按表 3-3 所列公式计算，有效截面形式如图 3-11 所示。通常情况下，组合板中所采用的压型钢板形状比较简单，加劲肋大多不超过两个，在实际计算中，可取 $b_{ef} = 50t$ 作为压型钢板受压翼缘的有效计算宽度。

表 3-2　压型钢板受压翼缘板最大容许宽厚比

翼缘板的支承条件	宽厚比 b_t/t 限值
两边支承（包括有中间加劲肋的加劲肋板件）	500
一边支承，一边卷边	60
一边支承，一边自由	60

注：b_t 为压型钢板受压翼缘在相邻支承点（腹板或纵向加劲肋）之间的实际宽度（mm）；t 为压型钢板的板件厚度（mm）。

表 3-3　压型钢板受压翼缘有效计算宽度 b_{ef}

序号	板元受力状态	计 算 公 式
1	两边支承，无中间加劲肋	当 $b_t/t \leq 1.2\sqrt{E/\sigma_c}$ 时，$b_{ef} = b_t$
2	两边支承，上下翼缘不对称，$b_t/t > 160$	当 $b_t/t > 1.2\sqrt{E/\sigma_c}$ 时，$b_{ef} = 1.77\sqrt{E/\sigma_c}\left(1 - \dfrac{0.387}{b_t/t}\sqrt{E/\sigma_c}\right)t$
3	一边支承，一边卷边，$b_t/t \leq 60$	
4	一边支承，一边卷边，$b_t/t > 60$	$b_{ef}^{re} = b_{ef} - 0.1(b_t/t - 60)t$ $b_{ef} = 1.77\sqrt{E/\sigma_c}\left(1 - \dfrac{0.387}{b_t/t}\sqrt{E/\sigma_c}\right)t$
5	一边支承，一边自由	当 $b_t/t \leq 0.39\sqrt{E/\sigma_c}$ 时， $\qquad b_{ef} = b_t$ 当 $0.39\sqrt{E/\sigma_c} < b_t/t \leq 1.26\sqrt{E/\sigma_c}$ 时， $\qquad b_{ef} = 0.58\sqrt{E/\sigma_c}\left(1 - \dfrac{0.126}{b_t/t}\sqrt{E/\sigma_c}\right)t$ 当 $1.26\sqrt{E/\sigma_c} < b_t/t \leq 60$ 时， $\qquad b_{ef} = 1.02t\sqrt{E/\sigma_c} - 0.39b_t$

（续）

序号	板元受力状态	计算公式
6	有 1~2 个中间加劲肋的两边支承受压翼缘，$b_t/t \leqslant 60$	当 $b_t/t \leqslant 1.2\sqrt{E/\sigma_c}$ 时，$b_{ef} = b_t$ 当 $b_t/t > 1.2\sqrt{E/\sigma_c}$ 时，$b_{ef} = 1.77\sqrt{E/\sigma_c}\left(1 - \dfrac{0.387}{b_t/t}\sqrt{E/\sigma_c}\right)t$
7	有 1~2 个中间加劲肋的两边支承受压翼缘 $b_t/t > 60$	$b_{ef}^{re} = b_{ef} - 0.1(b_t/t - 60)t$ $b_{ef} = 1.77\sqrt{E/\sigma_c}\left(1 - \dfrac{0.387}{b_t/t}\sqrt{E/\sigma_c}\right)t$

注：b_{ef} 为受压翼缘的有效计算宽度（mm）；b_{ef}^{re} 为折减的有效计算宽度（mm）；σ_c 为按有效截面计算时，受压边缘板的支承边缘处的实际应力（N/mm²）；E 为板材的弹性模量（N/mm²）。

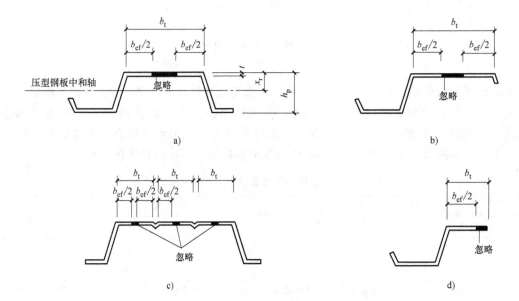

图 3-11　压型钢板受压翼缘有效计算宽度

a）无中间加劲肋的两边支承板　b）一边支承，一边卷边加劲板
c）有中间加劲肋的两边支承板　d）一边支承，一边自由板

4. 受压翼缘纵向加劲肋

当压型钢板受压翼缘设有纵向加劲肋时，加劲肋截面惯性矩应满足下列公式要求，否则应按无加劲肋板件计算。

中间加劲肋　　　　$I_{is} \geqslant 3.66t^4\sqrt{\left(\dfrac{b_t}{t}\right)^2 - \dfrac{27100}{f_y}}$，且 $I_{is} \geqslant 18t^4$　　　　（3-10）

边缘卷边加劲肋　　$I_{es} \geqslant 1.83t^4\sqrt{\left(\dfrac{b_t}{t}\right)^2 - \dfrac{27100}{f_y}}$，且 $I_{es} \geqslant 9t^4$　　　　（3-11）

式中　I_{is}——中间加劲肋截面对被加劲受压翼缘截面形心轴的惯性矩；

　　　I_{es}——边缘加劲肋截面对被加劲受压翼缘截面形心轴的惯性矩。

对于我国工程中经常使用的商品化压型钢板（图 3-12），其板型及考虑有效宽度影响的截面参数可参考厂家提供的资料直接取用，见表 3-4。

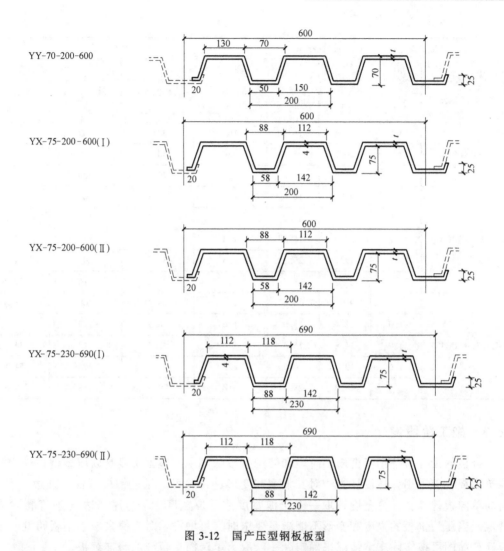

图 3-12　国产压型钢板板型

表 3-4　国产压型钢板截面性能

板　型	板厚/mm	重量/kg/m		截面性能(1m 宽)			
				全截面		有效宽度	
		镀锌	未镀锌	惯性矩 I_c /(cm⁴/m)	截面系数 W_c /(cm³/m)	惯性矩 I_{ac} /(cm⁴/m)	截面系数 W_{ac} /(cm³/m)
YX-70-200-600	0.8	10.5	11.1	110	26.6	76.8	20.5
	1.0	13.1	13.6	137	33.3	96	25.7
	1.2	15.7	16.2	164	40.0	115	30.6
	1.6	20.9	21.5	219	53.3	153	40.8
YX-75-200-600(Ⅰ)	1.2	15.7	16.3	168	38.4	137	35.9
	1.6	20.8	21.3	220	50.2	200	48.9
	2.3	29.5	30.2	306	70.1	306	70.1

（续）

板　型	板厚/mm	重量/kg/m		截面性能（1m 宽）			
		镀锌	未镀锌	全截面		有效宽度	
				惯性矩 I_c /(cm⁴/m)	截面系数 W_c /(cm³/m)	惯性矩 I_{ac} /(cm⁴/m)	截面系数 W_{ac} /(cm³/m)
YX-75-200-600（Ⅱ）	1.2	15.6	16.3	169	38.7	137	35.9
	1.6	20.7	21.3	220	50.7	200	48.9
	2.3	29.5	30.2	309	70.6	309	70.6
YX-75-230-690（Ⅰ）	0.8	9.96	10.6	117	29.3	82	18.8
	1.0	12.4	13.0	145	36.3	110	26.2
	1.2	14.9	15.5	173	43.2	140	34.5
	1.6	19.7	20.3	226	56.4	204	54.1
	2.3	28.1	28.7	316	79.1	316	79.1
YX-75-230-690（Ⅱ）	0.8	9.96	10.6	117	29.3	82	18.8
	1.0	12.4	13.0	146	36.5	110	26.2
	1.2	14.8	15.4	174	43.4	140	34.5
	1.6	19.7	20.3	228	57.0	204	54.1
	2.3	28.0	28.6	318	79.5	318	79.5

3.2.3　施工阶段设计

组合板的设计应分别考虑施工阶段和使用阶段的要求。施工阶段是以压型钢板作为混凝土浇筑模板，应采用弹性设计方法对其强度和变形进行验算。压型钢板可仅按强边（顺肋）方向的单向板计算，计算宽度可取一个全波宽度或单位宽度，不考虑弱边（垂直肋）方向的弯矩。当压型钢板的强度和变形不能满足要求时，可增设临时支撑来减小钢板跨度。压型钢板计算简图可按实际支承情况来确定，一般取为单跨简支板或两跨连续板。

1. 荷载及荷载效应组合

压型钢板承受的荷载包括永久荷载和可变荷载。永久荷载有压型钢板、混凝土、钢筋的自重。可变荷载则为施工活荷载和附加活荷载，包括工人和施工机械等自重以及施工中产生的冲击效应等。当没有可变荷载实测值或施工荷载实测值小于 1.0kN/m² 时，其取值不应小于 1.0kN/m²。

压型钢板按承载能力极限状态设计时，其荷载效应组合按下式确定

$$S_d = 1.2S_s + 1.4S_c + 1.4S_q \tag{3-12}$$

式中　S_d——荷载效应基本组合值；

　　　S_s——压型钢板、钢筋自重在计算截面产生的荷载效应标准值；

　　　S_c——混凝土自重在计算截面产生的荷载效应标准值；

　　　S_q——施工阶段可变荷载在计算截面产生的荷载效应标准值。

压型钢板按正常使用极限状态下标准组合计算时，其荷载效应组合按下式确定

$$S_k = S_{1Gk} + S_{1Qk}$$

式中　S_k——荷载效应标准组合值；

　　　S_{1Gk}——施工阶段永久荷载效应标准组合值；

　　　S_{1Qk}——施工阶段可变荷载效应标准组合值。

2. 抗弯承载力验算

施工阶段压型钢板的正截面抗弯承载力应满足下式要求

$$\gamma_0 M \leqslant f_a W_{ac} \tag{3-13}$$

式中　γ_0——结构重要性系数，依据 GB 50018—2002《冷弯薄壁型钢结构技术规范》，γ_0 可取 0.9；

　　　M——计算宽度内压型钢板弯矩设计值（N·mm）；

　　　f_a——压型钢板抗拉强度设计值（N/mm²）；

　　　W_{ac}——计算宽度内压型钢板有效截面抵抗矩，取受压区与受拉区截面抵抗矩中较小值（mm³）。

3. 变形验算

在施工阶段，混凝土尚未达到设计强度，应仅对压型钢板进行正常使用极限状态下的挠度计算

单跨简支板

$$v_c = \frac{5 S_k L^4}{384 E_a I_{ac}} \leqslant [v] \tag{3-14}$$

两跨连续板

$$v_c = \frac{S_k L^4}{185 E_a I_{ac}} \leqslant [v] \tag{3-15}$$

式中　S_k——施工阶段荷载短期效应组合标准值（N）；

　　　L——压型钢板跨度（mm）；

　　　E_a——压型钢板弹性模量（N/mm²）；

　　　I_{ac}——单位宽度压型钢板有效截面惯性矩（mm⁴）；

　　　$[v]$——容许挠度，取 $L/180$ 和 20mm 中的较小值（mm）。

3.2.4　使用阶段设计

在使用阶段，压型钢板和混凝土板已经形成组合板，并承担板上荷载。组合板承载能力验算包含抗弯承载力验算、斜截面受剪承载力验算、纵向受剪承载力验算以及局部抗冲切承载力验算。对于连续组合板，还需验算负弯矩区段的受弯承载力。同时，为保证组合楼板的使用性能，还应进行使用阶段的挠度验算和自振频率验算。

1. 组合板内力分析原则

1）当压型钢板上混凝土厚度为 50~100mm 时，由于钢板相正交两个方向的刚度相差较大，一般假定压型钢板-混凝土板为顺肋方向的单向板，需按以下原则计算内力：

① 按简支单向板计算组合楼板强边（顺肋）方向的正弯矩及变形。

② 按两端为固端计算强边方向的板端负弯矩。

③ 不考虑弱边（垂直于肋）方向的正负弯矩。

2）当压型钢板上混凝土厚度大于 100mm 时，应按以下两种情况计算内力：

① 两个方向刚度相差较大时，即当 $\lambda_e \leqslant 0.5$ 时，按强边方向为单向板计算，当 $\lambda_e \geqslant 2.0$

时，按弱边方向为单向板计算。

② 当两个方向刚度比较接近时，即当 $0.5 < \lambda_e < 2.0$，应按正交异性双向板计算内力。其中

$$
\begin{cases}
\lambda_e = \dfrac{l_x}{\mu l_y} \\[3mm]
\mu = \sqrt[4]{\dfrac{I_x}{I_y}}
\end{cases}
\tag{3-16}
$$

式中　λ_e——有效边长比；

　　　　μ——组合板各向异性系数；

　　l_x、l_y——组合板强边、弱边方向边长（m）；

　　I_x、I_y——组合板强、弱边方向计算宽度的截面惯性矩，但计算 I_y 时，只考虑压型钢板肋顶以上混凝土厚度 h_c（mm^4）。

3）正交异性双向板周边支承条件：

① 当组合板跨度大致相等，且相邻跨是连续的，楼板周边可视为固定边。

② 当组合板上浇筑的混凝土板不连续或相邻跨度相差较大时，如变厚度、有高差，楼板周边可视为简支边。

4）正交异性双向板内力分析。当双向异性板支承条件为四边简支时，组合板强边方向按单向组合板设计；组合板弱边方向，仅按压型钢板上翼缘以上钢筋混凝土板进行设计。对于支承条件不是四边简支的双向异性组合板，可将板件形状按有效边长比 λ_e 加以修正后视作双向同性板，进而得到组合板各个方向的弯矩，如图 3-13 所示。

① 计算强边方向弯矩 M_x 时，弱边方向等效边长取 μl_y，使组合板变成以强边方向截面刚度为等刚度的双向同性组合板，所得双向同性板在短边方向弯矩即为组合板强边方向弯矩。

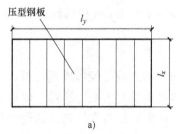

a)

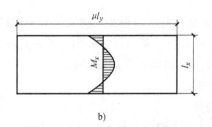

b)

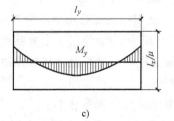

c)

图 3-13　各向异性双向板计算简图

a）正交异性板　b）等效各向同性板（计算 M_x 时）　c）等效各向同性板（计算 M_y 时）

② 计算弱边方向弯矩 M_y 时，将强边方向跨度乘以系数 l_x/μ，使组合板变成以弱边方向截面刚度为等刚度的双向同性组合板，所得双向同性板在长边方向弯矩即为组合板弱边方向弯矩。

5）连续组合板弯矩调幅。连续组合楼板在强边方向正弯矩作用下，采用弹性方法分析计算内力时，可考虑塑性内力重分布，但支座弯矩调幅不宜大于 15%。

6）集中荷载分布宽度。在局部荷载作用下，需按照荷载扩散传递原则确定组合板荷载的有效分布宽度，如图 3-14 所示。

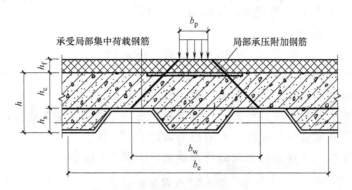

图 3-14　局部荷载有效分布宽度

① 抗弯计算

简支板：
$$b_e = b_w + 2l_p\left(1 - \frac{l_p}{l}\right) \tag{3-17}$$

连续板：
$$b_e = b_w + \frac{4}{3}l_p\left(1 - \frac{l_p}{l}\right) \tag{3-18}$$

② 受剪计算
$$b_e = b_w + l_p\left(1 - \frac{l_p}{l}\right) \tag{3-19}$$

式中　l_p——荷载作用点到组合楼板较近支座距离（mm）；

　　　l——组合楼板跨度（mm）；

　　　b_e——局部荷载在组合楼板中的有效工作宽度（mm）；

　　　b_w——局部荷载在压型钢板中的工作宽度，即 $b_w = b_p + 2(h_c + h_f)$（mm）；

　　　b_p——局部荷载宽度（mm）；

　　　h_c——压型钢板板肋顶面以上混凝土的计算厚度（mm）；

　　　h_f——楼板构造面层厚度（mm）。

2. 内力组合原则

（1）弯矩设计值组合

1）不设置临时支撑

正弯矩区段
$$M_d = M_{1G} + M_{2G} + M_{2Q} \tag{3-20}$$

负弯矩区段

$$M_d = M_{2G} + M_{2Q} \tag{3-21}$$

2）设置临时支撑

正、负弯矩区段

$$M_d = M_{1G} + M_{2G} + M_{2Q} \tag{3-22}$$

式中　M_d——组合楼板弯矩设计值（N·mm）；

　　M_{1G}——组合楼板自重在计算截面产生的弯矩设计值（N·mm）；

　　M_{2G}——除组合楼板自重以外的其他永久荷载在计算截面产生的弯矩设计值（N·mm）；

　　M_{2Q}——可变荷载在计算截面产生的弯矩设计值（N·mm）。

（2）剪力设计值组合

$$V_d = \gamma V_{1G} + V_{2G} + V_{2Q} \tag{3-23}$$

式中　V_d——组合楼板最大剪力设计值（N）；

　　V_{1G}——组合楼板自重在计算截面产生的剪力设计值（N）；

　　V_{2G}——除组合楼板自重以外的其他永久荷载在计算截面产生的剪力设计值（N）；

　　V_{2Q}——可变荷载在计算截面产生的剪力设计值（N）；

　　γ——施工时与支撑条件有关的支撑系数，按表 3-5 取用。

表 3-5　支撑系数 γ

支撑条件	满支撑	三分点支撑	中点支撑	无支撑
支撑系数 γ	1.0	0.733	0.625	0.0

（3）变形验算下荷载效应组合

标准组合

$$S_s = (1 - \gamma_d) S_{1Gk} + \left(S_{2Gk}^s + S_{Q1k}^s + \sum_{i=2}^n \varphi_{ci} S_{Qik}^s \right) \tag{3-24}$$

准永久组合

$$S_q = (1 - \gamma_d) S_{1Gk} + \left(S_{2Gk}^l + \sum_{i=2}^n \varphi_{qi} S_{Qik}^l \right) \tag{3-25}$$

式中　S_s——使用阶段荷载效应标准组合；

　　S_q——使用阶段荷载效应准永久组合；

　　S_{1Gk}——施工阶段永久荷载效应的标准值；

　　S_{2Gk}^s——短期荷载组合中使用阶段永久荷载效应的标准值；

　　S_{2Gk}^l——长期荷载组合中使用阶段永久荷载效应的标准值；

　　S_{Q1k}^s——短期荷载组合中第 1 个主导可变荷载效应；

　　S_{Qik}^s——短期荷载组合中第 i 个可变荷载效应；

　　S_{Qik}^l——长期荷载组合中第 i 个可变荷载效应；

　　φ_{ci}——第 i 个可变荷载的组合系数，按 GB 50009—2012《建筑结构荷载规范》选用；

　　φ_{qi}——第 i 个可变荷载的准永久系数，按《建筑结构荷载规范》选用；

　　γ_d——系数，无支撑时取 $\gamma_d = 0$，其余取 $\gamma_d = 1$。

3. 正截面受弯承载力计算

组合楼板的正截面受弯承载力计算时可采用如下计算假定：

1) 按塑性设计法计算，即截面受拉区和受压区材料均达到强度设计值。

2) 忽略中和轴附近受拉混凝土的作用和压型钢板凹槽内混凝土的作用。

3) 完全剪切连接组合楼板，在混凝土与压型钢板交界面上滑移很少，混凝土与钢板始终保持共同工作，截面应变符合平截面假定。

组合楼板沿强边方向在正弯矩作用下，正截面受弯承载力计算应满足下列要求：

1) 当塑性中和轴位于压型钢板上翼缘以上的混凝土板内，即 $x \leqslant h_c$ 时，如图 3-15 所示，根据截面内力平衡条件，得

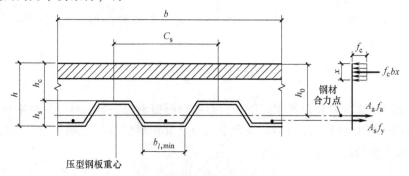

图 3-15　组合板受弯计算简图

$$M \leqslant f_c bx\left(h_0 - \frac{x}{2}\right) \tag{3-26}$$

混凝土受压区高度 x 为

$$x = \frac{A_a f_a + A_s f_y}{f_c b} \tag{3-27}$$

式 (3-27) 的适用条件：$x \leqslant h_c$ 且 $x \leqslant \xi_b h_0$；当 $x > \xi_b h_0$ 时，取 $x = \xi_b h_0$。

式中　M——计算宽度内组合楼板的正弯矩设计值（N·mm）；

h_c——压型钢板板肋以上混凝土厚度（mm）；

b——组合楼板计算宽度（mm）；

x——混凝土受压区高度（mm）；

h_0——组合楼板截面有效高度，等于压型钢板及钢筋拉力合力点至混凝土构件顶面的距离（mm）；

A_a——计算宽度内压型钢板截面面积（mm²）；

A_s——计算宽度内受拉钢筋截面面积（mm²）；

f_a——压型钢板强度设计值（N/mm²）；

f_y——钢筋抗拉强度设计值（N/mm²）；

f_c——混凝土抗压强度设计值（N/mm²）；

ξ_b——混凝土相对界限受压区高度按下式计算，式中 f_a 应分别用压型钢板强度设计值 f_a 和钢筋强度设计值 f_y 代入计算，其较小值为相对界限受压区高度 ξ_b。

对有屈服强度的钢材

$$\xi_b = \frac{\beta_1}{1 + \dfrac{f_a}{E_a \varepsilon_{cu}}}$$

无屈服强度的钢材

$$\xi_b = \frac{\beta_1}{1 + \dfrac{0.002}{\varepsilon_{cu}} + \dfrac{f_a}{E_a \varepsilon_{cu}}}$$

式中　β_1——系数，混凝土强度等级不超过 C50 时，取 $\beta_1 = 0.8$；

　　　ε_{cu}——非均匀受压时混凝土极限压应变，当混凝土强度等级不超过 C50 时，
　　　　　$\varepsilon_{cu} = 0.0033$。

2）当塑性中和轴位于压型钢板内，即 $x > h_c$ 时，宜调整压型钢板型号和尺寸，无替代产品时可按下式验算

$$M \leqslant f_c b h_c \left(h_0 - \frac{h_c}{2} \right) \tag{3-28}$$

组合楼板沿强边方向在负弯矩作用下，不考虑压型钢板受压，可将组合楼板截面等效成 T 型截面，计算简图如图 3-16 所示，受弯承载力计算按照《混凝土结构设计规范》的规定。等效截面可按下列公式计算

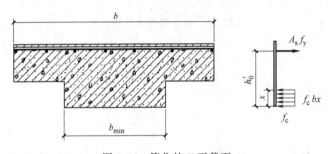

图 3-16　简化的 T 型截面

$$b_{min} = \frac{b}{c_s} b_{l,min} \tag{3-29}$$

式中　b_{min}——计算宽度内组合楼板换算腹板宽度（mm）；

　　　b——组合楼板计算宽度（mm）；

　　　c_s——压型钢板一个波距宽度（mm）；

　　　$b_{l,min}$——压型钢板单槽最小宽度（mm）。

其正截面承载力验算式为

$$M \leqslant f_c b_{min} x \left(h_0' - \frac{x}{2} \right) \tag{3-30}$$

4. 纵向剪切粘结承载力计算

沿压型钢板和混凝土结合面发生剪切-粘结破坏是组合楼板的破坏形式之一。这种破坏主要是由于压型钢板与混凝土之间的粘结力不足引起。板件结合面的纵向粘结承载力计算公式为

$$V \leqslant m \frac{A_a h_0}{1.25a} + k f_t b h_0 \tag{3-31}$$

式中　V——计算宽度内组合楼板最大纵向剪力设计值（N）；

m、k——剪切粘结系数，应按 CECS 273—2010《组合楼板设计与施工规范》中附录 A

规定的试验方法确定，若无具体试验条件，可采用表 3-6 中的 m、k 系数，其中

k 为无量纲系数，m 量纲为 N/mm²；

A_a——计算宽度内组合楼板中压型钢板截面面积（mm²）；

a——剪跨，均布荷载作用时取 $a = l_n/4$，l_n 为楼板净跨度，连续板可取反弯点之间距

离（mm）；

f_t——混凝土轴心抗拉强度设计值（N/mm²）。

表 3-6　常用压型钢板组合楼板的剪切粘结系数 m、k

压型钢板截面及型号	端部剪力件	适用板跨	m、k
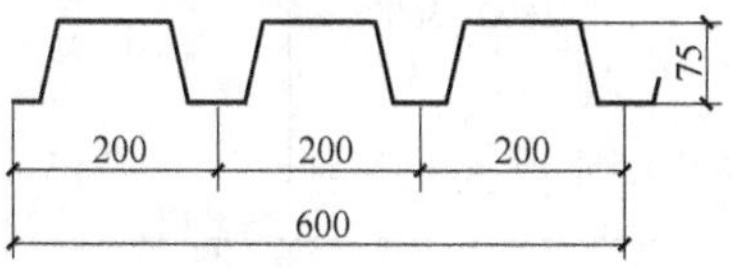 YL75-600	当板跨小于 2700mm 时，采用焊后高度不小于 135mm、直径不小于 13mm 的栓钉；当板跨大于 2700mm 时，采用焊后高度不小于 135mm、直径不小于 16mm 的栓钉，且一个压型钢板宽度内每边不少于 4 个，栓钉应穿透压型钢板	1800～3600mm	$m = 203.92 \text{N/mm}^2$；$k = -0.022$
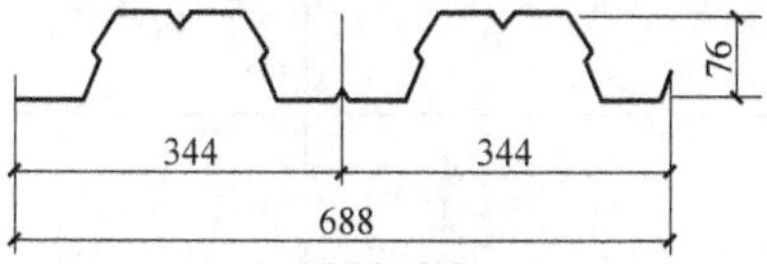 YL76-688	当板跨小于 2700mm 时，采用焊后高度不小于 135mm、直径不小于 13mm 的栓钉；当板跨大于 2700mm 时，采用焊后高度不小于 135mm、直径不小于 16mm 的栓钉，且一个压型钢板宽度内每边不少于 4 个，栓钉应穿透压型钢板	1800～3600mm	$m = 213.25 \text{N/mm}^2$；$k = -0.0016$
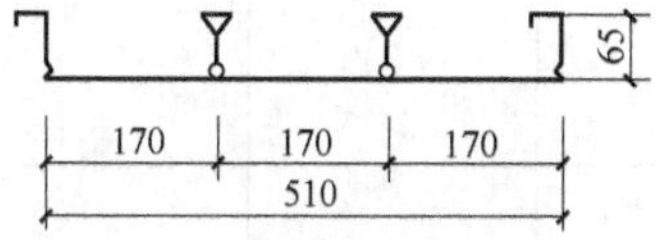 YL65-510	无剪力件	1800～3600mm	$m = 182.25 \text{N/mm}^2$；$k = 0.1061$
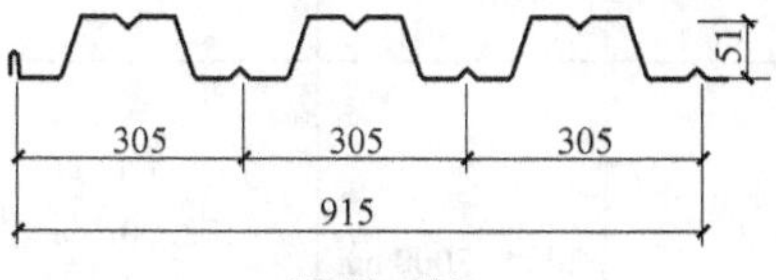 YL51-915	无剪力件	1800～3600mm	$m = 101.58 \text{N/mm}^2$；$k = -0.0001$
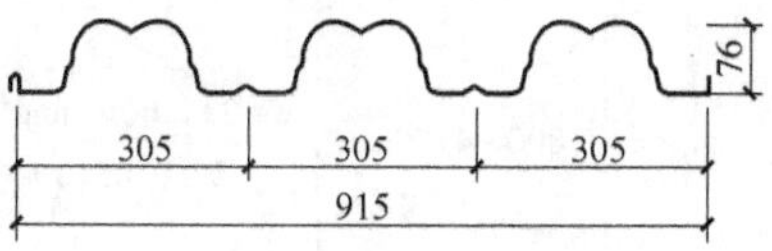 YL76-915	无剪力件	1800～3600mm	$m = 137.08 \text{N/mm}^2$；$k = -0.0153$

（续）

压型钢板截面及型号	端部剪力件	适用板跨	m、k
YL51-595	无剪力件	1800～3600mm	$m = 245.54 \text{N/mm}^2$; $k = 0.0527$
YL66-720	无剪力件	1800～3600mm	$m = 183.40 \text{N/mm}^2$; $k = 0.0332$
YL46-600	无剪力件	1800～3600mm	$m = 238.94 \text{N/mm}^2$; $k = 0.0178$
YL65-555	无剪力件	2000～3400mm	$m = 137.16 \text{N/mm}^2$; $k = 0.2468$
YL40-740	无剪力件	2000～3000mm	$m = 172.90 \text{N/mm}^2$; $k = 0.1780$
YL40-740	无剪力件	2000～3000mm	$m = 172.90 \text{N/mm}^2$; $k = 0.1780$
YL50-620	无剪力件	1800～4150mm	$m = 234.60 \text{N/mm}^2$; $k = 0.0513$

注：表中组合楼板端部剪力件为最小设置规定；端部未设剪力件的相关数据可用于设置剪力件的实际工程。

5. 斜截面受剪承载力计算

在均布荷载作用下，不考虑压型钢板本身的抗剪能力，按下式计算组合楼板的斜截面受剪承载力

$$V \leqslant 0.7 f_t b_{\min} h_0 \tag{3-32}$$

式中　V——计算宽度内组合楼板最大竖向剪力设计值（N）；

$\quad\quad f_t$——混凝土轴心抗拉强度设计值（N/mm²）；

$\quad\quad b_{\min}$——计算宽度内组合楼板换算腹板宽度，按式（3-29）计算；

$\quad\quad h_0$——组合楼板截面有效高度。

6. 局部荷载抗冲切计算

当组合板面上作用有较大的局部荷载且板件较薄时，容易发生冲切破坏，破坏一般沿着荷载作用面区域45°斜面发生，如图3-17所示。此时，应验算组合楼板肋上混凝土部分的抗冲切承载力

$$F_1 \leqslant 0.7 f_t u_{cr} h_c \tag{3-33a}$$

式中　F_1——局部荷载设计值（N）；

$\quad\quad f_t$——混凝土轴心抗拉强度设计值（N/mm²）；

$\quad\quad u_{cr}$——组合楼板临界截面周长，即距离集中荷载作用面积周边 $h_c/2$ 处板垂直截面的周长（mm），按下式计算

$$u_{cr} = 2[(b_c + h_c) + (a_c + h_c)] \tag{3-33b}$$

式中　a_c、b_c——局部荷载作用面的长和宽（mm）；

$\quad\quad h_c$——压型钢板板肋以上混凝土板厚度（mm）。

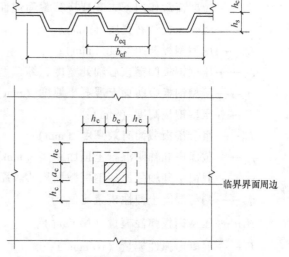

图 3-17　局部荷载作用下组合板冲切破坏

7. 变形计算

在使用阶段，混凝土已达到设计强度并与压型钢板共同抵抗变形，故变形计算应按组合板考虑。组合板变形计算采用弹性理论，包括荷载短期效应和长期效应，参照式（3-24）和式（3-25）分别计算。计算所得挠度不允许超过板跨 l 的 1/200。

（1）荷载短期效应下组合板截面抗弯刚度 B_s

$$B_s = E_c I_{eq}^s \tag{3-34}$$

$$I_{eq}^s = \frac{I_u^s + I_c^s}{2} \tag{3-35}$$

式中　B_s——短期荷载作用下的组合截面抗弯刚度（N·mm²）；

$\quad\quad E_c$——混凝土弹性模量（N/mm²）；

$\quad\quad I_{eq}^s$——短期荷载作用下的平均换算截面惯性矩（mm⁴）；

I_u^s、I_c^s——短期荷载作用下未开裂换算截面惯性矩及开裂换算截面惯性矩（mm^4）。

1）未开裂截面换算截面惯性矩计算（图3-18）：

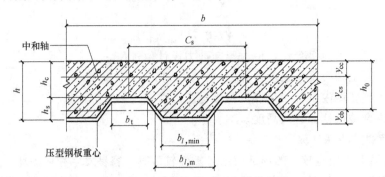

图3-18　组合楼板截面刚度计算简图

截面中和轴距混凝土顶面距离为

$$y_{cc} = \frac{0.5bh_c^2 + \alpha_E A_a h_0 + b_{l,m} h_s (h - 0.5h_s) b/c_s}{bh_c + \alpha_E A_a + b_{l,m} h_s b/c_s} \tag{3-36}$$

截面惯性矩为

$$I_u^s = \frac{bh_c^3}{12} + bh_c(y_{cc} - 0.5h_c)^2 + \alpha_E I_a + \alpha_E A_a y_{cs}^2 + \frac{b_{l,m} bh_s}{c_s}\left[\frac{h_s^2}{12} + (h - y_{cc} - 0.5h_s)^2\right] \tag{3-37}$$

$$y_{cs} = h_0 - y_{cc} \tag{3-38}$$

$$\alpha_E = E_a/E_c \tag{3-39}$$

式中　I_u^s——短期荷载作用下未开裂换算截面惯性矩（mm^4）；

　　　b——组合楼板计算宽度（mm）；

　　　C_s——压型钢板波距宽度（mm）；

　　$b_{l,m}$——压型钢板凹槽重心轴处宽度，缩口型、闭口型取槽口最小宽度（mm）；

　　　h_c——压型钢板板肋顶上混凝土厚度（mm）；

　　　h_s——压型钢板高度（mm）；

　　　h_0——组合楼板截面有效高度（mm）；

　　y_{cc}——截面中和轴距混凝土顶面距离（mm）；

　　y_{cs}——截面中和轴距压型钢板截面重心轴距离（mm）；

　　α_E——钢与混凝土弹性模量比值；

　　　E_a——压型钢板弹性模量（N/mm^2）；

　　　E_c——混凝土弹性模量（N/mm^2）；

　　　A_a——计算宽度内组合楼板中压型钢板的截面面积（mm^2）；

　　　I_a——计算宽度内组合楼板中压型钢板的截面惯性矩（mm^4）。

2）开裂截面换算截面惯性矩计算

截面中和轴距混凝土顶面距离为

$$y_{cc} = \left(\sqrt{2\rho_a \alpha_E + (\rho_a \alpha_E)^2} - \rho_a \alpha_E\right) h_0 \tag{3-40}$$

若$y_{cc} > h_c$，取$y_{cc} = h_c$。

截面惯性矩为

$$I_c^s = \frac{by_{cc}^3}{3} + \alpha_E A_a y_{cs}^2 + \alpha_E I_a \qquad (3\text{-}41)$$

$$\rho_a = \frac{A_a}{bh_0} \qquad (3\text{-}42)$$

式中　I_c^s——短期荷载作用下开裂换算截面惯性矩（mm^4）；

　　　ρ_a——计算宽度内组合楼板截面中压型钢板含钢率。

（2）荷载长期效应下组合板截面抗弯刚度 B_l

$$B_l = 0.5 E_c I_{eq}^l \qquad (3\text{-}43)$$

$$I_{eq}^l = \frac{I_u^l + I_c^l}{2} \qquad (3\text{-}44)$$

式中　B_l——长期荷载作用下截面抗弯刚度（$N \cdot mm^2$）；

　　　I_{eq}^l——长期荷载作用下的平均换算截面惯性矩（mm^4）；

　　I_u^l、I_c^l——长期荷载作用下未开裂换算截面惯性矩及开裂换算截面惯性矩，可将
　　　　　式（3-37）和式（3-41）中 α_E 改用 $2\alpha_E$ 求解（mm^4）。

8. 组合楼板负弯矩区最大裂缝宽度验算

组合楼板负弯矩区段最大裂缝宽度限值应符合《混凝土结构设计规范》的相关要求。

最大裂缝宽度计算按考虑荷载长期效应的影响进行计算，计算公式为

$$\omega_{cr} = \alpha_{cr} \psi \frac{\sigma_{sk}}{E_s} \left(1.9 c_s + 0.08 \frac{d_{eq}}{\rho_{te}} \right) \qquad (3\text{-}45)$$

$$\sigma_{sk} = \frac{M_k}{0.87 h_0' A_s} \qquad (3\text{-}46)$$

$$\psi = 1.1 - 0.65 \frac{f_{tk}}{\rho_{te} \sigma_{sk}} \qquad (3\text{-}47)$$

$$d_{eq} = \frac{\sum n_i d_i^2}{\sum n_i v_i d_i} \qquad (3\text{-}48)$$

$$\rho_{te} = \frac{A_s}{A_{te}} \qquad (3\text{-}49)$$

$$A_{te} = 0.5 b_{min} h + (b - b_{min}) h_c \qquad (3\text{-}50)$$

式中　α_{cr}——构件受力特征系数，$\alpha_{cr} = 1.9$；

　　　ψ——裂缝间纵向受拉钢筋应变不均匀系数：当 $\psi < 0.2$ 时，取 $\psi = 0.2$；当 $\psi > 1$ 时，
　　　　　取 $\psi = 1$；对直接承受重复荷载的构件，取 $\psi = 1$；

　　　σ_{sk}——按荷载效应准永久组合计算的组合楼板负弯矩区纵向受拉钢筋的等效应力
　　　　　（N/mm^2）；

　　　E_s——钢筋弹性模量（N/mm^2）；

　　　c_s——最外层钢筋外边缘至混凝土受拉区底边距离，当 $c_s < 20$ 时，取 $c_s = 20$（mm）；

　　　ρ_{te}——按有效受拉混凝土截面面积计算的纵向受拉钢筋配筋率；在最大裂缝宽度计
　　　　　算中，当 $\rho_{te} < 0.01$ 时，取 $\rho_{te} = 0.01$；

A_{te}——有效受拉混凝土截面面积（mm^2）；

A_s——受拉区纵向钢筋截面面积（mm^2）；

d_{eq}——受拉区纵向钢筋等效直径（mm）；

d_i——受拉区第 i 种纵向钢筋的公称直径（mm）；

n_i——受拉区第 i 种纵向钢筋的根数；

v_i——受拉区第 i 种纵向钢筋的相对粘结系数，光面钢筋 $v_i=0.7$，带肋钢筋 $v_i=1.0$。

A_s——受拉区纵向钢筋截面面积（mm^2）；

h_0'——组合楼板负弯矩区板的有效高度（mm）；

M_k——按荷载效应准永久组合计算的弯矩值（N·mm）。

9. 自振频率

对于简支或等跨连续梁的组合楼盖，其自振频率 f_a 不宜小于 3Hz，也不宜大于 8Hz，自振频率按下式计算

$$f_a = \frac{18}{\sqrt{\Delta_j + \Delta_g}}$$ （3-51）

式中 Δ_j——组合楼盖格中次梁板带的挠度，适用于简支次梁或等跨连续次梁，此时均按有效均布荷载作用下的简支梁计算，在板格内各梁板带挠度不同时取挠度较大值；

Δ_g——组合楼盖格中主梁板带的挠度，适用于简支主梁或等跨连续主梁，此时均按有效均布荷载作用下的简支梁计算，在板格内各梁板带挠度不同时取挠度较大值。

10. 振动峰值加速度

组合楼盖在正常使用时，其振动峰值加速度 a_p 与重力加速度 g 之比不宜大于表 3-7 中的限值。

表 3-7　振动峰值加速度限值

房屋功能	住宅、办公	商场、餐饮
a_p/g	0.005	0.015

注：舞厅、健身房、手术室等其他功能房屋应做专门研究论证。

3.3 钢-混凝土组合梁设计

3.3.1 基本原理

钢-混凝土组合梁是指混凝土翼板与钢梁通过抗剪件组合而成能整体受力的梁。当混凝土翼板与钢梁间未设置抗剪连接件时，二者可以自由滑移，形成"非组合梁"，在弯矩作用下钢梁与混凝土板将分别绕各自中性轴发生弯曲，截面应变及应力分布如图 3-19a 所示，其截面承载力为钢梁与混凝土翼板承载力的简单叠加。若钢梁与混凝土板间通过刚度足够大的抗剪件连接成整体共同工作，则形成完全连接组合梁，钢梁与混凝土翼板成为一个整体共同受弯，截面应变及应力分布如图 3-19b 所示，完全连接组合梁截面的承载力及刚度将大大高于非组合梁。

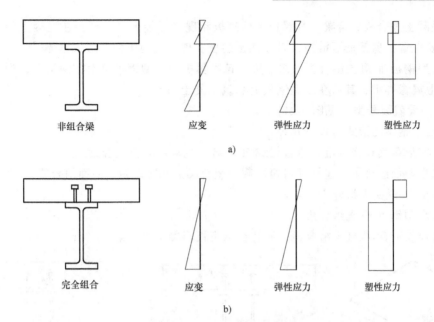

图 3-19 组合梁与非组合梁

a）非组合梁正应力分布 b）组合梁正应力分布

在实际工程中，根据组成方式及受力性能，组合梁有如下几种分类。

1. 按混凝土翼板形式分类 （见图 3-20）

1）现浇钢筋混凝土翼板组合梁。混凝土翼板包括普通钢筋混凝土板、轻骨料混凝土板等。

2）预制混凝土翼板组合梁。采用预制钢筋混凝土板可以减少现场现浇混凝土用量，减少现场湿作业。

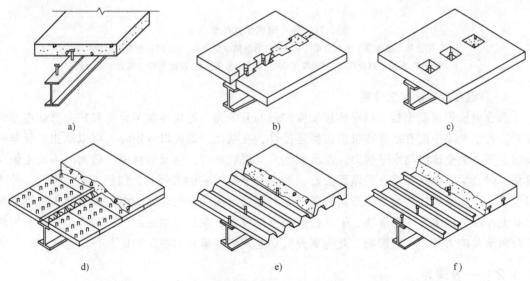

图 3-20 各类翼板形式的组合梁

a）现浇板组合梁 b）预制板组合梁 c）预制板组合梁 d）叠合板组合梁

e）开口截面压型钢板组合梁 f）闭口截面压型钢板组合梁

3）混凝土叠合板组合梁。其翼板由预制板和现浇混凝土层组成，在混凝土预制板表面采取拉毛及设置抗剪钢筋等措施，以保证预制板和现浇混凝土面层形成整体。

4）压型钢板-混凝土组合板的组合梁。该类翼板为压型钢板铺设在钢梁上，通过连接件和钢梁的上翼缘焊牢，其后在压型钢板上浇筑混凝土而成。

2. 按钢梁截面分类 （见图 3-21）

组合梁中钢梁的形式有以下几种：

1）工字形截面现浇混凝土组合梁或 H 形截面现浇混凝土组合梁。

2）箱形截面组合梁，包括开口箱形截面组合梁梁和闭口箱形截面组合梁。

3）钢桁架-混凝土组合梁。

4）蜂窝型钢-混凝土组合梁。

5）其他新型钢-混凝土组合梁，如波纹钢腹板混凝土组合梁。

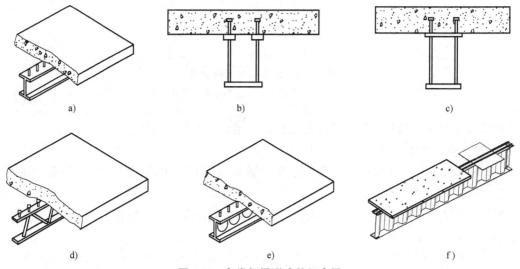

图 3-21　各类钢梁形式的组合梁

a）工字形截面现浇混凝土组合梁　b）开口箱形截面组合梁　c）闭口箱形截面组合梁
d）钢桁架-混凝土组合梁　e）蜂窝型钢-混凝土组合梁　f）波纹钢腹板混凝土组合梁

3. 按组合梁连接程度分类

组合梁依照混凝土板与钢梁连接程度的强弱分为完全剪切连接组合梁和部分剪切连接组合梁。若组合梁中配有足够数量的抗剪连接件，在截面达到极限弯矩时，可以承担翼板与钢梁结合面上的全部纵向水平剪力，在承载能力极限状态时，钢梁与混凝土截面间不发生纵向滑移，组合梁整体截面符合平截面假定，此为完全剪切连接组合梁，如图 3-22a 所示。若抗剪连接件所能承担的剪力小于截面极限弯矩时钢梁与混凝土板之间的纵向水平剪力，钢梁与混凝土界面之间出现明显滑移，平截面假定不再成立，在进行梁截面分析时需考虑界面滑移对截面承载能力及刚度的影响，此为部分剪切连接组合梁，如图 3-22b 所示。

3.3.2　一般规定

1. 截面分析方法

组合梁的截面分析方法有基于弹性理论的方法和基于塑性理论的方法两种。

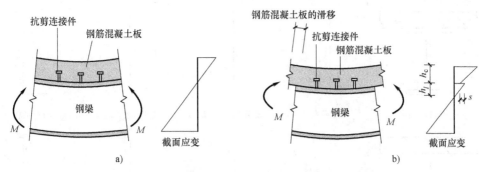

图 3-22　完全剪切连接组合梁与部分剪切连接组合梁

a）完全剪切连接组合梁　b）部分剪切连接组合梁

对于不直接承受动力荷载的组合梁，当其钢构件部分不会出现局部失稳的情况下，可采用塑性方法进行承载力分析。承载力极限状态设计表达式为

$$S \leqslant R \tag{3-52}$$

式中　S——荷载效应设计值，包括 M、V 等；

　　　R——结构抗力设计值，为结构的极限承载力，与组合梁的截面几何特征、材料性能及计算模式等因素有关。

对于直接承受动力荷载、钢构件可能发生局部失稳的组合梁，如桥梁结构、工业厂房中的吊车梁等，应采用弹性方法分析。承载力极限状态设计表达式为

$$\sigma \leqslant f \tag{3-53}$$

式中　σ——按弹性方法得到的荷载效应设计值在构件截面或连接中产生的应力，包括法向应力和剪应力等；

　　　f——材料强度设计值。

组合梁正常使用状态的验算，需要采用弹性方法分析，包括验算变形和连续组合梁负弯矩区混凝土翼板的裂缝宽度等。荷载采用标准组合，并考虑长期作用的影响。

组合梁采用弹性方法分析时，应考虑由于温度变化、混凝土收缩产生的附加应力及不同施工条件下相应的应力状态。

2. 施工条件

施工过程中，由于组合梁的跨度不同，施工方法也有差异，这些因素会影响梁的受力性能。

（1）有临时支撑施工　施工时在梁中设置若干临时支撑点，全部荷载由组合梁截面承受。当梁跨大于 7m 时，每跨内设不少于 2 个临时支撑点；当梁跨小于 7m 时，可设 1~2 个临时支撑点。施工阶段由于钢梁下部设有临时支撑点，可以近似认为钢梁在施工阶段不产生应力和变形，而忽略了对该阶段的验算。使用阶段，全部荷载均由组合截面共同承受，如图 3-23a 所示。

（2）无临时支撑施工　在整个施工过程中，不设置临时支撑点。此类梁体的计算需分两个阶段考虑：在混凝土达到 75% 设计强度之前，钢梁、混凝土板的自重和施工活荷载均由钢梁承受，此时应参照《钢结构设计标准》验算钢梁性能；在使用阶段，即混凝土达到设计强度的 75% 后，用弹性分析方法计算承载力时，使用阶段永久荷载和可变荷载由组合截面承受，钢梁的应力和挠度应与前一阶段的应力和挠度相叠加，如图 3-23b 所示。

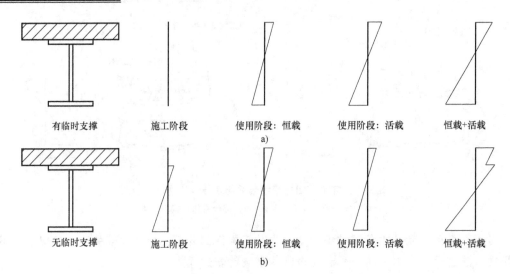

图 3-23   有支撑施工和无支撑施工时组合梁截面的应力图形

a）有临时支撑   b）无临时支撑

需要明确的是，采用弹性分析方法进行承载能力分析时，需将组合梁各阶段的应力叠加后作为荷载效应设计值；采用塑性方法分析时，组合截面的极限承载力仅由截面的极限平衡条件确定，与施工过程无关。但正常使用状态的验算，均需考虑施工过程的影响。

施工时对钢梁施加预应力，使钢梁产生向上的反拱，当混凝土凝固后，再卸除钢梁的反弯作用，以减少钢梁在使用中的应力和挠度。

3. 组合梁的截面尺寸

简支组合梁的高跨比为 1/15~1/20，连续组合梁的高跨比为 1/20~1/25。

组合梁截面的总高度不宜超过钢梁截面高度的 2 倍，混凝土板托高度不宜超过翼板厚度的 1.5 倍，混凝土板托的顶面宽度不宜小于高度的 1.5 倍。

组合梁边梁混凝土翼板的构造应满足图 3-24 的要求。有板托时，翼板伸出长度不应小于板托高度；无板托时，翼板伸出钢梁中心线不应小于 150mm，伸出钢梁翼缘边不应小于 50mm。

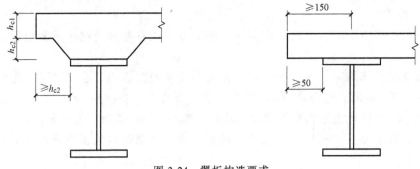

图 3-24   翼板构造要求

组合梁混凝土板的厚度，一般以 10mm 为模数，经常采用的厚度为 100mm、120mm、140mm 和 160mm，对于承受荷载特别大的平台结构，混凝土板厚度可采用 180mm、200mm 甚至 300mm。对压型钢板组合板，压型钢板凸肋顶面至混凝土板顶面的距离不应小于 50mm。

按照塑性方法计算组合梁截面的抗弯承载力时，对钢梁翼缘和腹板的宽厚比有较严格的限值，以避免发生板件局部失稳。组合梁中钢梁的板件宽厚比应符合以下规定。

（1）工字型截面（见图 3-25a）

1）翼缘板宽厚比应满足

$$\frac{b}{t} \leqslant 9\sqrt{\frac{235}{f_y}} \tag{3-54}$$

2）腹板高厚比应满足

当 $\frac{N}{Af} < 0.37$ 时

$$\frac{h_0}{t_w} \vec{\mathbb{g}} \max\left(\frac{h_1}{t_w}, \frac{h_2}{t_w}\right) \leqslant \left(72 - 100\frac{N}{Af}\right)\sqrt{\frac{235}{f_y}} \tag{3-55}$$

当 $\frac{N}{Af} \geqslant 0.37$ 时

$$\frac{h_0}{t_w} \vec{\mathbb{g}} \max\left(\frac{h_1}{t_w}, \frac{h_2}{t_w}\right) \leqslant 35\sqrt{\frac{235}{f_y}} \tag{3-56}$$

式中　N——构件轴压力（N）；

　　　A——钢梁毛截面面积（mm^2）；

　　　h_0——腹板有效高度（mm）。

（2）箱型截面（见图 3-25b）

1）翼缘板宽厚比应满足

$$\frac{b_0}{t} \leqslant 30\sqrt{\frac{235}{f_y}} \tag{3-57}$$

2）腹板高厚比要求同工字型截面。

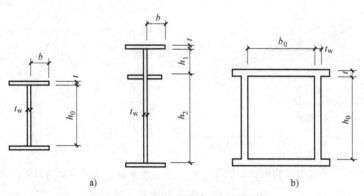

图 3-25　采用塑形设计法的钢梁截面

4. 混凝土翼板有效宽度

组合梁截面在弯矩作用下，由于混凝土翼板与钢梁交界处剪力滞后的影响，沿混凝土板宽度方向实际压应力 σ_c 的分布呈中间大、两端小的不均匀分布状态，如图 3-26 所示。为简化计算，通常取钢梁和有效宽度 b_e 范围内的混凝土翼板组成的 T 型梁为组合梁截面承载能力和刚度计算截面，并假定在有效翼缘宽度内的混凝土翼缘板所受弯曲正应力是均匀分布的，其合力等于两钢梁中点间板内压应力的合力。即

$$b_{\mathrm{e}} = \frac{\displaystyle\int_{-\frac{b_{\mathrm{c}}}{2}}^{\frac{b_{\mathrm{c}}}{2}} \sigma_{\mathrm{c}} \mathrm{d}x}{|\sigma_{\mathrm{c}}|_{x=0}} \tag{3-58}$$

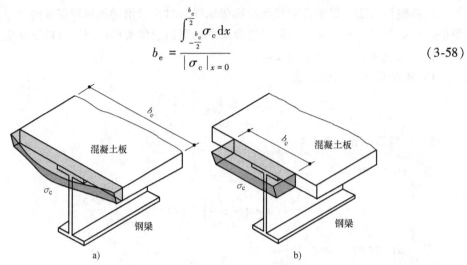

图 3-26 弯矩作用下混凝土翼板内的应力分布及有效宽度

a）实际应力分布 b）混凝土翼板有效宽度

影响有效翼缘宽度的主要因素有梁跨与翼板宽度之比 L/b、荷载类型、荷载沿梁长度方向的位置、翼板厚度、抗剪连接程度以及混凝土翼板和钢梁的刚度比等，其中前三者为主要的影响因素。图 3-27 和图 3-28 所示表明了混凝土有效翼缘宽度 b_{e} 与上述三个关键因素的相互关系：

1）对不同荷载类型，b_{e} 随着 L/b 的增加而增大。

2）均布荷载作用下，从跨中位置到支座，b_{e} 逐渐减小；集中荷载作用下，在荷载作用位置处有效宽度最小，然后向两边增大，在支座处再次减小。

3）对于连续组合梁，支座处混凝土翼板承受拉力，有效宽度较小。

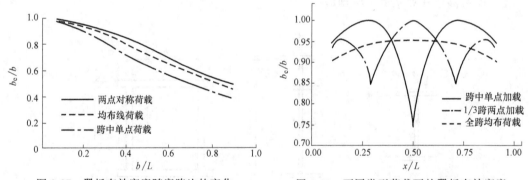

图 3-27 翼板有效宽度随宽跨比的变化

图 3-28 不同类型荷载下的翼板有效宽度

为便于设计，《钢结构设计标准》给出有效翼缘宽度的计算方法，如图 3-29 所示。

$$b_{\mathrm{e}} = b_0 + b_1 + b_2 \tag{3-59}$$

式中　b_0——板托顶部宽度，板托倾角 $\alpha < 45°$ 时，取 $\alpha = 45°$ 计算板托顶部宽度；无板托时，取钢梁上翼缘宽度（mm）；

b_1、b_2——梁外侧和内侧的翼板计算宽度，各取梁跨度 $L/6$ 和翼板厚度 $6h_{\mathrm{c1}}$ 中的较小值（mm）。此外，b_1 尚不应超过翼板实际外伸宽度 s_1；b_2 不应超过相邻钢梁上翼缘或板托间净距 s_0 的 $1/2$；当为中间梁时，取 $b_1 = b_2$。

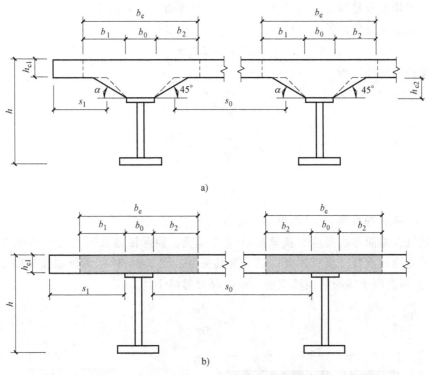

图 3-29　组合梁混凝土翼板有效宽度

a) 有板托组合梁　b) 无板托组合梁

3.3.3　组合梁截面的弹性分析

组合梁在正常使用极限状态均按弹性方法进行分析。对于直接承受动力荷载的组合梁，需用弹性分析方法计算其承载力，包括弯曲应力、剪切应力及折算应力的验算等。

1. 基本假定

1）钢和混凝土均为理想线弹性材料。

2）钢梁与混凝土翼板之间连接可靠，滑移忽略不计，截面变形符合平截面假定。

3）有效宽度范围内的混凝土翼板按实际面积计算，不扣除其中受拉开裂部分；板托面积忽略不计；对于压型钢板组合梁，压型钢板板肋内的混凝土面积忽略不计。

4）翼板内钢筋忽略不计。

2. 换算截面法

换算截面法是指将由钢和混凝土两种材料组成的截面换算为等效的单一材料组成的截面，然后按照均质材料截面进行截面应力分析和刚度计算。一般是将混凝土换算成钢材，其换算原则是：换算前后计算单元内的合力不变，应变不变。

假定有一混凝土单元，面积为 ΔA_c，弹性模量为 E_c，在应力为 σ_c 时的应变为 ε_c，如图 3-30 所示。根据换算原则，需把混凝

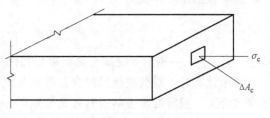

图 3-30　混凝土翼板计算单元

土单元换算成弹性模量为 E_s、应力为 σ_s 且与钢材等价的换算截面面积 $\Delta A'_c$。

由合力大小不变的条件，可得

$$\Delta A_c \sigma_c = \Delta A'_c \sigma_s \qquad (3\text{-}60)$$

由应变协调条件，得

$$\frac{\sigma_c}{E_c} = \frac{\sigma_s}{E_s} \qquad (3\text{-}61)$$

$$\Delta A'_c = \frac{E_c}{E_s} \Delta A_c = \frac{\Delta A_c}{\alpha_E} \qquad (3\text{-}62)$$

故

$$\alpha_E = \frac{E_s}{E_c} \qquad (3\text{-}63)$$

式中 α_E——钢材弹性模量 E_s 与混凝土弹性模量 E_c 之比值。

为保证组合截面形心高度在换算前后保持不变，即保证截面对于主轴的惯性矩保持不变，换算时应固定混凝土翼板厚度而仅改变其宽度。图 3-31 中 b_e 为原截面混凝土翼板的有效宽度，b_{eq} 为混凝土翼板的换算宽度，板托部分忽略不计。

$$b_{eq} = \frac{b_e}{\alpha_E} \qquad (3\text{-}64)$$

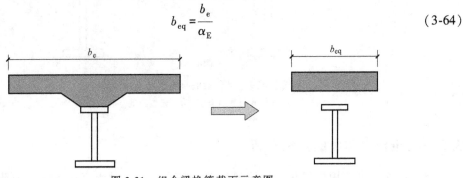

图 3-31 组合梁换算截面示意图

为将组合截面换算成等效的钢结构截面，需按材料力学方法计算截面中和轴位置、面积矩、惯性矩、截面模量等几何特征。

换算截面惯性矩为

$$\begin{cases} I = I_0 + A_0 d_c^2 \\ I_0 = I_s + \dfrac{I_c}{\alpha_E}, \quad A_0 = \dfrac{A_s A_c}{\alpha_E A_s + A_c} \end{cases} \qquad (3\text{-}65)$$

式中 I_s 和 I_c——钢梁和混凝土翼板的惯性矩；

d_c——钢梁形心到混凝土翼板形心的距离。

换算截面形心位置为

$$y = \frac{A_s y_s + A_c y_c / \alpha_E}{A_s + A_c / \alpha_E} \qquad (3\text{-}66)$$

式中 y_s、y_c——钢梁和混凝土翼板形心到钢梁底面距离，其余参数如图 3-32 所示。

实际计算时，对荷载标准组合和准永久组合，弹性模量比 α_E 的取值不同。对荷载效应标准组合，一般将混凝土翼板有效宽度除以 α_E 换算为钢截面，并将换算截面法求得的混凝土高度处的应力除以 α_E 得到混凝土的实际应力。对荷载效应准永久组合，考虑荷载长期效

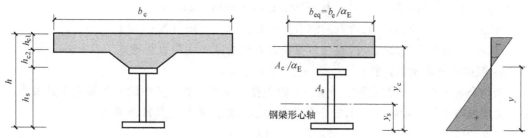

图 3-32　换算截面几何特征

应下混凝土会发生徐变效应，其割线弹性模量取为 $E_c' = \dfrac{1}{2}E_c$，故需将混凝土翼板有效宽度除以 $2\alpha_E$ 得到徐变截面，并将换算截面法求得的混凝土高度处应力除以 $2\alpha_E$ 求得混凝土实际应力。按上述换算截面法所得换算截面内力、应变条件和截面形心高度等都保持与原混凝土截面相同。求得换算截面后，即可按照材料力学的一般公式计算截面应力和刚度。

3. 抗弯承载力计算

当组合梁下设有临时支撑时，按一个阶段受力设计，如果其中的永久荷载不是很大，可以不考虑混凝土徐变影响，梁上的全部荷载由组合截面承受，其截面正应力为

钢梁
$$\sigma_s = \frac{My}{I_{sc}} \leqslant f \qquad (3\text{-}67)$$

混凝土
$$\sigma_c = \frac{My}{\alpha_E I_{sc}} \leqslant f_c \qquad (3\text{-}68)$$

式中　M——全部荷载作用下的弯矩值（N·mm）；

$\qquad y$——所求应力点到换算截面形心轴的距离，在形心轴以下时为正（mm）；

$\qquad I_{sc}$——由混凝土板和钢梁构成的换算截面惯性矩（mm^4）；

$\qquad \sigma_s$——钢梁正应力（N/mm^2）；

$\qquad \sigma_c$——混凝土正应力（N/mm^2）。

若考虑长期荷载作用下混凝土徐变影响，组合截面中的正应力为

钢梁
$$\sigma_s = \frac{M_g y^c}{I_{sc}^c} + \frac{M_q y}{I_{sc}} \leqslant f \qquad (3\text{-}69)$$

混凝土
$$\sigma_c = \frac{M_g y^c}{2\alpha_E I_{sc}^c} + \frac{M_q y}{\alpha_E I_{sc}} \leqslant f_c \qquad (3\text{-}70)$$

式中　M_g——永久荷载（包括可变荷载中的准永久值部分）作用下的设计弯矩（N·mm）；

$\qquad M_q$——扣除永久荷载后的可变荷载对组合梁产生的设计弯矩（N·mm）；

$\qquad y^c$——考虑混凝土徐变影响时所求应力点到换算截面形心轴距离（mm）。

当组合梁下不设临时支撑时，按两个阶段受力且不考虑长期荷载作用下混凝土徐变影响，组合截面中的正应力为

钢梁
$$\sigma_s = \frac{M_{Ig} y_I}{I_s} + \frac{M_{\mathrm{II}} y}{I_{sc}} \leqslant f \qquad (3\text{-}71)$$

混凝土
$$\sigma_c = \frac{M_{\mathrm{II}} y}{\alpha_E I_{sc}} \leqslant f_c \qquad (3\text{-}72)$$

式中 y_{I}——施工阶段所求应力点到钢梁形心轴的距离（mm）；

    $M_{\mathrm{I}g}$——施工阶段的永久荷载对组合梁产生的设计弯矩（N·mm）；

    M_{II}——使用阶段的永久荷载与可变荷载对组合梁产生的设计弯矩（N·mm）。

4. 竖向抗剪承载力计算

当组合梁下设有临时支撑时，按一个阶段受力设计，如果其中的永久荷载不是很大，可以不考虑混凝土徐变影响，梁上的全部荷载由组合截面承受，其截面剪应力为

钢梁
$$\tau_{\mathrm{s}} = \frac{VS}{I_{\mathrm{sc}} t_{\mathrm{w}}} \leqslant f_{\mathrm{v}} \tag{3-73}$$

混凝土
$$\tau_{\mathrm{c}} = \frac{VS}{\alpha_{\mathrm{E}} I_{\mathrm{sc}} t_{\mathrm{eq}}} \leqslant 0.25 f_{\mathrm{c}} \text{ 或 } 0.6 f_{\mathrm{t}} \tag{3-74}$$

式中 V——全部荷载作用下的竖向剪力设计值（N）；

    S——剪应力计算点以上的换算截面对全部换算截面中和轴的面积矩（mm³）；

    t_{eq}——验算点处混凝土部分的换算宽度（mm）。

若考虑长期荷载作用下混凝土徐变对受力状态的影响，组合截面中的剪应力为

钢梁
$$\tau_{\mathrm{s}} = \frac{V_{\mathrm{g}} S^{\mathrm{c}}}{I_{\mathrm{sc}}^{\mathrm{c}} t_{\mathrm{w}}} + \frac{V_{\mathrm{q}} S}{I_{\mathrm{sc}} t_{\mathrm{w}}} \leqslant f_{\mathrm{v}} \tag{3-75}$$

混凝土
$$\tau_{\mathrm{c}} = \frac{V_{\mathrm{g}} S^{\mathrm{c}}}{2\alpha_{\mathrm{E}} I_{\mathrm{sc}}^{\mathrm{c}} t_{\mathrm{eq}}^{\mathrm{c}}} + \frac{V_{\mathrm{q}} S}{\alpha_{\mathrm{E}} I_{\mathrm{sc}} t_{\mathrm{eq}}} \leqslant 0.25 f_{\mathrm{c}} \text{ 或 } 0.6 f_{\mathrm{t}} \tag{3-76}$$

式中 V_{g}——永久荷载（包括可变荷载中的准永久值部分）作用下的竖向剪力设计值（N）；

    V_{q}——扣除永久荷载后的可变荷载作用下的竖向剪力设计值（N）；

    S^{c}——考虑混凝土徐变影响时剪应力计算点以上的换算截面对全部换算截面中和轴的面积矩（mm³）；

    $t_{\mathrm{eq}}^{\mathrm{c}}$——考虑混凝土徐变影响时验算点处混凝土部分的换算宽度（mm）。

当组合梁下不设临时支撑时，按两个阶段受力且不考虑长期荷载作用下混凝土徐变影响，组合截面中的剪应力为

钢梁
$$\tau_{\mathrm{s}} = \frac{V_{\mathrm{I}g} S_{\mathrm{I}}}{I_{\mathrm{s}} t_{\mathrm{w}}} + \frac{V_{\mathrm{II}} S}{I_{\mathrm{sc}} t_{\mathrm{w}}} \leqslant f_{\mathrm{v}} \tag{3-77}$$

混凝土
$$\tau_{\mathrm{c}} = \frac{V_{\mathrm{II}} S}{\alpha_{\mathrm{E}} I_{\mathrm{sc}} t_{\mathrm{eq}}} \leqslant 0.25 f_{\mathrm{c}} \text{ 或 } 0.6 f_{\mathrm{t}} \tag{3-78}$$

式中 S_{I}——施工阶段剪应力计算点以上的换算截面对钢梁截面中和轴的面积矩（mm³）；

    $V_{\mathrm{I}g}$——施工阶段的永久荷载对组合梁产生的设计剪力（N）；

    V_{II}——使用阶段的永久荷载与可变荷载之和对组合梁产生的设计剪力（N）。

式（3-78）中，$\tau_{\mathrm{c}} \leqslant 0.6 f_{\mathrm{t}}$ 适用于混凝土翼板内不配置横向钢筋（当有板托时按构造配置）的情况；$\tau_{\mathrm{c}} \leqslant 0.25 f_{\mathrm{c}}$ 适用于板托内按计算配置有横向钢筋时。

有关剪应力的计算点，按以下规则判定：

当换算截面中和轴位于钢梁腹板内时，如图 3-33 所示，钢梁的剪应力计算点取换算截面中和轴处 A 点。若无板托，混凝土翼板剪应力计算点取混凝土与钢梁上翼缘连接处 B 点，若有板托，计算点上移至板托顶部高度 C 点。

当换算截面中和轴位于钢梁以上时，如图 3-34 所示，钢梁的剪应力计算点取钢梁腹板上边缘处 D 点，混凝土翼板剪应力计算点取换算截面中和轴处 E 点。

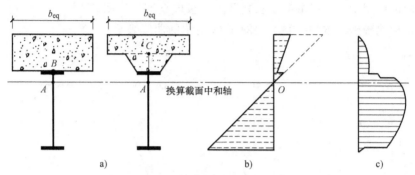

图 3-33   中和轴位于钢梁内时组合梁剪应力计算点

a）换算截面   b）正应力   c）剪应力

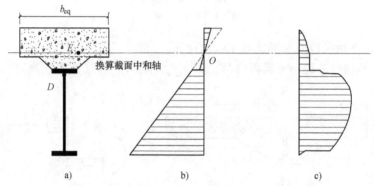

图 3-34   中和轴位于混凝土翼板内时组合梁剪应力计算点

a）换算截面   b）正应力   c）剪应力

5. 复杂应力强度验算

如果钢梁在同一部位的正应力 σ 和剪应力 τ 都较大时，还应验算折算应力 σ_{eq} 是否满足设计要求，折算应力的验算点通常取正应力和剪应力均较大的钢梁腹板上、下边缘处。其计算式为

$$\sigma_{eq} = \sqrt{\sigma^2 + 3\tau^2} \leqslant 1.1f \tag{3-79}$$

3.3.4   组合梁截面的塑性分析

非直接承受动力荷载的组合梁，如果钢梁板件的宽厚比满足塑性设计宽厚比限值时，可采用塑性设计方法计算承载力，但挠度应按照弹性方法进行计算。塑性设计法不需要区分荷载的作用阶段和性质，计算较为简单，并且组合梁的塑性抗弯承载力明显高于弹性承载力。

1. 完全抗剪连接组合梁

在计算完全抗剪连接组合梁的塑性承载力时，采用以下假定：

1）混凝土板与钢梁间有可靠的连接，抗剪连接件能够有效地传递钢梁和混凝土翼板之间的剪力。

2）组合梁截面应变符合平截面假定。

3）忽略受拉区混凝土的作用和板托内混凝土的作用。

4）正弯矩作用下，忽略混凝土板托及翼缘板内钢筋的作用。

5）钢材和混凝土的本构关系可用图 3-35 所示的曲线表示。

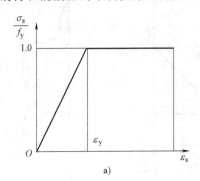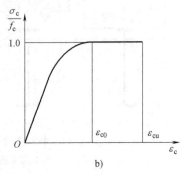

图 3-35　钢材和混凝土理想本构关系

a）钢材　b）混凝土

（1）正弯矩作用区段组合梁抗弯承载力计算

1）塑性中和轴位于混凝土翼板内时，即 $A_a f_a \leqslant b_e h_{c1} f_c$ 时 （见图 3-36）

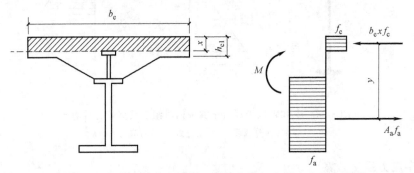

图 3-36　塑性中和轴位于混凝土翼板内的组合梁应力分布图形

$$M \leqslant b_e x f_c y \tag{3-80}$$

$$x = \frac{A_a f_a}{b_e f_c} \tag{3-81}$$

式中　M——全部荷载引起的弯矩设计值（N）；

　　　A_a——钢梁的截面面积（mm^2）；

　　　x——混凝土翼板受压区高度（mm）；

　　　f_c——混凝土抗压强度设计值（N）；

　　　y——钢梁截面应力合力点至混凝土受压区截面应力合力点间的距离（mm）。

2）塑性中和轴位于钢梁截面内时，即 $A_a f_a > b_e h_{c1} f_c$ 时 （见图 3-37）

$$M \leqslant b_e h_{c1} f_{c1} y_1 + A_{ac} f_a y_2 \tag{3-82}$$

$$A_{ac} = 0.5 \left(A_a - \frac{b_e h_{c1} f_c}{f_a} \right) \tag{3-83}$$

式中　A_{ac}——钢梁受压区截面面积（mm^2）；

$\quad\quad\quad y_1$——钢梁受拉区截面应力合力点至混凝土翼板截面应力合力点间的距离（mm）；

$\quad\quad\quad y_2$——钢梁受拉区截面应力合力点至钢梁受压区截面应力合力点间的距离（mm）。

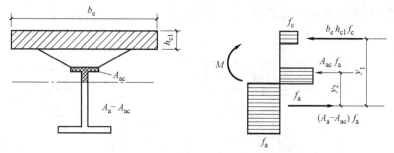

图 3-37　塑性中和轴在钢梁截面内的组合梁应力分布图形

（2）负弯矩作用区段组合梁抗弯承载力计算（图 3-38）

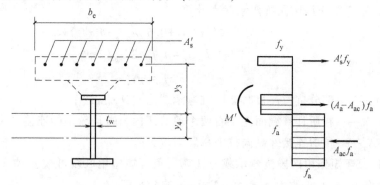

图 3-38　负弯矩作用时组合梁应力分布图形

$$M' \leqslant M_s + A'_s f_y \left(y_3 + \frac{y_4}{2} \right) \tag{3-84}$$

$$A_{ac} = 0.5 \left(A_a + \frac{A'_s f_y}{f_a} \right) \tag{3-85}$$

式中　A'_s——负弯矩区混凝土翼板有效宽度范围内的纵向钢筋截面面积（mm^2）；

$\quad\quad\quad y_3$——钢筋截面形心到钢筋和钢梁形成的组合截面中和轴的距离（mm）；

$\quad\quad\quad y_2$——组合梁塑性中和轴至钢梁塑性中和轴的距离（mm）；

$\quad\quad\quad M'$——负弯矩设计值（N·mm）；

$\quad\quad\quad M_s$——钢梁塑性弯矩（N·m）。

2. 部分抗剪连接组合梁

在组合梁中，若已经满足承载力和变形要求，没有必要充分发挥组合梁的强度，或者布置的抗剪连接件数量有限时，需要按照部分抗剪连接设计简支组合梁。此时，由于连接件数量减少，钢梁和混凝土翼板间协同工作程度下降，其交界面出现相对滑移，导致截面极限抗弯承载力下降。

其基本假定为：

1）抗剪连接件具有充分的塑性变形能力。

2）不考虑混凝土的抗拉作用。

3）钢材和混凝土理想本构模型如图 3-35 所示。

4）混凝土翼板中的压力等于抗剪连接件所传递的纵向剪力之和。

部分抗剪连接组合梁计算简图如图 3-39 所示。

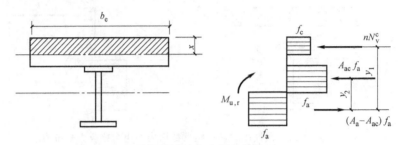

图 3-39 部分抗剪连接组合梁计算简图

（1）正弯矩作用区段抗弯承载力计算

$$M_{u,r} \leqslant b_e x f_c y_1 + 0.5(A_a f_a - b_e x f_c) y_2 \tag{3-86}$$

$$b_e x f_c = A_a f_a - 2 A_{ac} f_a \tag{3-87}$$

$$b_e x f_c = n N_v^c \tag{3-88}$$

式中　　$M_{u,r}$——部分抗剪连接时截面抗弯承载力（N·mm）；

　　　　n——在所计算截面左、右两个剪跨区内，数量较小的连接件个数；

　　　　N_v^c——抗剪连接件纵向抗剪承载力（N）。

（2）负弯矩作用区段抗弯承载力计算　负弯矩作用区段可按公式（3-84）和式（3-85）计算，计算时将 $A_s' f_y$ 改为 $A_s' f_y$ 和 $n N_v^c$ 两者的较小值。

（3）竖向抗剪承载力计算　采用塑性方法计算组合梁的竖向抗剪承载力时，在竖向受剪极限状态下可以认为钢梁腹板均匀受剪并且达到了钢材的抗剪设计强度，同时忽略混凝土翼板及板托的影响，其塑性极限抗剪承载力为

$$V_b \leqslant h_w t_w f_v \tag{3-89}$$

式中　　h_w、t_w——钢梁腹板高度及厚度（mm）；

　　　　f_v——钢材抗剪强度设计值（N/mm²）。

简支组合梁截面不需要考虑弯矩和剪力的相互影响。对于连续组合梁，截面会同时存在弯矩和剪力的共同作用，钢梁腹板中剪应力的存在，会使截面的极限抗弯承载能力有所降低。有关内容可参见 3.3.8 节。

3.3.5　组合梁抗剪连接件设计

1. 连接件作用

抗剪连接件是将混凝土翼板与钢梁组合在一起共同工作的关键部件，其主要作用为：

1）传递纵向剪力。梁板式组合梁，虽然混凝土与钢梁之间也存在一定的粘结力和摩擦力，但它们所能传递的剪力受各种因素影响，传递能力有限，在组合梁设计中一般不予考虑，认为由剪力连接件在组合梁内承受混凝土板与钢梁间的剪力作用。

2）抗掀起。由于混凝土板与钢梁刚度不同，两者在受弯过程中的曲率也不一样，混凝土

板与钢梁间会有相对垂直分离的变形，即掀起。剪力连接件能够抵抗两种材料间的掀起作用。

2. 连接件类型

抗剪连接件的形式如图 3-40 所示，包括方钢加环、T 型钢加锚筋、马蹄型钢加环、栓钉、槽钢、弯筋、高强度螺栓等。按照受力与变形的关系，可将连接件分为：刚性剪力连接件（图 3-40c、d、e、f）和柔性剪力连接件（图 3-40a、b、g、h、i、j、k）两大类。刚性连接件在达到最大承载力后，会很快丧失继续承载的能力，塑性变形发展的可能性很小。柔性连接件在达到最大承载力后，能够保持且发展充分的塑性变形，采用它能保证组合梁充分发展塑性变形，有利于组合梁塑性承载能力。故刚性连接件仅适合于弹性设计，柔性连接件适合于塑性设计。

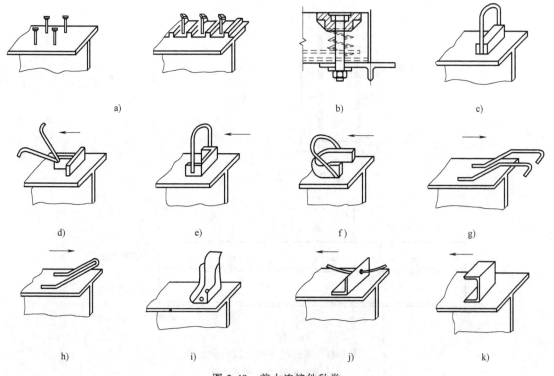

图 3-40　剪力连接件种类

a）栓钉接件　b）高强度螺栓接件　c）方钢接件　d）T 形连接件　e）匚形连接件　f）马蹄形连接件
g）钢筋连接件　h）锚环连接件　i）L 形连接件　j）角钢连接件　k）槽钢连接件

需要注意的是，某些连接件的设置方向与受力方向有关（图 3-40 中剪头均表示受力方向），设计时要考虑如下因素：

1）连接件的尖劈部分不宜迎向压力方向，以免混凝土受劈裂作用。

2）有利于抵抗掀起。

3）锚和环钩的倾斜方向应顺向受力方向。

目前最常用的抗剪件为栓钉连接件。其制造工艺简单，适合工业化生产，施工迅速，便于现场焊接和质量控制。栓钉连接件各向同性，受力性能好，沿任意方向的强度和刚度相同，对混凝土板中钢筋布置的影响也较小。

弯筋连接件是较早使用的抗剪件，制作及施工都较简便。但由于它只能利用弯筋的抗拉强度抵抗剪力，故在剪力方向不明确或可能发生改变时，适用性较差。

槽钢连接件抗剪能力强，重分布剪力的性能好，翼缘同时可以起到抵抗掀起的作用。槽钢型号多，取材方便，同时便于手工焊接。但槽钢连接件现场焊接的工作量大，不利于加快施工进度。

3. 连接件抗剪承载力

确定连接件受剪承载力的试验方法有推出试验和梁式试验，如图 3-41 所示。试验结果表明，推出试验获得的连接件承载力较梁式试验获得的承载力偏低，基于安全考虑，一般以推出试验的结果作为制订规范的依据。

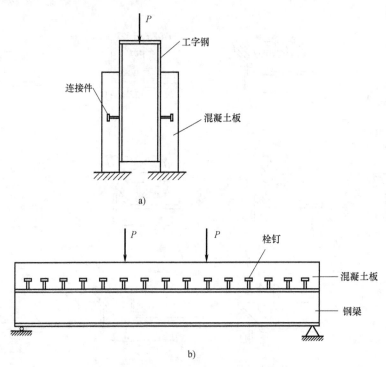

图 3-41　连接件承载力试验示意图

a）推出试验　b）梁式试验

（1）栓钉连接件　栓钉破坏主要有两种形态：一为栓钉本身的弯剪破坏，二为栓钉附近混凝土的受压或劈裂破坏。《钢结构设计标准》规定，当栓钉长度与直径之比 $h/d \geqslant 4$ 时，栓钉长度增加对承载力的影响可以忽略。栓钉抗剪承载力设计值为

$$N_v^c = 0.43 A_s \sqrt{E_c f_c} \leqslant 0.7 A_s f_{at} \tag{3-90}$$

式中　A_s——圆柱头栓钉杆截面面积（mm^2）；

E_c——混凝土弹性模量（N/mm^2）；

f_c——混凝土抗压强度设计值（N/mm^2）；

f_{at}——圆柱头栓钉极限强度设计值，其值取为 $360 N/mm^2$。

对于用压型钢板混凝土组合板做翼板的组合梁，其圆柱头栓钉连接件的抗剪承载力设计值应分别按以下两种情况予以折减：

1）当压型钢板肋平行于钢梁布置（见图 3-42a）且 $b_w/h_e < 1.5$ 时，按式（3-90）算得

的 N_v^c 应乘以折减系数 β_v。β_v 值按下式计算

$$\beta_v = 0.6\,\frac{b_w}{h_e}\left(\frac{h_d - h_e}{h_e}\right) \leqslant 1 \qquad (3-91)$$

式中　b_w——混凝土凸肋平均宽度，当肋的上部宽度小于下部宽度时（见图 3-42c），改取
　　　　　　上部宽度（mm）；
　　　h_e——混凝土凸肋高度（mm）；
　　　h_d——栓钉高度（mm）。

2）当压型钢板的板肋垂直于钢梁布置时（图 3-42b），β_v 值按下式计算

$$\beta_v = \frac{0.85}{\sqrt{n_0}}\frac{b_w}{h_e}\left(\frac{h_d - h_e}{h_e}\right) \leqslant 1 \qquad (3-92)$$

式中　n_0——梁截面处一个肋中布置的栓钉数，当多于 3 个时，按 3 个计算。

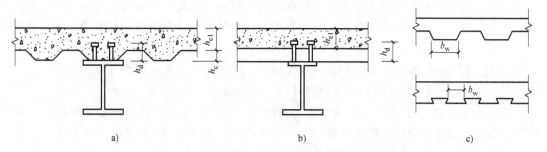

图 3-42　用压型钢板作混凝土翼板底模的组合梁

a）肋与钢梁平行　b）肋与钢梁垂直　c）压型钢板作底模的楼板剖面

（2）槽钢连接件　槽钢连接件使混凝土受到的压力局限于槽钢根部附近，故槽钢连接件的受剪承载力主要与混凝土强度和槽钢几何尺寸有关（见图 3-43）。其抗剪承载力设计值为

$$N_v^c = 0.26(t + 0.5t_w)l_c\sqrt{E_c f_c} \qquad (3-93)$$

式中　t——槽钢翼缘厚度（mm）；
　　　t_w——槽钢腹板厚度（mm）；
　　　l_c——槽钢长度（mm）。

（3）弯筋连接件　弯筋连接件主要利用抗拉能力抵抗剪力，其抗剪承载力设计值为

$$N_v^c = A_{st} f_{st} \qquad (3-94)$$

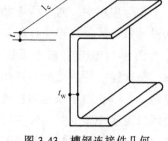

图 3-43　槽钢连接件几何
尺寸示意图

式中　A_{st}——弯起钢筋截面面积（mm^2）；
　　　f_{st}——钢筋抗拉强度设计值（N/mm^2）。

在剪力方向不明确或剪力方向可能发生改变时，应将弯筋连接件做成双向弯起形状。

（4）负弯矩区段抗剪连接件特性　当抗剪件位于负弯矩区段时，混凝土翼板处于受拉状态，栓钉周围混凝土对其约束程度没有正弯矩区约束程度高，故对于该区域的抗剪连接件的承载力设计值应乘以折减系数 0.9（中间支座两侧）和 0.8（悬臂部分）。

4. 抗剪连接件的弹性设计方法

当组合梁受弯截面按弹性设计时，其抗剪连接件也应采用弹性设计方法，并且受弯计算

时的基本假定依然适用。假定钢梁与混凝土翼板交界面上的纵向水平剪力全部由抗剪连接件承担，忽略钢梁与混凝土板之间的粘结作用。

钢梁与混凝土板交界面上的剪应力由两部分组成：

1）由永久荷载和可变荷载中的准永久值部分产生的剪应力，即需要考虑荷载长期效应。

2）可变荷载（扣除其中的准永久值部分）产生的剪应力，即无须考虑荷载长期效应。

钢梁与混凝土交界面上的剪应力计算式为

$$\tau = \frac{V_g S_0^c}{I_0^c b} + \frac{V_q S_0}{I_0 b} \tag{3-95}$$

式中　V_g、V_q——组合梁截面处分别由永久荷载（包含可变荷载中的准永久值部分）和可变荷载（扣除其中准永久值部分）产生的竖向剪力设计值（N）；

S_0^c、S_0——考虑和不考虑荷载长期效应时，钢梁与混凝土翼板交界面以上换算截面对组合梁弹性中和轴的面积矩，计算时可以分别取钢材与混凝土的弹性模量之比为 $2E_s/E_c$ 和 E_s/E_c（mm^3）；

I_0^c、I_0——考虑和不考虑荷载长期效应时，组合梁的换算截面惯性矩（mm^4）；

b——钢梁与混凝土翼板交界面宽度（mm）。

按上式得到的 $\tau \cdot b$ 即为梁单位长度上的纵向剪力。将剪应力图分成若干区段，每区段的面积即为该段总剪力值，再除以单个抗剪连接件的抗剪承载力 N_v^c 可得到每块剪应力图所需的抗剪连接件数量。

对于承受均布荷载的简支梁，半跨内所需的抗剪连接件数目可按下式计算

$$n = \frac{1}{2} \times \frac{\tau_{max} b l/2}{N_v^c} = \frac{\tau_{max} b l}{4 N_v^c} \tag{3-96}$$

式中　τ_{max}——梁端截面钢梁与混凝土翼板交界面上的剪应力（N/mm^2）；

l——组合梁跨度（mm）。

实际应用中，通常将梁的剪力图划分为几个区段，每个区段内连接件间距均等，连接件数目 n_i 按图 3-44 确定。对于采用刚性连接件的组合梁，每次连接件的减少使纵向抗剪能力的下降不应超过 10%，对于采用柔性连接件的组合梁，每个区段连接件减少引起的纵向抗剪能力的下降允许达到 25%，但第一区段长度不宜小于 1/10 梁跨。

5. 抗剪连接件的塑性设计方法

按弹性方法设计抗剪连接件，由于未考虑混凝土板与钢梁间的相对滑移，与结合面间实际纵向剪力的分布不够吻合，计算公式也相对复杂，且由于连接件分段布置，不均匀，也为施工带来不便。

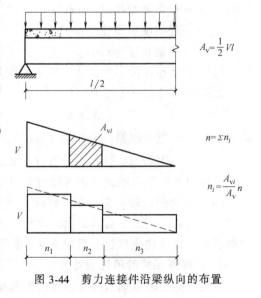

图 3-44　剪力连接件沿梁纵向的布置

试验表明，对于采用栓钉等柔性连接件的组合梁，在承载能力极限状态时混凝土板与钢梁间将发生较充分的剪力重分布，使得各个连接件的受力趋于均匀，因此可用塑性方法布置连接件，采用塑性方法设计时，抗剪连接件可分段按等间距布置，以便于设计和施工。

根据极限平衡理论，组合梁抗剪连接件的塑性设计方法为：

1）以弯矩绝对值最大点及零弯矩点为界限，划分为若干剪跨区段，如图 3-45 所示。

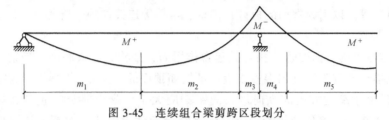

图 3-45 连续组合梁剪跨区段划分

2）逐段确定各剪跨区段内钢梁与混凝土交界面的纵向剪力 V_s。

位于正弯矩区段的剪跨

$$V_s = \min\{A_a f_a, b_e h_{c1} f_c\} \tag{3-97}$$

位于负弯矩区段的剪跨

$$V_s = A_{st} f_{st} \tag{3-98}$$

式中 A_{st}——负弯矩区混凝土翼板内纵向受拉钢筋的截面积（mm^2）；

f_{st}——受拉钢筋抗拉强度设计值（$\mathrm{N/mm}^2$）。

3）确定每个剪跨内所需抗剪连接件数目 n_f。

完全抗剪连接时

$$n_f = \frac{V_s}{N_v^c} \tag{3-99}$$

部分抗剪连接时

$$n_f \geqslant 0.5 \frac{V_s}{N_v^c} \tag{3-100}$$

4）按照计算的连接件数目在相应的剪跨区段内均匀布置。对于简支组合梁，均匀布置在最大弯矩截面至零弯矩截面之间；对连续组合梁，可按图 3-45 将剪跨区段 m_2 和 m_3、m_4 和 m_5 分别合并为一个区段后均匀布置连接件。合并后一个区段内的纵向总剪力可以按下式计算，并采用完全抗剪连接计算连接件数目。

$$V_s = \min\{A_a f_a, b_e h_{c1} f_c\} + A_{st} f_{st}$$

当在剪跨内有较大集中荷载时，应将算得的 n_f 按剪力图面积成比例分配后，再各自均匀布置，如图 3-46 所示。

$$n_1 = \frac{A_1}{A_1 + A_2} n_f \tag{3-101}$$

$$n_2 = \frac{A_2}{A_1 + A_2} n_f \tag{3-102}$$

式中 A_1、A_2——剪力图面积；

n_1、n_2——相应剪力图面积内抗剪连接件数量。

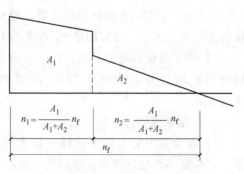

图 3-46 有较大集中荷载作用时抗剪连接件的布置

为简化计算，对于连续组合梁，也可以近似地分为从边支座到跨中，从边跨跨中到内支座，再从内支座到中跨跨中等多个区段，然后依次对以上各个区段的混凝土翼板和钢梁根据极限平衡条件均匀布置抗剪连接件。

6. 抗剪连接件的构造要求

为了充分发挥抗剪连接件的作用，除满足承载力要求外，还需合理选择连接件的形式、规格和设置位置等。以下为常用的栓钉、槽钢、弯筋等连接件的构造要求。

（1）一般规定

1）剪力连接件的顶面位置（指抗掀起力作用面，如栓钉大头底面、槽钢上翼缘的下表面、锚杆件或锚环内侧等）高出混凝土板底部钢筋顶面的距离 h_{e0} 不得小于 30mm。

2）连接件沿梁跨度方向的纵向最大间距不应大于混凝土翼板（包括板托）厚度的 3 倍，且不大于 300mm；当组合梁受压上翼缘不符合塑性设计要求的宽厚比限值时，但连接件最大间距满足如下要求时，仍能采用塑性方法进行设计：

① 当混凝土板沿全长和组合梁接触，如现浇楼板：$22t_f\sqrt{235/f_y}$。

② 当混凝土板和组合梁部分接触，如压型钢板横肋垂直于钢梁：$15t_f\sqrt{235/f_y}$。

③ 同时连接件的外侧边缘和钢梁翼缘边缘之间的距离不应大于 $9t_f\sqrt{235/f_y}$。

上述各式中 t_f 均为钢梁受压上翼缘宽度。

3）连接件的外侧边缘至钢梁上翼缘侧边的距离不应小于 20mm。

4）连接件的外侧边缘至混凝土翼板边缘间的距离不应小于 100mm。

5）连接件顶面的混凝土保护层厚度不应小于 15mm。

（2）栓钉连接件

1）组合梁中栓钉材料一般为 ML15、MLAL15，也可采用性能等级为 4.6 级钢材。

2）组合梁中常用的栓钉连接件公称直径 d 为 8mm、10mm、13mm、16mm、19mm、22mm。

3）栓钉连接件的高度 h 不应小于 $4d$，钉头直径不小于 $1.5d$，钉头高度不小于 $0.4d$。

4）当焊接在钢梁翼缘上的栓钉位置不正对钢梁腹板且钢梁上翼缘承受拉力时，栓钉直径不应大于钢梁翼缘厚度的 1.5 倍；当钢梁上翼缘不承受拉力时，栓钉直径不应大于钢梁上翼缘厚度的 2.5 倍。

5）栓钉沿梁轴线方向布置的间距不应小于杆径的 6 倍，垂直于梁轴线方向的间距不应小于杆径的 4 倍。

6）用压型钢板作底模的组合梁，栓钉直径不宜大于 19mm，混凝土凸肋宽度不应小于栓钉直径的 2.5 倍，栓钉高度 h_d 不应小于 (h_e+30)mm，且不应大于 (h_e+75)mm。

7）为了保证焊缝的质量，应采用自动栓钉焊接机进行焊接，焊接前应进行焊接试验；焊缝的平均直径应大于 $1.25d$，焊缝的平均高度应大于 $0.2d$，焊缝的最小高度应大于 $0.15d$。

（3）槽钢连接件

1）组合梁中的槽钢连接件一般采用 Q235 钢制作的 ⊏8、⊏10、⊏12、⊏12.6 等小型槽钢，其长度不能超过钢梁翼缘宽度减去 50mm。

2）布置槽钢连接件时，应使其翼缘肢尖方向与混凝土板中水平剪应力方向一致。

3）槽钢连接件仅在其下翼缘的根部和趾部（即垂直于钢梁的方向）与钢梁焊接，角焊缝尺寸根据计算确定，但不小于 5mm；平行于钢梁的方向不需施焊，以减少钢梁上翼缘的焊接变形，节约焊接工料。

（4）弯筋连接件

1）弯筋连接件一般采用直径不小于 12mm 的钢筋，弯起角度通常为 45°。

2）连接件的弯折方向应与板中纵向水平剪力的方向一致，并宜在钢梁上成对布置。在跨中纵向水平剪力方向变化处，在两个方向均须设置弯起钢筋。

3）每个弯起钢筋从弯起点算起的总长度不小于 $25d$，其中水平段长度不应小于 $10d$。

4）弯筋沿梁轴线方向布置的间距不应小于混凝土板厚度（包括板托）的 0.7 倍，不应大于板厚的 2 倍。

（5）板托外形及构造（见图 3-47）

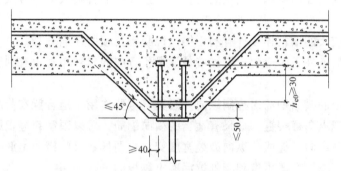

图 3-47 板托外形及构造示意图

1）板托边缘距抗剪连接件外侧的距离不得小于 40mm，同时板托外形轮廓应在抗剪连接件根部算起的 45°仰角线之外。

2）板托中临近钢梁上翼缘的部分混凝土，应配加强筋，板托中横向钢筋的下部水平段应设置在距离钢梁上翼缘 50mm 范围内。

3）抗剪连接件抗掀起端底面高出横向钢筋下部水平段的距离不得小于 30mm，横向钢筋间距应不大于 $4h_{e0}$ 和 200mm。

（6）无板托的组合梁 无板托的组合梁混凝土翼板中的横向钢筋应满足上条中第 2）、3）款规定。

（7）承受负弯矩的箱形截面组合梁 承受负弯矩的箱形截面组合梁可在钢箱梁底板上方或腹板内侧设置抗剪连接件并浇筑混凝土。

3.3.6 组合梁纵向抗剪设计

1. 纵向破坏机理

钢梁与混凝土翼板间的连接通过抗剪连接件实现。在结合面附近，抗剪连接件对混凝土板产生一系列纵向集中力 N_c 的作用（见图 3-48），混凝土板受到连接件的纵向剪切作用或纵向劈裂作用。混凝土翼板纵向开裂是组合梁的破坏形式之一。由于纵向剪力集中分布在钢梁上翼缘的狭长范围内，若混凝土板设计不当，会导致组合梁延性和极限承载力急剧下降。当混凝土板同时受有横向弯矩作用时，问题会更加严重。因此在设计组合梁时，必须进行纵向抗剪设计和验算，以防止组合梁在达到极限抗弯承载力之前出现纵向劈裂破坏。

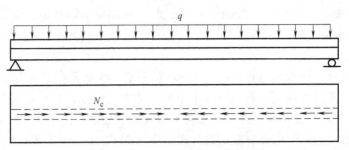

图 3-48　混凝土翼板受栓钉作用力示意图

　　影响组合梁混凝土翼板纵向开裂和纵向抗剪承载力的因素很多，如混凝土翼板厚度、混凝土强度等级、横向配筋率和横向钢筋的位置、连接件的种类及排列方式、数量、间距、荷载的作用方式等。

　　采用承压面较大的槽钢连接件有利于控制混凝土翼板的纵向开裂。

　　在数量相同的条件下，避免栓钉连接件沿梁长方向的单列布置也有利于减缓混凝土翼板的纵向开裂。

　　混凝土翼板中的横向钢筋对控制纵向开裂具有重要作用。组合梁在荷载作用下首先在混凝土翼板底面出现纵向微裂缝，如果有适当的横向配筋，可以限制裂缝发展，并能够使混凝土翼板顶面不出现纵向裂缝或使纵向裂缝宽度变小。同样数量的横向钢筋分上下两层布置比居上、居中及居下单层布置更有利于抵抗混凝土翼板的纵向开裂。

　　当组合梁作用有集中荷载时，在集中力附近将产生很大的横向拉应力，容易在这一区域较早发生纵向开裂。

　　作用于混凝土翼板的横向负弯矩也会对纵向开裂产生不利作用。

　　总之，混凝土强度等级、混凝土翼板中横向钢筋配筋率和构造方式以及横向负弯矩是影响混凝土翼板纵向开裂的主要因素。

2. 纵向剪切破坏面

　　若组合梁横向配筋不足或混凝土截面过小时，在连接件纵向劈裂作用下，混凝土翼板上将产生纵向裂缝，并且随着荷载的增大，剪跨区域的纵向剪切裂缝能够持续发展并最终几乎贯通，形成纵向剪切破坏面，如图 3-49 所示。其中，1—1 为竖向界面，2—2、3—3、4—4 为包络连接件纵向界面。在进行组合梁纵向抗剪验算时，上述破坏界面均需验算，要求在任意一个纵向剪切破坏界面上，单位长度内纵向剪力设计值不得超过单位长度内的界面抗剪承载力。图 3-49 中，A_b 和 A_t 分别为单位梁长混凝土板底部和顶部的钢筋截面面积；A_{bh} 为单位梁长混凝土板托横向钢筋的截面面积。

3. 纵向界面单位长度内的纵向设计剪力

　　如果沿梁长单位长度内的纵向剪力是 $V_{l,1}$，则要求

$$V_{l,1} \leq V_{ul,1}$$
（3-103）

式中　$V_{l,1}$——荷载作用引起的单位长度界面上的纵向界面剪力（N）；

　　　$V_{ul,1}$——单位长度界面上的界面抗剪强度（N/mm²）。

　　$V_{l,1}$ 可以根据弹性和塑性方法分别计算，其取值与界面形式有关，界面包括混凝土翼板竖向界面和包络连接件的纵向界面。

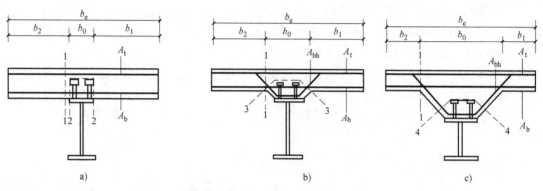

图 3-49　混凝土翼板纵向受剪界面

a) 平翼板组合梁　b) 低板托组合梁　c) 高板托组合梁

（1）按实际受力状态计算纵向设计剪力

1）混凝土翼板的纵向竖界面，如图 3-49 中 1—1 界面。

采用弹性分析方法计算时，界面剪力设计值为

$$V_{l,1} = \max\left(\frac{VS}{I} \times \frac{b_1}{b_e}, \frac{VS}{I} \times \frac{b_2}{b_e}\right) \qquad (3\text{-}104)$$

式中　V——荷载引起的竖向剪力（N）；

S——混凝土翼板的换算截面绕整个换算截面中性轴的面积矩（mm^3）；

I——全部换算截面绕自身中性轴的惯性矩（mm^4）；

b_1、b_2——翼板左、右两侧的挑出宽度（mm）；

b_e——翼板有效宽度（mm）。

采用塑性分析方法计算时，界面剪力设计值为

$$V_{l,1} = \max\left(\frac{V_l}{l_c} \times \frac{b_1}{b_e}, \frac{V_l}{l_c} \times \frac{b_2}{b_e}\right) \qquad (3\text{-}105)$$

式中　V_l——剪跨长度内总的纵向剪力，剪跨段的纵向总剪力可以根据塑性极限状态下的平衡条件确定；当塑性中和轴位于混凝土翼板（包括板托）内，即塑性中和轴位于叠面之上时，$V_l = A_a f_a$；当塑性中和轴位于钢梁内时，即塑性中和轴位于叠合面之下时，$V_l = b_e h_{c1} f_c$（N）；

l_c——剪跨，为最大弯矩截面至零弯矩截面之间的距离（mm）。

2）包络连接件的纵向界面，如图 3-49 中 2—2、3—3、4—4 界面。

采用弹性分析方法计算时，界面剪力设计值为

$$V_{l,1} = \frac{VS}{I} \qquad (3\text{-}106)$$

采用塑性分析方法计算时，界面剪力设计值为

$$V_{l,1} = \frac{V_l}{l_c} \qquad (3\text{-}107)$$

（2）纵向设计剪力的简化计算方法

纵向剪力是由剪力连接件传递的。当采用塑性方法进行纵向抗剪验算时，可偏于保守地假定连接件按满应力状态工作，即荷载作用引起的单位截面长度内纵向界面剪力 $V_{l,1}$ 可直接由连接件设计剪力确定，如图3-50所示。

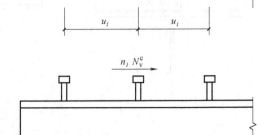

1）混凝土翼板的纵向竖界面，剪力设计值为

$$V_{l,1} = \max\left(\frac{n_i N_v^c}{u_i} \times \frac{b_1}{b_e}, \frac{n_i N_v^c}{u_i} \times \frac{b_2}{b_e}\right) \qquad (3\text{-}108)$$

式中　n_i——同一截面上抗剪连接件的个数；

　　　N_v^c——抗剪连接件的抗剪设计承载力（N）；

　　　u_i——抗剪连接件的纵向间距（mm）。

图 3-50　纵向剪力简化计算图

2）包络连接件的纵向界面，剪力设计值为

$$V_{l,1} = \frac{n_i N_v^c}{u_i} \qquad (3\text{-}109)$$

4. 纵向界面单位长度内的纵向抗剪承载力

组合梁混凝土板纵向界面单位长度的受剪承载力由纵向界面裂缝间混凝土骨料的咬合力、横向钢筋的销栓力和压型钢板的抗剪能力承担。在考虑了组合梁存在裂缝的可能和可靠性的要求后，纵向界面单位长度的受剪承载力可以按下式计算

$$V_{ul,1} = 0.7 f_t b_f + 0.8 A_e f_{yv} \leqslant 0.25 b_f f_c \qquad (3\text{-}110)$$

$$V_{ul,1} \leqslant 0.25 b_f f_c \qquad (3\text{-}111)$$

式中　b_f——纵向界面长度，按图3-49所示的 1—1、2—2、3—3、4—4 连线在抗剪连接件以外的最短长度（mm）；

　　　A_e——单位长度纵向抗剪界面上横向钢筋的截面面积（mm^2/mm），对于不同剪切面对应的横向钢筋截面积见表3-8；

　　　f_r、f_c——钢筋和混凝土强度设计值（N/mm^2）。

表 3-8　单位长度横向钢筋截面积 A_e

剪切面	1—1	2—2	3—3	4—4
A_e	$A_b + A_t$	$2A_b$	$2(A_b + A_{bh})$	$2A_{bh}$

注：对于有板托的界面3—3，h_{e0} 为由抗剪连接件抗掀起端底面（即栓钉头底面，槽钢上肢底面或弯起钢筋上部弯起水平段的底面）高出一般底部钢筋上皮的距离。

组合梁的纵向抗剪强度受到横向钢筋配筋率的较大影响。为了保证组合梁达到极限承载能力之前不发生纵向剪切破坏，并考虑到荷载长期效应和混凝土收缩等因素影响，翼板横向钢筋最小配筋率应满足以下要求

$$\frac{A_e f_{yv}}{b_f} > 0.75 N/mm^2 \qquad (3\text{-}112)$$

3.3.7　组合梁的正常使用极限状态验算

组合梁的挠度和裂缝宽度计算均为正常使用状态的验算。对于简支组合梁，由于混凝土

板主要处于受压状态，一般不需要进行裂缝宽度的验算，而只需要进行挠度验算。

1. 折减刚度法

组合梁中钢梁和混凝土翼板能够共同工作是由于抗剪连接件的作用。栓钉、槽钢、弯筋等柔性连接件在传递钢和混凝土交界面上的纵向剪力时，会产生变形，从而导致交界面上的相对滑移，使组合截面曲率增大，结构挠度也相应增大。因此，《钢结构设计标准》中采用折减刚度法计算组合梁的挠度，即考虑滑移效应后用折减刚度 B 来代替组合梁的换算截面刚度。

组合梁考虑滑移效应的折减刚度 B 按下式计算

$$B = \frac{EI_{eq}}{1+\zeta} \tag{3-113}$$

式中 E——钢梁弹性模量（N/mm^2）；

I_{eq}——组合梁换算截面惯性矩，对荷载效应的标准组合，需将混凝土翼板有效宽度除以钢材与混凝土弹性模量的比值 α_E 换算为钢截面宽度；对荷载的准永久组合，需除以 $2\alpha_E$ 进行换算；对钢梁与压型钢板组合板构成的组合梁，可取薄弱截面的换算截面进行计算，且不计压型钢板的作用（mm^4）；

ζ——刚度折减系数，按下式计算（当 $\zeta \leqslant 0$ 时，取 $\zeta = 0$），即

$$\zeta = \eta \left[0.4 - \frac{3}{(\alpha L)^2} \right] \tag{3-114}$$

$$\eta = \frac{36Ed_c pA_0}{n_s khL^2} \tag{3-115}$$

$$\alpha = 0.81 \sqrt{\frac{n_s kA_1}{EI_0 p}} \tag{3-116}$$

$$A_0 = \frac{A_{cf}A}{\alpha_E A + A_{cf}} \tag{3-117}$$

$$A_1 = \frac{I_0 + A_0 d_c^2}{A_0} \tag{3-118}$$

$$I_0 = I + \frac{I_{cf}}{\alpha_E} \tag{3-119}$$

式中 A_{cf}——混凝土翼板截面面积，对压型钢板-混凝土组合板的翼板，取薄弱截面面积，且不考虑压型钢板（mm^2）；

A——钢梁截面面积（mm^2）；

I——钢梁截面惯性矩（mm^4）；

I_{cf}——混凝土翼板截面惯性矩，对压型钢板组合板翼缘，取薄弱截面的惯性矩，且不考虑压型钢板（mm^4）；

d_c——钢梁截面形心到混凝土翼板截面（对压型钢板-混凝土组合板为薄弱截面）形心的距离（mm）；

h——组合梁截面高度（mm）；

L——组合梁跨度（mm）；

k——抗剪连接件刚度系数（N/mm），$k = N_v^c$；

p——抗剪连接件平均间距（mm）；

n_s——抗剪连接件在一根梁上的列数；

α_E——钢材与混凝土弹性模量的比值。

2. 挠度计算

计算组合梁挠度时，应考虑荷载的长、短期效应，分别选取荷载的标准组合和准永久组合，并对应选择组合梁的短期刚度 B_s 和长期刚度 B_l 进行计算，其中的较大值应满足挠度限值的要求。

在施工阶段，组合梁分为钢梁下有临时支撑和无临时支撑两种工况。

1）施工时未设临时支撑时，组合梁在均布荷载作用下的挠度计算公式为

$$v = v_{sI} + v_{scII} \leqslant [v] \tag{3-120}$$

$$v_{sI} = \frac{5q_{Ik}l^4}{384B_s} \tag{3-121}$$

$$v_{scII} = \max\left\{\frac{5q_{scII}^s l^4}{384B_{sc}^s}, \frac{5q_{scII}^l l^4}{384B_{sc}^l}\right\} \tag{3-122}$$

式中　v——组合梁挠度（mm）；

v_{sI}——钢梁在施工阶段时组合梁自重标准值作用下的挠度（mm）；

v_{scII}——组合梁在使用阶段分别按荷载短期效应组合和荷载长期效应组合计算的挠度之较大值（mm）；

$[v]$——受弯构件挠度限值，对翼板楼盖主梁，永久荷载与可变荷载组合产生的挠度以及可变荷载标准值产生的挠度可分别按 $l/300$ 及 $l/400$ 采用，对其他梁体，两类挠度可分别按 $l/250$ 及 $l/300$ 采用，其中 l 为梁体计算跨度，悬臂构件计算跨度按悬臂长度的 2 倍取用（mm）；

q_{Ik}——施工阶段组合梁自重标准值（N/mm）；

q_{scII}^s、q_{scII}^l——使用阶段分别按荷载短期效应组合和长期效应组合的均布荷载（N/mm）；

B_s——施工阶段钢梁抗弯刚度，$B_s = EI_s$（N·mm²）；

B_{sc}^s、B_{sc}^l——使用阶段组合梁短期刚度和长期刚度，参考式（3-113）计算（N·mm²）。

2）施工时设有临时支撑时，组合梁在均布荷载作用下的挠度计算公式为

$$v = v_{sc} \leqslant [v] \tag{3-123}$$

$$v_{sc} = \max\left\{\frac{5q_{sc}^s l^4}{384B_{sc}^s}, \frac{5q_{sc}^l l^4}{384B_{sc}^l}\right\} \tag{3-124}$$

式中　v_{sc}——组合梁所有荷载分别按荷载短期效应组合和荷载长期效应组合计算的挠度之较大值（mm）；

q_{sc}^s、q_{sc}^l——组合梁所有荷载分别按荷载短期效应组合和长期效应组合的均布荷载（N/mm）。

当计算挠度值不满足要求时，可通过下列方法减小梁的挠度：

1）可设置临时支撑，以减小梁体在施工阶段的挠度。

2）当无临时支撑时，可增大钢梁刚度，以减小在施工阶段的挠度。

3）大跨度梁可在施工前起拱，以减小永久荷载下的变形。

3.3.8　连续组合梁

对于大面积的楼盖结构，往往设置成主次梁体系，以减小楼板区格的跨度，这时楼层梁就需要设置成连续组合梁。根据组合梁截面的应力分布特征，在正弯矩区，混凝土板受压、钢梁受拉；在负弯矩区，钢梁受压、混凝土板受拉。连续组合梁与只承受正弯矩的简支组合梁主要区别如下：

1) 组合梁受负弯矩作用，负弯矩区的混凝土板很容易开裂，导致负弯矩区强度比正弯矩区明显下降，故负弯矩区为薄弱截面。

2) 由于负弯矩区混凝土板的开裂，使得其截面特性与正弯矩区不一致，对于连续组合梁需要进行变截面内力分析。

3) 简支组合梁只承受正弯矩，钢梁几乎完全受拉，不存在整体失稳问题。而连续组合梁位于负弯矩区的钢梁受压，易引发钢梁整体失稳破坏。

4) 简支梁跨中弯矩最大，而剪力相对最小。连续组合梁中间支座弯矩最大，同时剪力也最大，故需考虑剪力与弯矩的相互作用。

基于以上原因，对连续组合梁设计时，应尽可能采用塑性理论进行计算。同时，钢梁受压区的屈曲、塑性铰的转动能力、弯剪的相互作用等都需要在设计中予以考虑。

本章前面各节有关简支组合梁的设计理论和方法都适用于连续组合梁的正弯矩区。本小节主要介绍连续组合梁负弯矩区的设计理论和方法，包括内力分析和承载力、挠度的计算等。其中大部分内容也适用于承受负弯矩的组合构件，如悬臂组合梁等。

1. 连续组合梁的有效截面

（1）连续组合梁截面的有效宽度　在连续梁的负弯矩区段，混凝土受拉而钢梁受压。由于混凝土抗拉强度很低，在进行承载力极限状态分析或考虑开裂影响的正常使用极限状态分析时，通常不考虑负弯矩区混凝土翼板的作用。但为了限制混凝土翼板的开裂，连续组合梁的负弯矩区需要布置一定数量的纵向钢筋，这部分钢筋能够与受压钢梁整体共同受力。此外，在组合梁负弯矩区段，截面中和轴一般位于混凝土翼缘板下方的钢梁内，也不用考虑混凝土翼缘板受压作用。因此，连续组合梁正弯矩区段的有效截面与简支组合梁相同，负弯矩区的有效截面则由有效宽度范围内的纵向钢筋和钢梁组成，如图 3-51 所示。在《钢结构设计标准》中，连续组合梁正、负弯矩区的翼板有效宽度 b_e 取值方法相同。

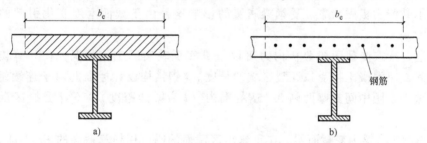

图 3-51　连续组合梁正、负弯矩区的有效截面

a）正弯矩区　b）负弯矩区

（2）连续组合梁钢梁截面宽厚比限值　在连续组合梁的正弯矩区段，钢梁的受压上翼缘通过抗剪连接件与混凝土板连成整体，混凝土板具有很大的侧向刚度对钢梁翼缘有极强的

约束作用，同时组合梁中和轴多偏向于混凝土板一侧，钢梁腹板通常全部或大部处于受拉区，故钢梁不存在失稳问题。组合梁的极限转动能力一般由混凝土的压溃破坏所控制，主要取决于混凝土的极限压应变。

在连续组合梁的负弯矩区段，钢梁大部分截面处于受压区。当负弯矩区钢梁截面宽厚比较大或侧向约束不足时，就可能在钢材达到屈服之前发生屈曲，其转动能力受钢梁翼缘和腹板局部屈曲的控制。因此，为保证负弯矩区塑性变形的充分发展和塑性铰具有足够的转动能力，钢梁腹板和受压翼缘的宽厚比需满足一定的限制条件。

负弯矩区塑性铰的转动能力受到钢梁局部屈曲、混凝土板内纵向钢筋的数量及延性、钢材的屈服强度及变形性能和组合梁侧扭屈曲等多种因素的影响。组合梁在负弯矩作用下，混凝土翼板内的纵向钢筋参与组合截面的整体受力，组合截面的中和轴高度与纵向钢筋的数量及强度有关。本书第3.3.2节给出了塑性设计时钢梁翼缘和腹板的宽厚比限值。假定极限状态下负弯矩区段有效宽度内纵向钢筋全部受拉屈服，作用在钢梁上的轴向压力 N 用纵向钢筋能够提供的最大合力 $A_{st}f_{st}$ 来替代，其中 A_{st} 为负弯矩区截面有效宽度内纵向受拉钢筋的截面面积，f_{st} 为钢筋抗拉强度设计值。当钢梁宽厚比满足要求时，可保证钢梁在达到承载能力极限状态前不发生局部失稳。

2. 连续组合梁的内力分析

对连续组合梁进行内力分析方法有弹性分析法和塑性分析法，其目的是计算在各种荷载下组合梁各个梁段的内力分布，以获取梁最不利内力分布图，进一步为负弯矩截面的承载能力计算提供基础。

(1) 弹性分析法 对于正常使用状态的验算及桥梁等承受动力荷载的连续组合梁，一般采用弹性方法计算。计算时除需采用结构力学的假定外，还需注意以下三点：连续组合梁负弯矩区段的混凝土板开裂问题；施工时梁体下有无临时支撑问题和混凝土徐变问题。

按弹性理论分析时，组合梁的内力分布取决于各梁跨正、负弯矩区之间的相对刚度。对于未施加预应力的连续组合梁，负弯矩区混凝土翼板在正常使用状态就会开裂，开裂后的截面抗弯刚度可能只有未开裂截面的 $1/3 \sim 2/3$，而正弯矩区段内混凝土处于受压区开裂的可能性较小，正弯矩区段截面抗弯刚度不会明显下降，故在正常使用极限状态下负弯矩区混凝土开裂后，连续组合梁截面抗弯刚度沿跨度方向变化较大，成为变刚度连续梁。在承载能力极限状态，受钢梁屈服的影响这种由于截面刚度变化引起的内力差异会继续增大。

连续组合梁按变截面梁分析内力可以较真实反映实际工作状况，在计算内力时，需要确定中间支座混凝土板受拉开裂区域的长度。《钢结构设计标准》对于连续组合梁的内力分析方法为在距中间支座两侧 $0.15l$ 范围内（l 为梁的跨度），不计受拉区混凝土刚度的影响。

由于连续组合梁为变截面梁，在正弯矩区截面的刚度用换算截面的 EI_0，即为 B，E 为钢材弹性模量，I_0 为换算截面惯性矩。对于负弯矩区，截面刚度表示为 B/α，且 $\alpha>1$。根据转角位移法，梁体一端有变截面和两端有变截面时分别写出杆件的转角位移方程，见表3-9和3-10。再利用结构力学计算原理，建立力法方程或位移法方程。若直接将 β 取为 0.15，公式可以进一步简化，见表3-11和表3-12。

表 3-9　连续组合梁边跨变形计算公式表

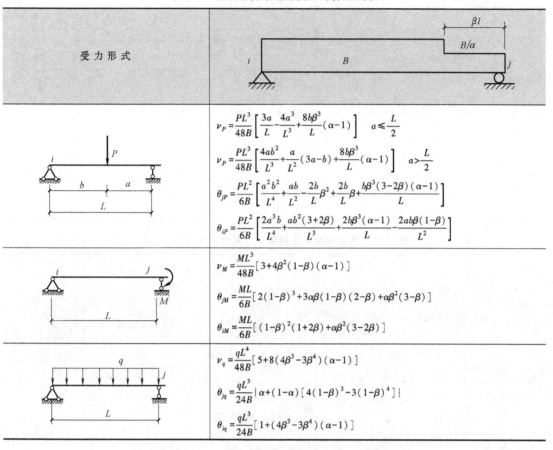

受力形式	
(见图)	$\nu_P = \dfrac{PL^3}{48B}\left[\dfrac{3a}{L}-\dfrac{4a^3}{L^3}+\dfrac{8b\beta^3}{L}(\alpha-1)\right]\quad a \leqslant \dfrac{L}{2}$
	$\nu_P = \dfrac{PL^3}{48B}\left[\dfrac{4ab^2}{L^3}+\dfrac{a}{L^2}(3a-b)+\dfrac{8b\beta^3}{L}(\alpha-1)\right]\quad a > \dfrac{L}{2}$
	$\theta_{jP} = \dfrac{PL^2}{6B}\left[\dfrac{a^2b^2}{L^4}+\dfrac{ab}{L^2}-\dfrac{2b}{L}\beta^2+\dfrac{2b}{L}\beta+\dfrac{b\beta^3(3-2\beta)(\alpha-1)}{L}\right]$
	$\theta_{iP} = \dfrac{PL^2}{6B}\left[\dfrac{2a^3b}{L^4}+\dfrac{ab^2(3+2\beta)}{L^3}+\dfrac{2b\beta^3(\alpha-1)}{L}-\dfrac{2ab\beta(1-\beta)}{L^2}\right]$
(见图)	$\nu_M = \dfrac{ML^3}{48B}\left[3+4\beta^2(1-\beta)(\alpha-1)\right]$
	$\theta_{jM} = \dfrac{ML}{6B}\left[2(1-\beta)^3+3\alpha\beta(1-\beta)(2-\beta)+\alpha\beta^2(3-\beta)\right]$
	$\theta_{iM} = \dfrac{ML}{6B}\left[(1-\beta)^2(1+2\beta)+\alpha\beta^2(3-2\beta)\right]$
(见图)	$\nu_q = \dfrac{qL^4}{48B}\left[5+8(4\beta^3-3\beta^4)(\alpha-1)\right]$
	$\theta_{jq} = \dfrac{qL^3}{24B}\left\{\alpha+(1-\alpha)\left[4(1-\beta)^3-3(1-\beta)^4\right]\right\}$
	$\theta_{iq} = \dfrac{qL^3}{24B}\left[1+(4\beta^3-3\beta^4)(\alpha-1)\right]$

表 3-10　连续组合梁中跨变形计算公式表

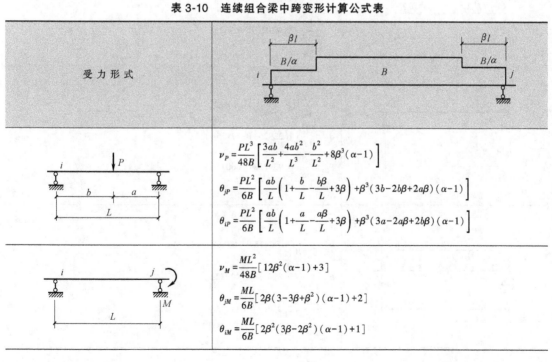

受力形式	
(见图)	$\nu_P = \dfrac{PL^3}{48B}\left[\dfrac{3ab}{L^2}+\dfrac{4ab^2}{L^3}-\dfrac{b^2}{L^2}+8\beta^3(\alpha-1)\right]$
	$\theta_{jP} = \dfrac{PL^2}{6B}\left[\dfrac{ab}{L}\left(1+\dfrac{b}{L}-\dfrac{b\beta}{L}+3\beta\right)+\beta^3(3b-2b\beta+2a\beta)(\alpha-1)\right]$
	$\theta_{iP} = \dfrac{PL^2}{6B}\left[\dfrac{ab}{L}\left(1+\dfrac{a}{L}-\dfrac{a\beta}{L}+3\beta\right)+\beta^3(3a-2a\beta+2b\beta)(\alpha-1)\right]$
(见图)	$\nu_M = \dfrac{ML^2}{48B}\left[12\beta^2(\alpha-1)+3\right]$
	$\theta_{jM} = \dfrac{ML}{6B}\left[2\beta(3-3\beta+\beta^2)(\alpha-1)+2\right]$
	$\theta_{iM} = \dfrac{ML}{6B}\left[2\beta^2(3\beta-2\beta^2)(\alpha-1)+1\right]$

（续）

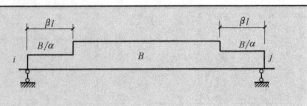

受力形式	

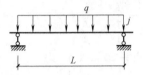

$$\nu_q = \frac{qL^4}{384B}[5+16\beta^3(4-3\beta)(\alpha-1)]$$

$$\theta_{jq} = \frac{qL^3}{24B}[1+2\beta^2(3-2\beta)(1-\alpha)]\quad \theta_{iq}=-\theta_{jq}$$

表 3-11　连续组合梁边跨变形计算公式表（$\beta=0.15$）

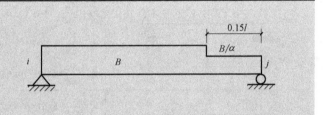

受力形式	

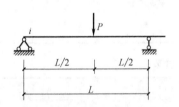

$$\nu_P = \frac{PL^3}{48B}(0.9865+0.0135\alpha)$$

$$\theta_{jP} = \frac{PL^2}{6B}(0.4096+0.03038\alpha)$$

$$\theta_{iP} = \frac{PL^2}{6B}(0.4704+0.003375\alpha)$$

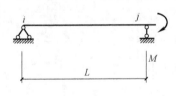

$$\nu_M = \frac{ML^3}{48B}(2.9235+0.0765\alpha)$$

$$\theta_{jM} = \frac{ML}{6B}(1.22825+0.77175\alpha)$$

$$\theta_{iM} = \frac{ML}{6B}(0.93925+0.06075\alpha)$$

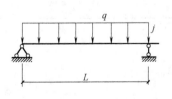

$$\nu_q = \frac{qL^4}{384B}(4.90415+0.09585\alpha)$$

$$\theta_{jq} = \frac{qL^3}{24B}(0.89048+0.10952\alpha)$$

$$\theta_{iq} = \frac{qL^3}{24B}(0.9880+0.011981\alpha)$$

表 3-12 连续组合梁中跨变形计算公式表 ($\beta = 0.15$)

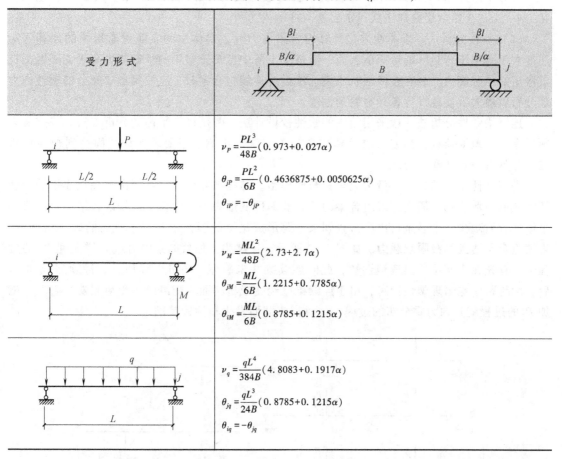

$$\nu_P = \frac{PL^3}{48B}(0.973 + 0.027\alpha)$$

$$\theta_{jP} = \frac{PL^2}{6B}(0.4636875 + 0.0050625\alpha)$$

$$\theta_{iP} = -\theta_{jP}$$

$$\nu_M = \frac{ML^2}{48B}(2.73 + 2.7\alpha)$$

$$\theta_{jM} = \frac{ML}{6B}(1.2215 + 0.7785\alpha)$$

$$\theta_{iM} = \frac{ML}{6B}(0.8785 + 0.1215\alpha)$$

$$\nu_q = \frac{qL^4}{384B}(4.8083 + 0.1917\alpha)$$

$$\theta_{jq} = \frac{qL^3}{24B}(0.8785 + 0.1215\alpha)$$

$$\theta_{iq} = -\theta_{jq}$$

利用上述表格的位移计算公式可以采用结构力学力法求解内力。首先将连续梁在支座位置引入铰，使其变为力法基本体系，设 $B = 1$，求杆端单位弯矩下的变形系数。由表 3-10 和表 3-11 可得

边跨梁 $$\delta_{ii} = \frac{L}{6}(1.22825 + 0.77175\alpha)$$

中跨梁 $$\delta_{ii} = \frac{L}{6}(1.2215 + 0.7785\alpha)$$

$$\delta_{ij} = \frac{L}{6}(0.8785 + 0.1215\alpha)$$

然后求各种荷载下在支座的转动大小，即 Δ_p。

再根据变形协调条件，建立力法方程

$$\begin{cases} M_1\delta_{11} + M_2\delta_{12} + \cdots + M_n\delta_{1n} + \Delta_{1p} = 0 \\ \cdots \\ M_1\delta_{n1} + M_2\delta_{n2} + \cdots + M_n\delta_{nn} + \Delta_{np} = 0 \end{cases} \tag{3-125}$$

式中 δ_{ij}——在基本未知力 $M_j = 1$ 作用下，基本体系在 i 位置发生的位移；

Δ_{ip}——在外荷载作用下，基本体系在位于 i 位置发生的位移。

有 n 个未知量，就有 n 个变形协调条件，故上面的方程组是可解的。解出未知量 M_1、M_2、…、M_n，然后用叠加法就可求出所有杆端内力。

（2）塑性分析法　按弹性方法计算组合梁内力时，梁体中间支座负弯矩区的计算弯矩通常大于跨中正弯矩区的弯矩值，而一般情况下跨中抵抗正弯矩的承载能力高于支座区抵抗负弯矩的承载能力。故在按极限状态设计法设计连续组合梁时，应使梁形成充分的塑性内力重分布以最大效能地发挥各种材料的性能。

连续梁塑性分析法一般采用结构的塑性铰设计法，常用极限平衡的分析方法。该方法无须考虑长、短期荷载，温差及收缩影响和施工方法的影响。但要求保证截面达到塑性铰机构，并具有一定转动能力。

进行塑性设计的材料模型为完全弹塑性模型。结构被简化为一系列由塑性铰连接的刚性杆组成的破坏机构。假定连续组合梁的所有非弹性变形集中发生在塑性铰区，结构每形成一个塑性铰后减少一个多余自由度，直到某一跨形成足够的塑性铰并产生最弱的破坏机构时，连续组合梁达到其极限承载力。如图 3-52 所示，连续梁上加载的集中力从 P 增大到 P_1 的过程中，首先在支座位置出现塑性铰，此时连续梁并未破坏，还可继续加载。持续加载到 P_2 后，两跨跨中也出现塑性铰时，由于连续梁已经变成机构而不能继续承受荷载发生破坏。施加 P_2 的过程就是内力重分布的过程，这时支座截面发生塑性铰转动。

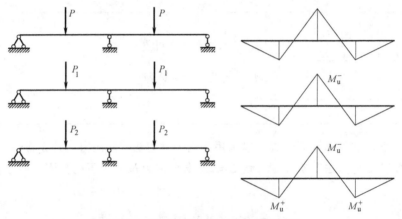

图 3-52　连续梁塑性铰形成及破坏过程

从连续组合梁屈服直到最大内力出现可以看出，连续组合梁能否达到塑性铰机构取决于负弯矩截面的转动能力。

BSEN 1994-1-2-2005《钢与混凝土组合结构设计》采用塑性方法设计应满足的条件限制如下：

1）钢梁截面密实，满足不出现局部失稳条件。

2）连续梁相邻两跨之差不应超过短跨的 45%。

3）边跨跨度不应小于邻跨的 70%，也不应大于邻跨的 115%。

4）每跨的 1/5 范围，不集中作用该跨半数以上的荷载。

5）调幅法进行内力重分配，内力调幅不大于 25%。

塑性分析克服了弹性分析需要准确计算各个截面弯曲刚度的困难。通常截面强度的计算相对于截面刚度的计算更为准确，因此基于强度计算和破坏结构模式分析的刚-塑性模型较线弹性模型在承载力极限状态更接近于实际情况。下面简单介绍用塑性方法计算连续梁内力的主要过程。

图 3-53 中的连续梁，已知梁体的正、负弯矩极限值为 M_u^+ 和 M_u^-，假定梁截面可以达到完全弹塑性状态，梁体承受均布荷载 q。求极限弯矩与外荷载的关系。

设 $\mu = \dfrac{M_u^-}{M_u^+}$（建筑结构中常取 $0.5 \sim 3.0$，可先假定，在确定截面后重新取）。

对于中间跨

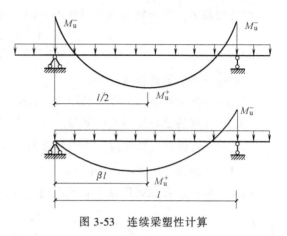

图 3-53　连续梁塑性计算

$$M_u^+ + M_u^- = \frac{1}{8}ql^2$$

或

$$M_u^+ = \frac{ql^2}{8(1+\mu)} \tag{3-126}$$

对于边跨

$$M_u^+ = \frac{1}{2}q\beta^2 l^2$$

$$\beta = \frac{1}{\mu}\left[(1+\mu)^{\frac{1}{2}} - 1\right] \tag{3-127}$$

因此在假定 μ 后，可求出极限弯矩，并对梁进行初步设计，然后再完成截面校核。

3. 连续组合梁负弯矩区受弯承载力计算

当抗剪连接件能够满足承载力极限状态的受力要求时，梁的破坏主要取决于各控制截面的弯矩、剪力或二者的组合。需要进行承载力验算的控制截面一般取在正、负弯矩最大截面处，剪力最大截面处，有较大集中力作用的位置以及组合梁截面突变处。

（1）弹性抗弯承载力　承载力计算包含弹性设计法和塑性设计法。按弹性方法验算组合梁强度时，应考虑施工过程的影响。正弯矩作用下的强度验算与简支组合梁相同。负弯矩作用下，一般认为混凝土板裂通，有效截面为有效宽度内的纵向受拉钢筋和钢梁两部分。计算组合截面惯性矩时，可以忽略钢筋和钢梁弹性模量之间的微小差别。负弯矩作用下组合梁的截面弹性应力分布如图 3-54 所示。

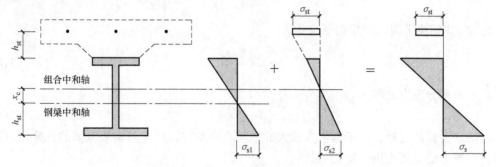

图 3-54　负弯矩作用下截面弹性应力图

组合截面弹性中和轴和钢梁弹性中和轴之间的距离 x_c 按下式确定，即

$$x_c = \frac{A_{st}(h_s - h_{s1} + h_{st})}{A + A_{st}} \qquad (3-128)$$

式中　h_s——钢梁截面全高（mm）；

　　　h_{s1}——钢梁形心至钢梁底部距离（mm）；

　　　h_{st}——钢筋形心至钢梁顶部距离（mm）；

　　　A_{st}——有效翼板宽度内受拉钢筋总面积（mm^2）；

　　　A——钢梁截面面积（mm^2）。

钢梁底部距组合截面弹性中和轴距离 y_s 和钢筋距组合截面弹性中和轴距离 y_{st} 分别为

$$y_s = h_{s1} + x_c \qquad (3-129)$$

$$y_{st} = h_s - h_{s1} - x_c + h_{st} \qquad (3-130)$$

则负弯矩区组合截面的惯性矩可按下式计算，即

$$I_0 = I_s + A x_c^2 + A_{st} y_{st}^2 \qquad (3-131)$$

计算负弯矩作用下的抗弯承载力时，由于组合截面完全由钢材组成，故不存在徐变影响，同时混凝土收缩和温差效应对抗弯承载力的影响很小，一般也不考虑。但施工方法对截面弹性抗弯承载力有较大影响，在设计计算时需要进行分析。

1）施工时梁下设有不少于三个等间距临时支撑

施工过程中大部分荷载均由支撑承担，进入使用阶段，恒载和活载产生的内力由钢梁和钢筋形成的组合截面共同承担，则

钢梁　　　　　　　　　　　$$\sigma_s = \frac{M y_s}{I_0} \leqslant f \qquad (3-132)$$

钢筋　　　　　　　　　　　$$\sigma_{st} = \frac{M y_{st}}{I_0} \leqslant f \qquad (3-133)$$

2）施工时梁下不设临时支撑

计算时需要将荷载产生的负弯矩分两部分分别进行计算。施工过程为钢梁和现浇混凝土产生的弯矩 M_1 单独作用于钢梁；活载及后期恒载产生的弯矩 M_2 作用于钢梁和钢筋形成的组合截面，则

由 M_1 在钢梁下翼缘产生的压应力为

$$\sigma_{s1} = \frac{M_1 h_{s1}}{I_s} \qquad (3-134)$$

由 M_2 在钢梁下翼缘产生的压应力为

$$\sigma_{s2} = \frac{M_2 y_s}{I_0} \qquad (3-135)$$

以上两部分应力之和为

$$\sigma_{s1} + \sigma_{s2} \leqslant f \qquad (3-136)$$

除正应力验算之外，对于剪应力较大的中间支座部位，还应对钢梁截面的折算应力进行验算，计算方法与简支组合梁相同。

（2）塑性抗弯承载力　在计算组合梁塑性抗弯承载能力时一般采用以下假定：

1）钢梁与混凝土翼板之间有可靠连接，能够保证负弯矩区受拉钢筋达到屈服强度。

2）组合梁截面应变分布符合平截面假定，界面滑移可以忽略。

3）忽略混凝土的抗拉作用和压型钢板的受拉作用。

4）组合梁中纵向受拉钢筋达到屈服强度，钢梁大部分受压屈服，并且钢梁的应力分布按等效矩形分布图形考虑。

根据组合截面塑性中和轴位置，塑性抗弯承载力按以下公式计算

1）塑性中和轴在钢梁腹板内，即满足以下条件时（见图 3-55）

$$A_{st}f_{st} \leqslant (A_w + A_{fb} - A_{ft})f \tag{3-137}$$

式中　A_w、A_{fb}、A_{ft}——钢梁腹板、下翼缘和上翼缘板的净截面面积（mm^2）。

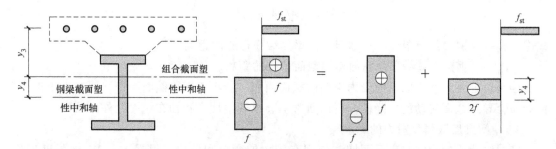

图 3-55　中和轴在钢梁腹板内的截面应力图

按照截面力的平衡关系式，可以得到

$$y_4 = \frac{A_{st}f_{st}}{2t_w f} \tag{3-138}$$

式中　y_4——组合梁截面塑性中和轴至钢梁截面塑性中和轴的距离（mm）；

　　　t_w——钢梁腹板厚度（mm）。

梁体截面极限抗弯承载力为

$$\begin{cases} M_u = M_s + A_{st}f_{st}\left(y_3 + \dfrac{y_4}{2}\right) \\ M_s = (S_1 + S_2)f \end{cases} \tag{3-139}$$

式中　M_s——钢梁绕自身塑性中和轴的塑性抗弯承载力（N·mm）；

　　S_1、S_2——钢梁塑性中和轴（平分钢梁截面面积的轴线）以上和以下截面对该轴的面积矩（mm^3）；

　　　y_3——组合梁截面塑性中和轴至纵向钢筋截面形心距离（mm）。

2）塑性中和轴在钢梁上翼缘内，即满足以下条件时（见图 3-56）

$$(A_w + A_{fb} - A_{ft})f < A_{st}f_{st} < Af \tag{3-140}$$

按照截面力的平衡关系式，可以得到

$$y_t = \frac{Af - A_{st}f_{st}}{2b_t f} \tag{3-141}$$

式中　y_t——组合截面塑性中和轴至钢梁上翼缘顶面的距离；

　　　b_t——钢梁上翼缘的宽度。

梁体截面极限抗弯承载力为

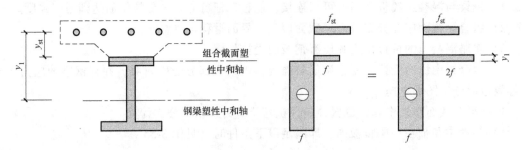

图 3-56 中和轴在钢梁上翼缘内的截面应力图

$$M_u = Afy_1 - (Af - A_{st}f_{st})\left(y_{st} + \frac{y_t}{2}\right) \tag{3-142}$$

式中 y_1——钢梁截面塑性中和轴至纵向钢筋截面形心的距离；

y_{st}——钢梁上翼缘顶至纵向钢筋截面形心的距离。

连续组合梁负弯矩区纵向受力钢筋的截面面积一般小于钢梁截面面积，同时由于钢梁整体受压会导致截面转动能力降低，所以通常不会出现塑性中和轴在钢梁之外的情况。

4. 中间支座截面处剪力的影响

连续组合梁的中间支座截面同时作用有较大的弯矩和剪力。根据 Von Mises 强度理论，钢梁处于弯剪复合作用下时，由于腹板中剪应力的存在，截面的极限抗弯承载能力有所降低。对于连续组合梁中间支座截面，所承受的弯矩和剪力都比较大，在按塑性方法进行承载力验算时，应考虑弯矩和剪力共同作用时的相关性。在 BSEN 1994-1-2-2005《钢与混凝土组合结构设计》中规定，对于密实截面连续组合梁：

1) 如果截面竖向剪力设计值 V 不大于竖向塑性抗剪承载力 V_p 的一半，即 $V \leqslant 0.5V_p$，竖向剪力对抗弯承载力的影响可以忽略（图 3-57 曲线 a 段），抗弯计算时可以利用整个组合截面。

2) 如果竖向剪力的设计值 V 等于竖向塑性抗剪承载力 V_p，即 $V = V_p$，则钢梁腹板只用以抗剪（图 3-57 曲线 b 段），不能再承受外荷载引起的弯矩。此时的弯矩设计值由混凝土翼板内的钢筋和钢梁翼缘共同承担，其抗弯承载力 M_f 为

$$M_f = Af(h_s - t_f) = bt_f f(h_s - t_f) \tag{3-143}$$

式中 h_s、t_f——钢梁的高度和钢梁翼缘的厚度。

3) 如果 $0.5V_p < V < V_p$，相关曲线用一段抛物线表示（图 3-57 曲线 AB 段），此时抗弯承载力 M_R 为

$$\begin{cases} M_R = M_f + (M_p - M_f)\left[1 - \left(\frac{2V}{V_p} - 1\right)^2\right] \\ V_p = h_w t_w f_v \end{cases} \tag{3-144}$$

式中 M_p——不考虑剪力影响时截面的塑性抗弯承载力；

V_p——钢梁腹板的塑性抗剪承载力。

研究表明，由于在组合梁抗剪承载力计算时忽略了混凝土翼板的抗剪作用，同时又没有考虑钢材强化对组合梁抗弯承载力的提高作用，故在一般的设计计算中不考虑弯、剪相关性，并不会导致对组合梁弯、剪实际承载力的过高估计。《钢结构设计标准》规定，采用塑

性方法计算组合梁截面的承载力时，在正弯
矩区及满足 $A_{st}f_{st} \geq 0.15Af$ 条件的负弯矩区，
可不考虑弯矩与剪力的相互作用，而分别按
纯剪、纯弯计算组合梁的抗剪承载力和抗弯
承载力。

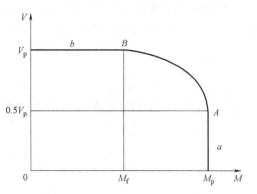

图 3-57 弯剪共同作用的承载力曲线

5. 负弯矩区组合梁钢部件的稳定性能

（1）整体稳定性能 连续组合梁负弯矩
区的钢梁下部因为承受弯曲压力，可能发生
侧扭屈曲，其与纯钢梁侧扭屈曲形态的差异
如图 3-58 所示。纯钢梁侧扭屈曲时能够发生
刚体平移和转动，而组合梁负弯矩区的平动
和转动均受到与上翼缘连接的混凝土翼板的约束，下翼缘的横向位移同时伴随着腹板的
扭转。

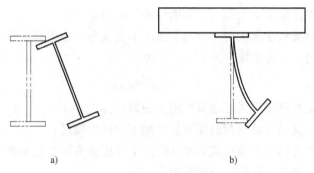

a)　　　　　　　　　　b)

图 3-58 侧扭屈曲形态

多跨连续组合梁负弯矩区的受压下翼缘的侧向稳定问题类似于侧向弹性地基上的压杆稳
定问题，可参照《钢结构设计标准》的规定，对梁负弯矩区段钢梁受压翼缘的稳定进行验
算，并采取在下翼缘梁端设置隔撑等构造措施。

（2）局部稳定性能 在组合梁的负弯矩区，钢梁不仅承受较大的剪力，同时弯曲应力、
局部压力也都较大。由于承载力或裂缝控制的要求而需在混凝土翼板中配置有较多纵向钢筋
或在钢梁中施加预应力时，根据组合截面的平衡条件，钢梁腹板还会受到轴向压力的作用。
此时，腹板处于弯、剪、压以及局部压力等联合作用下的复杂应力状态，局部稳定性问题较
纯钢梁复杂。

塑性设计时，为保证负弯矩区塑性铰具有足够的转动能力，对钢梁板间的宽厚比有比较
严格的限制。一般情况下，当钢梁符合塑性设计的宽厚比限值时，均能满足局部稳定的
要求。

6. 正常使用极限状态验算

连续组合梁正常使用极限状态的计算，主要包括挠度计算和混凝土翼板开裂计算。

（1）挠度计算 为了求得多跨连续组合梁的最大跨中挠度，除了要考虑各跨都存在
的永久荷载之外，还要考虑活荷载的不利布置。等跨的连续组合梁最大挠度往往发生在
边跨。

图 3-59 所示为从连续组合梁中脱离出来的一个跨间，它除了直接承受竖向荷载之外，两端还受支座截面负弯矩作用。它的跨中挠度 ν 可用以下公式计算：

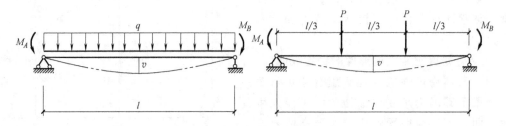

图 3-59 连续组合梁挠度计算简图

在永久荷载作用下，跨中挠度为

$$\nu_{\mathrm{G}} = \nu_{\mathrm{G,0}} - \nu_{\mathrm{MG,0}} \tag{3-145}$$

式中　ν_{G}——连续梁在永久荷载标准值作用下的跨中挠度；

　　$\nu_{\mathrm{G,0}}$——单跨简支梁在永久荷载标准值作用下的跨中挠度；

　　$\nu_{\mathrm{MG,0}}$——单跨简支梁在永久荷载标准值作用下支座负弯矩引起的跨中反挠度。

在可变荷载作用下，跨中挠度为

$$\nu_{\mathrm{Q}} = \nu_{\mathrm{Q,0}} - \nu_{\mathrm{MQ,0}} \tag{3-146}$$

式中　ν_{Q}——连续梁在可变荷载标准值作用下的跨中挠度；

　　$\nu_{\mathrm{Q,0}}$——单跨简支梁在可变荷载标准值作用下的跨中挠度；

　　$\nu_{\mathrm{MQ,0}}$——单跨简支梁在可变荷载标准值作用下支座负弯矩引起的跨中反挠度。

叠加后，可得连续组合梁的跨中挠度为

$$\nu = \nu_{\mathrm{G}} + \nu_{\mathrm{Q}} \tag{3-147}$$

$\nu_{\mathrm{G,0}}$、$\nu_{\mathrm{MG,0}}$、$\nu_{\mathrm{Q,0}}$ 和 $\nu_{\mathrm{MQ,0}}$ 的计算公式可以参见本节表 3-8 和 3-9。

（2）最大裂缝宽度计算　对正常使用条件下的连续组合梁裂缝进行验算时，应控制其最大裂缝宽度不得超过《混凝土结构设计规范》规定的限值。采用下式计算组合梁负弯矩区最大裂缝宽度

$$\begin{cases} \omega_{\max} = 2.7\psi \dfrac{\sigma_{\mathrm{sk}}}{E_{\mathrm{s}}} \left(1.9c_{\mathrm{s}} + 0.08 \dfrac{d_{\mathrm{eq}}}{\rho_{\mathrm{te}}} \right) \\[2mm] \psi = 1.1 - 0.65 \dfrac{f_{\mathrm{tk}}}{\rho_{\mathrm{te}} \sigma_{\mathrm{sk}}} \end{cases} \tag{3-148}$$

式中　ψ——受拉钢筋的应变不均匀系数，当 $\psi < 0.2$ 时，取 $\psi = 0.2$，当 $\psi > 1$ 时，取 $\psi = 1$，对于直接承受动力荷载的情况取 $\psi = 1$；

　　σ_{sk}——裂缝位置处受拉钢筋的应力，对于负弯矩区段受拉钢筋应力 $\sigma_{\mathrm{sk}} = M_{\mathrm{k}} y_{\mathrm{st}} / I$，其中 M_{k} 为按荷载短期效应组合的截面负弯矩，y_{st} 为负弯矩区组合截面中钢筋至中和轴的距离，I 为负弯矩区组合截面惯性矩（$\mathrm{N/mm}^2$）；

　　c_{s}——最外层钢筋外边缘至混凝土翼板顶面的保护层厚度，当 $c_{\mathrm{s}} < 20$ 时，取 $c_{\mathrm{s}} = 20$；当 $c_{\mathrm{s}} > 65$ 时，取 $c_{\mathrm{s}} = 65$（mm）；

d_{eq}——钢筋直径，当为不同钢筋直径时，按下式计算受拉纵向钢筋的等效直径（mm）；

$d_{eq} = \dfrac{\sum n_i d_i^2}{\sum n_i \nu_i d_i}$，$n_i$ 为受拉区第 i 中纵向钢筋的根数，d_i 为受拉区第 i 种纵向钢筋的公称直径，ν_i 为受拉区第 i 种纵向钢筋的表面特征系数，带肋钢筋为 $\nu_i = 1.0$，光面钢筋为 $\nu_i = 0.7$（mm）；

ρ_{te}——以混凝土翼板薄弱截面处受拉混凝土的截面积计算得到的受拉钢筋配筋率，$\rho_{te} = A_{st}/(b_e h_c)$，当 $\rho_{te} < 0.01$ 时，取 $\rho_{te} = 0.01$。

3.4　钢-混凝土组合楼盖设计示例

3.4.1　设计资料及主要设计内容

某平面尺寸为 9m×12m 的楼面板，如图 3-60 所示，结构设计使用年限为 50 年，结构安全等级二级，拟采用压型钢板组合楼盖。

要求完成以下主要设计内容：

1) 组合楼板部分：组合板截面初选；压型钢板施工阶段验算；组合板使用阶段验算。

2) 组合梁部分：组合梁截面初选；组合梁施工阶段验算；组合梁使用阶段验算；抗剪连接件设计。

3.4.2　组合楼盖的组成及构造

组合楼盖由压型钢板组合楼板和主、次组合梁的梁板体系构成。压型钢板在次梁间简支布置，顺肋向跨度为 3m，采用 Q235 镀锌钢板，其上浇筑 C30 混凝土。组合主梁跨度 9m，组合次梁跨度 6m，钢梁均为 Q235 级别 H 型钢。抗剪连接件为 4.6 级 φ19 栓钉。

楼面构造做法：30mm 厚水泥砂浆面层。

3.4.3　组合楼板的设计

1. 组合板截面初选

（1）压型钢板　用于组合楼板的压型钢板净厚度不应小于 0.75mm，仅作施工中模板使用时不小于 0.5mm，

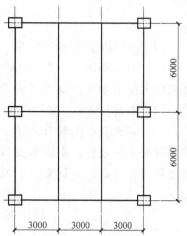

图 3-60　楼层结构平面布置图

一般控制在 1.0mm 以上，平均槽宽不小于 50mm，当在槽内设置栓钉时，压型钢板总高度（包括压痕在内）不应超过 80mm。

根据上述构造要求，选用型号为 YX75-200-600（Ⅱ）的镀锌压型钢板，厚度 1.2mm，展开宽度 1m，截面尺寸如图 3-61 所示。其重量为 16.3kg/m，截面面积为 1200mm²，全截面惯性矩为 $1.69 \times 10^6 \text{mm}^4/\text{m}$，全截面抵抗矩为 $3.87 \times 10^4 \text{mm}^3/\text{m}$，有效截面惯性矩为 $1.37 \times 10^6 \text{mm}^4/\text{m}$，有效截面抵抗矩为 $3.59 \times 10^4 \text{mm}^3/\text{m}$，其形心到顶面板件的距离为 34mm。压型钢板基材为 Q235 级钢，其设计强度为 205N/mm²。

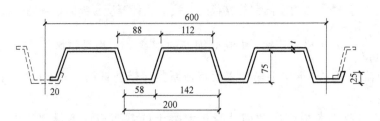

图 3-61 压型钢板 YX75-200-600（Ⅱ）的板型

（2）混凝土板 组合板总厚度不小于 90mm，压型钢板板肋顶部以上混凝土厚度不小于 50mm，混凝土强度等级不低于 C20，一般为 C30～C40，简支组合板的跨高比不宜大于 25。根据上述构造要求，压型钢板上混凝土厚度取 $h_c = 80$mm，如图 3-62 所示。

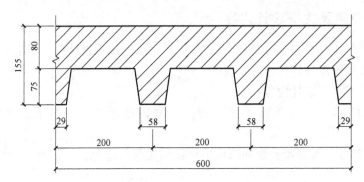

图 3-62 压型钢板-混凝土组合楼板截面示意图

2．压型钢板施工阶段验算

（1）计算简图 计算单元取压型钢板一个波宽，按顺肋方向的单向简支板计算强度和变形，对垂直肋方向可不进行计算，如图 3-63 所示。

（2）荷载及内力计算 施工阶段压型钢板作为浇筑混凝土的底模，不设置支撑，由钢板承担楼板自重和施工荷载。一个波距 200mm 范围内主要荷载如下

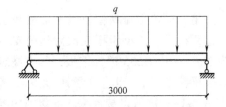

图 3-63 单向简支压型钢板计算简图

现浇混凝土板自重 $\left[\left(\dfrac{0.058+0.088}{2}\right) \times 0.075 + 0.2 \times 0.08\right] \times 25\text{kN/m} = 0.537\text{kN/m}$

压型钢板自重 $16.3 \times 9.8 \times \dfrac{0.2}{0.6} \times 10^{-3}\text{kN/m} = 0.053\text{kN/m}$

施工活荷载 $1 \times 0.2\text{kN/m} = 0.2\text{kN/m}$

压型钢板上作用的恒载标准值和设计值分别为

$$g_k = 0.59\text{kN/m}$$

$$g = 1.2 \times 0.59\text{kN/m} = 0.71\text{kN/m}$$

压型钢板上作用的活载标准值和设计值分别为

$$q_k = 0.2\text{kN/m}$$

$$q = 1.4 \times 0.2\text{kN/m} = 0.28\text{kN/m}$$

荷载标准组合值

$$p_k = g_k + q_k = 0.59\text{kN/m} + 0.2\text{kN/m} = 0.79\text{kN/m}$$

荷载基本组合值

$$p = g + q = 0.71\text{kN/m} + 0.28\text{kN/m} = 0.99\text{kN/m}$$

1 个波距（200mm）宽度压型钢板上作用的弯矩设计值为

$$M = \frac{1}{8}pl^2 = \frac{1}{8} \times 0.99 \times 3^2 \text{kN} \cdot \text{m} = 1.11\text{kN} \cdot \text{m}$$

1 个波距（200mm）宽度压型钢板上作用的剪力设计值为

$$V = \frac{1}{2}pl = \frac{1}{2} \times 0.99 \times 3\text{kN} = 1.49\text{kN}$$

（3）受压翼缘有效计算宽度　$b_e = 50t = 50 \times 1.2\text{mm} = 60\text{mm} < 112\text{mm}$，故施工阶段承载力和变形计算应按有效截面计算。

（4）受弯承载力验算　1 个波距内的钢板有效截面惯性矩 $I_{ac} = 4.57 \times 10^5 \text{mm}^4/\text{m}$，有效截面抵抗矩 $W_{ac} = 1.20 \times 10^4 \text{mm}^3/\text{m}$，

压型钢板的受弯承载力为

$$f_a W_{ac} = 205 \times 1.20 \times 10^4 \text{N} \cdot \text{mm} = 2.46 \times 10^6 \text{N} \cdot \text{mm} = 2.46\text{kN} \cdot \text{m} > \gamma_0 M = 0.9 \times 1.11\text{kN} \cdot \text{m}$$
$$= 1.00\text{kN} \cdot \text{m}(\text{满足要求})$$

（5）挠度验算　按荷载短期效应组合验算该简支板的变形量，其变形容许限值为容许挠度，取 $L/180$ 和 20mm 中较小值。

$$p_k = g_k + q_k = 0.59\text{kN/m} + 0.2\text{kN/m} = 0.79\text{kN/m}$$

$$\nu_c = \frac{5p_k L^4}{384 E_a I_{ac}} = \frac{5 \times 0.79 \times 3000^4}{384 \times 2.06 \times 10^5 \times 4.57 \times 10^5}\text{mm} = 8.85\text{mm} < \frac{3000}{180}\text{mm} = 16.67\text{mm}（\text{满足要求}）$$

3. 组合楼板使用阶段验算

当压型钢板上混凝土厚度为 50～100mm 时，由于钢板相正交两个方向的刚度相差较大，一般假定压型钢板-混凝土板为单向板，按简支单向板计算组合楼板强边（顺肋）方向的正弯矩及变形。

（1）荷载及内力计算　使用阶段压型钢板和混凝土板形成组合楼板，共同承担楼板自重和使用阶段活荷载。一个波距 200mm 范围内主要荷载如下

30 厚水泥砂浆面层　　　　$20 \times 0.03 \times 0.2\text{kN/m} = 0.12\text{kN/m}$

现浇混凝土板自重　　　$\left[\left(\dfrac{0.058 + 0.088}{2}\right) \times 0.075 + 0.2 \times 0.08\right] \times 25\text{kN/m} = 0.537\text{kN/m}$

压型钢板自重　　　　$16.3 \times 9.8 \times \dfrac{0.2}{0.6} \times 10^{-3}\text{kN/m} = 0.053\text{kN/m}$

楼面活荷载　　　　　$2.0 \times 0.2\text{kN/m} = 0.4\text{kN/m}$

压型钢板上作用的恒载标准值和设计值分别为

$$g_k = 0.12\text{kN/m} + 0.537\text{kN/m} + 0.053\text{kN/m} = 0.71\text{kN/m}$$

$$g = 1.2 \times 0.71\text{kN/m} = 0.85\text{kN/m}$$

压型钢板上作用的活载标准值和设计值分别为

$$q_k = 0.4\text{kN/m}$$

$$q = 1.4 \times 0.4\text{kN/m} = 0.56\text{kN/m}$$

荷载标准组合值

$$p_k = g_k + q_k = 0.71\text{kN/m} + 0.4\text{kN/m} = 1.11\text{kN/m}$$

荷载基本组合值

$$p = g + q = 0.85\text{kN/m} + 0.56\text{kN/m} = 1.41\text{kN/m}$$

1个波距（200mm）宽度压型钢板上作用的弯矩设计值为

$$M = \frac{1}{8}pl^2 = \frac{1}{8} \times 1.41 \times 3^2 \text{kN} \cdot \text{m} = 1.59\text{kN} \cdot \text{m}$$

1个波距（200mm）宽度压型钢板上作用的剪力设计值为

$$V = \frac{1}{2}pl = \frac{1}{2} \times 1.41 \times 3\text{kN} = 2.12\text{kN}$$

（2）受弯承载力验算　一个波宽内压型钢板的截面面积 $A_a = \frac{0.2}{0.6} \times 1200\text{mm}^2 = 400\text{mm}^2$，截面惯性矩为 $I_a = 5.6 \times 10^5 \text{mm}^4$。压型钢板形心距顶面板件距离 $y_0 = 34\text{mm}$，组合楼板截面有效高度为 $h_0 = 34\text{mm} + 80\text{mm} = 114\text{mm}$。混凝土强度等级 C30，$f_c = 14.3\text{N/mm}^2$，$f_t = 1.43\text{N/mm}^2$，$E_c = 3.0 \times 10^4 \text{N/mm}^2$。

$$x = \frac{A_a f_a + A_s f_y}{f_c b} = \frac{400 \times 205}{14.3 \times 200}\text{mm} = 28.67\text{mm} < 80\text{mm}，塑性中和轴位于混凝土翼板内。$$

且

$$\xi_b = \frac{\beta_1}{1 + \frac{0.002}{\varepsilon_{cu}} + \frac{f_a}{E_a \varepsilon_{cu}}} = \frac{0.8}{1 + \frac{0.002}{0.0033} + \frac{205}{2.06 \times 10^5 \times 0.0033}} = 0.420$$

则

$$x = 28.67\text{mm} < \xi_b h_0 = 0.420 \times 114\text{mm} = 47.88\text{mm}$$

得组合板受弯承载力为

$$M_u = f_c b x \left(h_0 - \frac{x}{2}\right) = 14.3 \times 200 \times 28.67 \times (114 - 28.67/2)\text{kN} \cdot \text{m} = 8.17 \times 10^6 \text{kN} \cdot \text{m}$$

$$= 8.17\text{kN} \cdot \text{m} > 1.59\text{kN} \cdot \text{m}$$

（满足要求）

（3）斜截面受剪承载力验算（见图3-64）

$$b_{min} = \frac{b}{c_s} b_{l,min} = \frac{200}{200} \times 58\text{mm} = 58\text{mm}$$

组合楼板一个波宽200mm内的受剪承载力

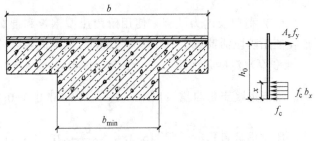

图3-64　组合楼板简化的T形截面

$$V_u = 0.7 f_t b_{min} h_0 = 0.7 \times 1.43 \times 58 \times 114\text{N} = 6618.61\text{N} = 6.62\text{kN} > 2.12\text{kN}（满足要求）$$

（4）挠度验算　组合楼板的挠度计算包括荷载效应标准组合下的短期挠度和荷载效应准永久组合下的长期挠度。前者计算采用组合板的短期刚度，后者采用长期刚度。

1）短期刚度。取一个波宽200mm范围作为计算单元。在短期荷载作用下，未开裂截面的换算截面惯性矩计算如下，如图 3-65 所示。

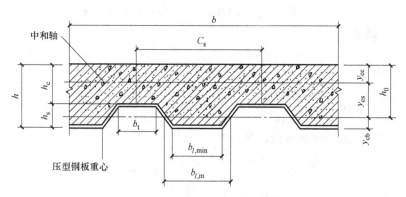

图 3-65 组合楼板截面刚度计算简图

未开裂截面中和轴距混凝土顶面距离

$$y_{cc} = \frac{0.5bh_c^2 + \alpha_E A_a h_0 + b_{l,m} h_s (h - 0.5h_s) b/C_s}{bh_c + \alpha_E A_a + b_{l,m} h_s b/C_s}$$

$$= \frac{0.5 \times 200 \times 80^2 + \dfrac{2.06 \times 10^5}{3.0 \times 10^4} \times 400 \times 114 + 74.4 \times 75 \times (155 - 0.5 \times 75) \times 200/200}{200 \times 80 + \dfrac{2.06 \times 10^5}{3.0 \times 10^4} \times 400 + 74.4 \times 75 \times 200/200} \text{mm}$$

$$= 66.13\text{mm}$$

未开裂截面中和轴距压型钢板截面重心轴距离

$$y_{cs} = h_0 - y_{cc} = 114\text{mm} - 66.13\text{mm} = 47.87\text{mm}$$

短期荷载作用下未开裂换算截面惯性矩

$$I_u^s = \frac{bh_c^3}{12} + bh_c(y_{cc} - 0.5h_c)^2 + \alpha_E I_a + \alpha_E A_a y_{cs}^2 + \frac{b_{l,m} b h_s}{c_s}\left[\frac{h_s^2}{12} + (h - y_{cc} - 0.5h_s)^2\right]$$

$$= \frac{200 \times 80^3}{12}\text{mm}^4 + 200 \times 80(66.13 - 0.5 \times 80)^2\text{mm}^4 + \frac{2.06 \times 10^5}{3.0 \times 10^4} \times 5.6 \times 10^5\text{mm}^4 + \frac{2.06 \times 10^5}{3.0 \times 10^4} \times$$

$$400 \times 47.87^2\text{mm}^4 + \frac{74.4 \times 200 \times 75}{200}\left[\frac{75^2}{12} + (155 - 66.13 - 0.5 \times 75)^2\right]\text{mm}^4$$

$$= 4.69 \times 10^7\text{mm}^4$$

开裂截面中和轴距混凝土顶面距离

$$y_{cc} = \left(\sqrt{2\rho_a \alpha_E + (\rho_a \alpha_E)^2} - \rho_a \alpha_E\right)h_0$$

$$= \left(\sqrt{2 \times 0.0175 \times \frac{2.06 \times 10^5}{3.0 \times 10^4} + \left(0.0175 \times \frac{2.06 \times 10^5}{3.0 \times 10^4}\right)^2} - 0.0175 \times \frac{2.06 \times 10^5}{3.0 \times 10^4}\right) \times 114\text{mm}$$

$$= 43.32\text{mm}$$

$$\rho_a = \frac{A_a}{h_0} = 400/114 \times 200 = 0.0175$$

开裂截面中和轴距压型钢板截面重心轴距离

$$y_{cs} = h_0 - y_{cc} = 114mm - 43.32mm = 70.68mm$$

开裂换算截面惯性矩

$$I_c^s = \frac{by_{cc}^3}{3} + \alpha_E A_a y_{cs}^2 + \alpha_E I_a$$

$$= \frac{200 \times 43.32^3}{3} mm^4 + \frac{2.06 \times 10^5}{3.0 \times 10^4} \times 400 \times 70.68^2 mm^4 + \frac{2.06 \times 10^5}{3.0 \times 10^4} \times 5.6 \times 10^5 mm^4 = 2.3 \times 10^7 mm^4$$

短期荷载作用下的平均换算截面惯性矩

$$I_{eq}^s = \frac{I_u^s + I_c^s}{2} = \frac{4.69 \times 10^7 + 2.3 \times 10^7}{2} mm^4 = 3.5 \times 10^7 mm^4$$

短期荷载作用下组合截面抗弯刚度

$$B^s = E_c I_{eq}^s = 3.0 \times 10^4 \times 3.5 \times 10^7 N \cdot mm^2 = 1.05 \times 10^{12} N \cdot mm^2$$

2) 长期刚度。未开裂截面中和轴距混凝土顶面距离

$$y_{cc}^l = \frac{0.5bh_c^2 + 2\alpha_E A_a h_0 + b_{l,m} h_s (h - 0.5h_s) b/c_s}{bh_c + 2\alpha_E A_a + b_{l,m} h_s b/c_s}$$

$$= \frac{0.5 \times 200 \times 80^2 + 2 \times \dfrac{2.06 \times 10^5}{3.0 \times 10^4} \times 400 \times 114 + 74.4 \times 75 \times (155 - 0.5 \times 75) \times 200/200}{200 \times 80 + 2 \times \dfrac{2.06 \times 10^5}{3.0 \times 10^4} \times 400 + 74.4 \times 75 \times 200/200} mm$$

$$= 71.0mm$$

未开裂截面中和轴距压型钢板截面重心轴距离

$$y_{cs}^l = h_0 - y_{cc}^l = 114mm - 71.0mm = 43.0mm$$

短期荷载作用下未开裂换算截面惯性矩

$$I_u^l = \frac{bh_c^3}{12} + bh_c (y_{cc}^l - 0.5h_c)^2 + 2\alpha_E I_a + 2\alpha_E A_a (y_{cs}^l)^2 + \frac{b_{l,m} bh_s}{c_s} \left[\frac{h_s^2}{12} + (h - y_{cc}^l - 0.5h_s)^2 \right]$$

$$= \frac{200 \times 80^3}{12} mm^4 + 200 \times 80 \ (71.0 - 0.5 \times 80)^2 mm^4 + \frac{2 \times 2.06 \times 10^5}{3.0 \times 10^4} \times 5.6 \times 10^5 mm^4 +$$

$$2 \times \frac{2.06 \times 10^5}{3.0 \times 10^4} \times 400 \times 43.0^2 mm^4 + \frac{74.4 \times 200 \times 75}{200} \left[\frac{75^2}{12} + \ (155 - 71.0 - 0.5 \times 75)^2 \right] mm^4$$

$$= 5.64 \times 10^7 mm^4$$

开裂截面中和轴距混凝土顶面距离

$$y_{cc}^l = (\sqrt{2\rho_a \times 2\alpha_E + (\rho_a \times 2\alpha_E)^2} - \rho_a \times 2\alpha_E) h_0$$

$$= \left(\sqrt{2 \times 0.0175 \times 2 \times \frac{2.06 \times 10^5}{3.0 \times 10^4} + \left(0.0175 \times 2 \times \frac{2.06 \times 10^5}{3.0 \times 10^4} \right)^2} - 0.0175 \times 2 \times \frac{2.06 \times 10^5}{3.0 \times 10^4} \right) \times 114mm$$

$$= 56.18mm$$

$$\rho_a = \frac{A_a}{h_0} = \frac{400}{114 \times 200} = 0.0175$$

开裂截面中和轴距压型钢板截面重心轴距离

$$y_{cs}^l = h_0 - y_{cc}^l = 114\text{mm} - 56.18\text{mm} = 57.82\text{mm}$$

开裂换算截面惯性矩

$$I_c^l = \frac{b\,(y_{cc}^l)^3}{3} + 2\alpha_E A_a (y_{cs}^l)^2 + 2\alpha_E I_a$$

$$= \frac{200 \times 56.18^3}{3}\text{mm}^4 + 2 \times \frac{2.06 \times 10^5}{3.0 \times 10^4} \times 400 \times 57.82^2 \text{mm}^4 + 2 \times \frac{2.06 \times 10^5}{3.0 \times 10^4} \times 5.6 \times 10^5 \text{mm}^4$$

$$= 3.79 \times 10^7 \text{mm}^4$$

短期荷载作用下的平均换算截面惯性矩

$$I_{eq}^l = \frac{I_u^l + I_c^l}{2} = \frac{5.64 \times 10^7 + 3.79 \times 10^7}{2}\text{mm}^4 = 4.72 \times 10^7 \text{mm}^4$$

短期荷载作用下组合截面抗弯刚度

$$B^l = 0.5 E_c I_{eq}^l = 0.5 \times 3.0 \times 10^4 \times 4.72 \times 10^7 \text{N} \cdot \text{mm}^2 = 7.08 \times 10^{11} \text{N} \cdot \text{mm}^2$$

3）荷载短期效应下组合板挠度

荷载标准组合值　$p_k = g_k + q_k = 0.71\text{kN/m} + 0.4\text{kN/m} = 1.11\text{kN/m}$

组合板挠度 $\Delta_s = \frac{5 S_s L^4}{384 B^s} = \frac{5 \times 1.11 \times 3000^4}{384 \times 1.05 \times 10^{12}}\text{mm} = 1.11\text{mm} \leqslant [\Delta] = 15\text{mm}$

4）荷载长期效应下组合板挠度

荷载准永久组合值 $p_q = g_k + \varphi_q q_k = 0.71\text{kN/m} + 0.4 \times 0.4\text{kN/m} = 0.87\text{kN/m}$

组合板挠度 $\Delta_l = \frac{5 S_q L^4}{384 B^l} = \frac{5 \times 0.87 \times 3000^4}{384 \times 7.08 \times 10^{11}}\text{mm} = 1.30\text{mm} \leqslant [\Delta] = 15\text{mm}$

长、短期荷载效应组合下组合板的挠度均满足要求。

3.4.4　组合次梁的设计

1. 次梁截面初选

（1）次梁截面尺寸　组合次梁的跨度 $l = 6000\text{mm}$，间距 $s = 3000\text{mm}$，组合梁的截面高度需 $h \geqslant \frac{l}{15} = \frac{6000}{15}\text{mm} = 400\text{mm}$。混凝土平翼板的厚度 $h_{c1} = 80\text{mm}$，压型钢板的肋高 $h_{c2} = 75\text{mm}$，取钢梁高度为 $h_s = 300\text{mm}$，选取截面 HN300×150×6.5×9。则 $h = h_{c1} + h_{c2} + h_s = 80\text{mm} + 75\text{mm} + 300\text{mm} = 435\text{mm} > 400\text{mm}$，且 $h_s = 300\text{mm} > \frac{h}{2.5} = \frac{435}{2.5}\text{mm} = 174\text{mm}$，满足截面构造要求。

截面 HN300×150×6.5×9，截面高度 $h_s = 300\text{mm}$，截面宽度 $b = 150\text{mm}$，腹板厚度 $t_w = 6.5\text{mm}$，翼缘板厚度 $t = 9\text{mm}$，截面面积 $A = 4753\text{mm}^2$，惯性矩 $I_x = 7.35 \times 10^7 \text{mm}^4$，截面模量 $W_x = 4.9 \times 10^5 \text{mm}^3$，回转半径 $i_x = 124\text{mm}$，$i_y = 32.7\text{mm}$，自重 37kg/m。

（2）混凝土翼板的有效宽度　由于压型钢板的板肋方向与次梁的轴线方向相互垂直，故可不考虑压型钢板顶面以下混凝土的作用，组合楼板按无板托考虑。

钢梁的上翼缘宽度。$b_0 = 150\text{mm}$，$l/6 = 6000/6\text{mm} = 1000\text{mm}$，$6h_{c1} = 6 \times 80\text{mm} = 480\text{mm}$，$s_n/2 = (3000-150)/2\text{mm} = 1425\text{mm}$；由于次梁为中间梁，且上部混凝土翼板为连续板，故

$$b_{c1} = b_{c2} = \min\left(\frac{l}{6}, 6h_{c1}, \frac{s_n}{2}\right) = \min(1000, 480, 1425) = 480\text{mm}$$

可计算出混凝土翼板的有效宽度

$$b_e = b_0 + b_{c1} + b_{c2} = 150mm + 480mm + 480mm = 1110mm$$

组合截面次梁的截面计算简图如图 3-66 所示。

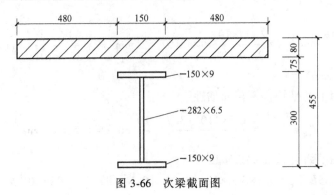

图 3-66　次梁截面图

2. 次梁施工阶段验算

施工阶段混凝土尚未参与工作，所有荷载均由钢梁承受，包括混凝土重力、压型钢板重力、钢梁自重及施工活荷载。对钢梁应进行抗弯强度、抗剪强度、梁的整体稳定性及挠度验算。

（1）荷载计算

钢梁自重　　　　　　　　　$37 \times 9.8 \times 10^{-3} kN/m = 0.36 kN/m$

组合板板自重　　　　$(0.537 + 0.053) \times 5 \times 3.0 kN/m = 8.9 kN/m$

施工活荷载　　　　　　　　$1.0 \times 3.0 kN/m = 3.0 kN/m$

钢梁上作用的荷载标准值和设计值分别为

荷载标准组合　$p_k = g_k + q_k = 0.36 kN/m + 8.9 kN/m + 3.0 kN/m = 12.26 kN/m$

荷载基本组合　$p = 1.2 g_k + 1.4 q_k = 1.2 \times (0.36 + 8.9) kN/m + 1.4 \times 3.0 kN/m = 15.31 kN/m$

（2）内力计算

弯矩设计值　　　　　$M = \frac{1}{8} pl^2 = \frac{1}{8} \times 15.31 \times 6^2 kN \cdot m = 68.90 kN \cdot m$

剪力设计值　　　　　　　$V = \frac{1}{2} pl = \frac{1}{2} \times 15.31 \times 6 kN = 45.93 kN$

（3）强度验算

1）抗弯强度

$$\sigma = \frac{M_x}{\gamma_x W_{nx}} = \frac{68.90 \times 10^6}{1.05 \times 4.9 \times 10^5} N/mm^2 = 133.9 N/mm^2 < f = 215 N/mm^2 （满足要求）$$

2）抗剪强度

$$\tau = \frac{V S_x}{I_x t_w} = \frac{45.94 \times 10^3 \times 5.48 \times 10^5}{7.35 \times 10^7 \times 6.5} N/mm^2 = 52.70 N/mm^2 < f_v = 125 N/mm^2 （满足要求）$$

（4）整体稳定验算

在施工阶段，当组合楼板混凝土强度尚未到达设计值，且压型钢板不能完全提供侧向支撑时，需对组合截面次梁的钢梁进行整体稳定验算。

钢梁的整体稳定系数 φ_b 可按一般钢梁整体稳定计算。钢梁平面外计算长度 $l_1 = 6\text{m}$，跨中无侧向支承点，荷载作用于钢梁上翼缘，且 $l_1/b = 6000/150 = 40 > 13\sqrt{235/235} = 13$，根据《钢结构设计标准》，可得

$$\xi = \frac{l_1 t}{b_1 h} = \frac{6000 \times 9}{150 \times 300} = 1.2 < 2.0, \eta_b = 0, \lambda_y = \frac{l_1}{i_y} = \frac{6000}{32.7} = 183.5$$

由于 $\beta_b = 0.69 + 0.13\xi = 0.69 + 0.13 \times 1.2 = 0.846$，则可得钢梁整体稳定系数为

$$\varphi_b = \beta_b \frac{4320}{\lambda_y^2} \times \frac{Ah}{W_x} \left[\sqrt{1 + \left(\frac{\lambda_y t_1}{4.4h} \right)^2} + \eta_b \right] \times \frac{235}{f_y}$$

$$= 0.846 \times \frac{4320}{183.5^2} \times \frac{4753 \times 300}{4.9 \times 10^5} \left[\sqrt{1 + \left(\frac{183.5 \times 9}{4.4 \times 300} \right)^2} + 0 \right] \times \frac{235}{235} = 0.505 < 0.6$$

则 $\quad \sigma = \dfrac{M_x}{\varphi_b W_x} = \dfrac{68.90 \times 10^6}{0.505 \times 4.9 \times 10^5} \text{N/mm}^2 = 278.46 \text{N/mm}^2 > f = 215 \text{N/mm}^2$（不满足要求）

为此，施工时应在梁跨中设置一临时支承点，则钢梁为两跨连续梁，在均布荷载作用下梁的最大弯矩为（产生在竖向支承截面处）：

最大弯矩设计值 $\quad M' = \dfrac{1}{8} p \left(\dfrac{l}{2} \right)^2 = \dfrac{1}{8} \times 15.31 \times 3^2 \text{kN} \cdot \text{m} = 17.22 \text{kN} \cdot \text{m}$

$$l_1' = 3000\text{mm}, l_1'/b = 3000/150 = 20 > 13\sqrt{235/235} = 13$$

$$\xi = \frac{l_1' t}{b_1 h} = \frac{3000 \times 9}{150 \times 300} = 0.6 < 2.0, \lambda_y = \frac{l_1'}{i_y} = \frac{3000}{32.7} = 91.75$$

$$\beta_b = 0.69 + 0.13\xi = 0.69 + 0.13 \times 0.6 = 0.768$$

$$\varphi_b = \beta_b \frac{4320}{\lambda_y^2} \times \frac{Ah}{W_x} \left[\sqrt{1 + \left(\frac{\lambda_y t_1}{4.4h} \right)^2} + \eta_b \right] \times \frac{235}{f_y}$$

$$= 0.768 \times \frac{4320}{91.75^2} \times \frac{4753 \times 300}{4.9 \times 10^5} \left[\sqrt{1 + \left(\frac{91.75 \times 9}{4.4 \times 300} \right)^2} + 0 \right] \times \frac{235}{235} = 1.352 > 0.6$$

需对稳定系数修正

$$\varphi_b' = 1.07 - \frac{0.282}{\varphi_b} = 1.07 - \frac{0.282}{1.352} = 0.791 < 1$$

$$\sigma = \frac{M_x'}{\varphi_b' W_x} = \frac{17.22 \times 10^6}{0.791 \times 4.9 \times 10^5} = 44.44 \text{N/mm}^2 < f = 215 \text{N/mm}^2 \text{（满足要求）}$$

（5）挠度验算 两跨连续梁在均布荷载 $p_k = 11.46 \text{kN/m}$ 作用下的最大挠度为

$$\nu = \frac{1}{185} \times \frac{p_k \left(\dfrac{l}{2} \right)^4}{EI_x} = \frac{1}{185} \times \frac{12.26 \times 3000^4}{2.06 \times 10^5 \times 7.35 \times 10^7} \text{mm} = 0.35 \text{mm} < \frac{l}{250} = \frac{3000}{250} \text{mm}$$

$$= 12 \text{mm} \text{（满足要求）}$$

3. 次梁使用阶段验算

使用阶段所有荷载均由组合梁承受，需对组合梁进行抗弯强度、抗剪强度及挠度验算，并应进行抗剪连接件的设计。

（1）荷载计算

钢梁自重	$37 \times 9.8 \times 10^{-3} \text{kN/m} = 0.36 \text{kN/m}$
组合板自重	$(0.537 + 0.053) \times 5 \times 3.0 \text{kN/m} = 8.9 \text{kN/m}$
30厚水泥砂浆面层	$20 \times 0.03 \times 3 \text{kN/m} = 1.8 \text{kN/m}$
楼面活荷载	$2.0 \times 3 \text{kN/m} = 6.0 \text{kN/m}$

钢梁上作用的荷载标准值和设计值分别为

荷载标准组合　$p_k = g_k + q_k = 0.36 \text{kN/m} + 8.9 \text{kN/m} + 1.8 \text{kN/m} + 6.0 \text{kN/m} = 17.06 \text{kN/m}$

荷载基本组合　$p = 1.2g_k + 1.4q_k = 1.2 \times (0.36 + 8.9 + 1.8) \text{kN/m} + 1.4 \times 6.0 \text{kN/m}$
$$= 21.67 \text{kN/m}$$

（2）内力计算

弯矩设计值　$M = \dfrac{1}{8}pl^2 = \dfrac{1}{8} \times 21.67 \times 6^2 \text{kN} \cdot \text{m} = 97.52 \text{kN} \cdot \text{m}$

剪力设计值　$V = \dfrac{1}{2}pl = \dfrac{1}{2} \times 21.67 \times 6 \text{kN} = 65.01 \text{kN}$

（3）抗弯承载力验算

塑性中和轴位置的判定

$$Af = 4753 \times 215 \times 10^{-3} \text{kN} = 1021.9 \text{kN}$$

$$b_e h_{c1} f_c = 1110 \times 80 \times 14.3 \times 10^{-3} \text{kN} = 1269.8 \text{kN}$$

由于 $Af < b_e h_{c1} f_c$，故塑性中和轴位于混凝土翼板内，应力图形如图 3-67 所示。

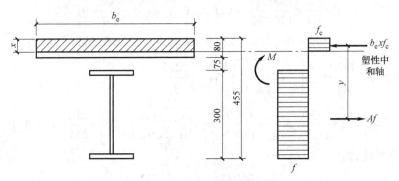

图 3-67　组合次梁截面应力图

翼板内混凝土受压区高度

$$x = \frac{Af}{b_e f_c} = \frac{1021.9 \times 10^3}{1110 \times 14.3} \text{mm} = 64.4 \text{mm}$$

截面的抵抗矩为

$$b_e x f_c y = 1110 \times 64.4 \times 14.3 \times \left(300 + 155 - \frac{300}{2} - \frac{64.4}{2}\right) \times 10^{-6} \text{kN} \cdot \text{m}$$

$$= 278.9 \text{kN} \cdot \text{m} > 97.5 \text{kN} \cdot \text{m} \quad (\text{满足要求})$$

（4）抗剪承载力验算

$$V_u = t_w h_w f_v = 6.5 \times 282 \times 125 \times 10^{-3} \text{kN} = 229.1 \text{kN} > 65.0 \text{kN} (\text{满足要求})$$

（5）稳定验算　对于简支组合梁，在使用阶段由于混凝土翼板可为钢梁上翼缘（受压冀缘）提供可靠的侧向支点，故钢梁的整体稳定性无须计算。

（6）挠度验算　组合梁的挠度验算按弹性工作阶段计算。分别考虑荷载的标准组合和准永久组合。对于压型钢板组合梁，混凝土翼板不包括板肋部分，且不考虑压型钢板的作用。抗弯刚度采用考虑滑移效应后的折减刚度。

1）短期荷载效应时的组合次梁截面刚度

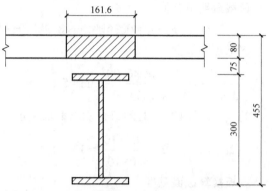

$$\alpha_E = \frac{E_s}{E_c} = \frac{2.06 \times 10^5}{3.0 \times 10^4} = 6.87$$

翼板换算截面宽度

$$b_{eq} = \frac{b_e}{\alpha_E} = \frac{1110}{6.87}\,mm = 161.6\,mm$$

组合次梁换算截面如图 3-68 所示。

图 3-68　组合次梁换算截面（荷载短期效应下）

换算截面形心轴的位置

$$y_0 = \frac{161.6 \times 80 \times 40 + 4753 \times (150 + 75 + 80)}{161.6 \times 80 + 4753}\,mm = 111.2\,mm$$

换算截面惯性矩

$$\begin{aligned}
I_{eq}^s &= \frac{1}{12}b_{eq}h_{c1}^3 + b_{eq}h_{c1}(y_0 - 0.5h_{c1})^2 + I_x + A(y - y_0)^2 \\
&= \frac{1}{12} \times 161.6 \times 80^3\,mm^4 + 161.6 \times 80 \times (111.2 - 0.5 \times 80)^2\,mm^4 + 7.35 \times 10^7\,mm^4 + \\
&\quad 4753 \times (305 - 111.2)^2\,mm^4 \\
&= 3.25 \times 10^8\,mm^4
\end{aligned}$$

$$A_{cf} = 1110 \times 80\,mm^2 = 88800\,mm^2$$

$$A_0 = \frac{A_{cf}A}{\alpha_E A + A_{cf}} = \frac{88800 \times 4753}{6.87 \times 4753 + 88800}\,mm^2 = 3475.1\,mm^2$$

$$I_{cf} = \frac{1}{12} \times 1110 \times 80^3\,mm^4 = 4.74 \times 10^7\,mm^4$$

$$I_0 = I + \frac{I_{cf}}{\alpha_E} = 7.35 \times 10^7\,mm^4 + \frac{4.74 \times 10^7}{6.87}\,mm^4 = 8.04 \times 10^7\,mm^4$$

$$A_1 = \frac{I_0 + A_0 d_c^2}{A_0} = \frac{8.04 \times 10^7 + 3475.1 \times (150 + 75 + 40)^2}{3475.1}\,mm^2 = 93361.0\,mm^2$$

$$\alpha = 0.81\sqrt{\frac{n_s k A_1}{EI_0 p}} = 0.81 \times \sqrt{\frac{2 \times 25000 \times 93361.0}{2.06 \times 10^5 \times 8.04 \times 10^7 \times 100}} = 0.00136$$

$$\eta = \frac{36Ed_c pA_0}{n_s khL^2} = \frac{36 \times 2.06 \times 10^5 \times 265 \times 100 \times 3475.1}{2 \times 25000 \times 455 \times 6000^2} = 0.834$$

$$\zeta = \eta\left[0.4 - \frac{3}{(\alpha L)^2}\right] = 0.834 \times \left[0.4 - \frac{3}{(0.00136 \times 6000)^2}\right] = 0.296$$

短期刚度

$$B_{sc}^s = \frac{EI_{eq}^s}{1+\zeta} = \frac{2.06 \times 10^5 \times 3.25 \times 10^8}{1+0.296} mm^2 = 5.17 \times 10^{13} mm^2$$

荷载短期组合值

$$q_{sc}^s = g_k + q_k = 0.36kN/m + 8.9kN/m + 1.8kN/m + 6.0kN/m = 17.06kN/m$$

次梁短期挠度

$$\nu_{sc}^s = \frac{5q_{sc}^s l^4}{384 B_{sc}^s} = \frac{5 \times 17.06 \times 6000^4}{384 \times 5.17 \times 10^{13}} mm = 5.57mm$$

2）长期荷载效应时的组合次梁截面刚度

$$2\alpha_E = 2\frac{E_s}{E_c} = 2 \times \frac{2.06 \times 10^5}{3.0 \times 10^4} = 13.74$$

翼板换算截面宽度

$$b_{eq} = \frac{b_e}{2\alpha_E} = \frac{1110}{13.74} mm = 80.8mm$$

组合次梁换算截面如图 3-69 所示。

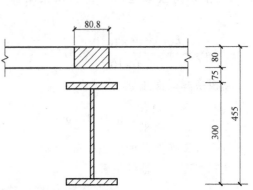

图 3-69　组合次梁换算截面（荷载长期效应下）

换算截面形心轴的位置

$$y_0 = \frac{80.8 \times 80 \times 40 + 4753 \times (150+75+80)}{80.8 \times 80 + 4753} mm = 152.3mm$$

换算截面惯性矩

$$I_{eq}^l = \frac{1}{12} b_{eq} h_{c1}^3 + b_{eq} h_{c1} (y_0 - 0.5h_{c1})^2 + I_x + A (y-y_0)^2$$

$$= \frac{1}{12} \times 80.8 \times 80^3 mm^4 + 80.8 \times 80 \times (152.3 - 0.5 \times 80)^2 mm^4 + 7.35 \times 10^7 mm^4 +$$

$$4753 \times (305 - 152.3)^2 mm^4$$

$$= 2.69 \times 10^8 mm^4$$

$$A_{cf} = 1110 \times 80 mm^2 = 88800 mm^2$$

$$A_0 = \frac{A_{cf}A}{2\alpha_E A + A_{cf}} = \frac{88800 \times 4753}{13.74 \times 4753 + 88800} mm^2 = 2738.8 mm^2$$

$$I_{cf} = \frac{1}{12} \times 1110 \times 80^3 mm^4 = 4.74 \times 10^7 mm^4$$

$$I_0 = I + \frac{I_{cf}}{2\alpha_E} = 7.35 \times 10^7 mm^4 + \frac{4.74 \times 10^7}{13.74} mm^4 = 7.69 \times 10^7 mm^4$$

$$A_1 = \frac{I_0 + A_0 d_c^2}{A_0} = \frac{7.69 \times 10^7 + 2738.8 \times (150+75+40)^2}{2738.8} mm^2 = 98303.0 mm^2$$

$$\alpha = 0.81 \sqrt{\frac{n_s k A_1}{EI_0 p}} = 0.81 \times \sqrt{\frac{2 \times 25000 \times 98302.0}{2.06 \times 10^5 \times 7.69 \times 10^7 \times 100}} = 0.00143$$

$$\eta = \frac{36 E d_c p A_0}{n_s k h L^2} = \frac{36 \times 2.06 \times 10^5 \times 265 \times 100 \times 2738.8}{2 \times 25000 \times 455 \times 6000^2} = 0.657$$

$$\zeta = \eta\left[0.4 - \frac{3}{(\alpha L)^2}\right] = 0.657 \times \left[0.4 - \frac{3}{(0.00143 \times 6000)^2}\right] = 0.236$$

长期刚度

$$B_{sc}^l = \frac{EI_{eq}^l}{1+\zeta} = \frac{2.06 \times 10^5 \times 2.69 \times 10^8}{1+0.236}\,mm^2 = 4.48 \times 10^{13}\,mm^2$$

荷载长期组合值

$$q_{sc}^s = g_k + \varphi_q q_k = (0.36 + 8.9 + 1.8)\,kN/m + 0.4 \times 6.0\,kN/m = 13.46\,kN/m$$

次梁长期挠度

$$v_{sc}^l = \frac{5q_{sc}^l l^4}{384B_{sc}^l} = \frac{5 \times 13.46 \times 6000^4}{384 \times 4.48 \times 10^{13}}\,mm = 5.07\,mm$$

$$v_{sc} = \max\{v_{sc}^s, v_{sc}^l\} = 5.57\,mm < \frac{l}{250} = \frac{6000}{250}\,mm = 24\,mm\,(满足要求)$$

4. 抗剪连接件设计

组合梁的抗剪连接件计算应与组合梁截面计算采用的方法一致。组合截面次梁采用塑性理论计算，故其抗剪连接件也应采用塑性理论计算。

（1）抗剪连接件选型　抗剪连接件采用 4.6 级 $\phi 19$ 圆柱头栓钉，栓钉高度 $h_d = 120mm$，截面面积 $A_d = 283.5\,mm^2$；压型钢板型号为 YX75—200—600，平均宽度 $b_w = 73mm$，波高 $h_c = 75mm$。

（2）组合梁上最大弯矩点和邻近零弯矩点之间的混凝土板与钢梁间的纵向剪力为

$$Af = 4753 \times 215 \times 10^{-3}\,kN = 1021.9\,kN$$

$$b_e h_{c1} f_c = 1110 \times 80 \times 14.3 \times 10^{-3}\,kN = 1269.8\,kN$$

$$V_s = \{Af, b_e h_{c1} f_c\}_{max} = \{1021.9\,kN, 1269.8\,kN\}_{max} = 1021.9\,kN$$

（3）单个圆柱头栓钉抗剪连接件的抗剪承载力　由于组合次梁为简支梁，梁上无负弯矩区段，故单个圆柱头栓钉连接件抗剪承载力的折减系数 $\eta_v = 1.0$。压型钢板的板肋与组合次梁的轴线方向垂直，且取 $n_0 = 2$，可求出单个圆柱头栓钉连接件的抗剪承载力折减系数为

$$\beta_v = \frac{0.85}{\sqrt{n_0}} \times \frac{b_w}{h_e} \times \left(\frac{h_d - h_e}{h_e}\right) = \frac{0.85}{\sqrt{2}} \times \frac{73}{75} \times \frac{120 - 75}{75} = 0.351 < 1$$

单个圆柱头栓钉的抗剪承载力为

$$0.43A_s\sqrt{E_c f_c} = 0.43 \times 283.5 \times \sqrt{3.0 \times 10^4 \times 14.3} \times 10^{-3}\,kN = 79.8\,kN$$

$$0.7A_s f = 0.7 \times 283.5 \times 360 \times 10^{-3}\,kN = 71.4\,kN$$

$$N_v^c = \{0.43A_s\sqrt{E_c f_c},\, 0.7A_s f\}_{min} = 42.7\,kN$$

$$[N_v^c] = \beta_v N_v^c = 0.351 \times 71.4\,kN = 25.1\,kN$$

（4）组合截面次梁半跨上所需栓钉抗剪件的总数为

$$n = \frac{V_s}{[N_v^c]} = \frac{1021.9}{25.1} = 40.7$$

栓钉抗剪件总数取 42 个。

（5）栓钉的纵向间距　沿梁半跨在宽度方向设置双排栓钉，则其纵向间距为

$$a_i = \frac{l/2}{n/2} = \frac{6000/2}{42/2}\text{mm} = 142.9\text{mm} > 4d = 4 \times 19\text{mm} = 76\text{mm} \text{ 且 } a_i < 4(h_{c1}+h_{c2}) = 4 \times (80+75)\text{mm}$$

$$= 620\text{mm}$$

故取 $a_i = 100\text{mm}$。

最终，组合截面次梁上的抗剪连接件为 4.6 级 $\phi19$ 圆柱头栓钉，间距为 100mm，栓钉高度为 120mm。

3.4.5 组合主梁的设计

组合主梁荷载计算简图如图 3-70 所示。集中力为 F，均布力为 p。

1. 主梁截面初选

（1）主梁截面尺寸　组合主梁的跨度 $l = 9000\text{mm}$，间距 $s = 6000\text{mm}$，组合梁的截

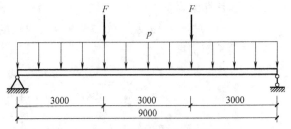

图 3-70　组合主梁的荷载及计算简图

面高度需满足 $h \geqslant \frac{l}{15} = \frac{9000}{15}\text{mm} = 600\text{mm}$。混凝土平翼板的厚度 $h_{c1} = 80\text{mm}$，压型钢板的肋高 $h_{c2} = 75\text{mm}$，取钢梁高度为 $h_s = 450\text{mm}$，选取截面 HN450×200×9×14。则 $h = h_{c1} + h_{c2} + h_s = 80\text{mm} + 75\text{mm} + 450\text{mm} = 605\text{mm} > 600\text{mm}$，且 $h_s = 450\text{mm} > h/2.5 = 605\text{mm} \div 2.5 = 242\text{mm}$，满足截面构造要求。

截面 HN450×200×9×14，截面高度 $h_s = 450\text{mm}$，截面宽度 $b = 200\text{mm}$，腹板厚度 $t_w = 9\text{mm}$，翼缘板厚度 $t = 14\text{mm}$，截面面积 $A = 9741\text{mm}^2$，惯性矩 $I_x = 3.37 \times 10^8\text{mm}^4$，截面模量 $W_x = 1.5 \times 10^6\text{mm}^3$，回转半径 $i_x = 186\text{mm}$，$i_y = 43.8\text{mm}$，自重 76.5kg/m。

（2）混凝土翼板的有效宽度　由于压型钢板的板肋方向与主梁的轴线方向相互垂直，故可不考虑压型钢板顶面以下混凝土的作用，组合楼板按无板托考虑。

钢梁的上翼缘宽度 $b_0 = 200\text{mm}$，$\frac{l}{6} = \frac{9000}{6}\text{mm} = 1500\text{mm}$，$6h_{c1} = 6 \times 80\text{mm} = 480\text{mm}$，$\frac{s_n}{2} = \frac{6000-200}{2}\text{mm} = 2900\text{mm}$

由于次梁为中间梁，且上部混凝土翼板为连续板，故

$$b_{c1} = b_{c2} = \min\left(\frac{l}{6}, 6h_{c1}, \frac{s_n}{2}\right) = \min(1500\text{mm}, 480\text{mm}, 2900\text{mm}) = 480\text{mm}$$

可计算出混凝土翼板的有效宽度 $b_e = b_0 + b_{c1} + b_{c2} = 200\text{mm} + 480\text{mm} + 480\text{mm} = 1160\text{mm}$

组合主梁的截面计算简图如图 3-71 所示。

2. 主梁施工阶段验算

施工阶段混凝土尚未参与工作，所有荷载均由钢梁承受，包括混凝土重

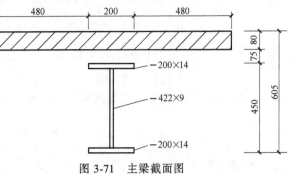

图 3-71　主梁截面图

力、压型钢板重力、钢梁自重及施工活荷载。对钢梁应进行抗弯强度、抗剪强度、梁的整体稳定性及挠度验算。

（1）荷载计算

1）均布荷载

钢梁自重 $76.5 \times 9.8 \times 10^{-3}$ kN/m = 0.75kN/m

钢梁上作用的均布荷载标准值和设计值分别为

荷载标准组合 $p_k = g_{1k} = 0.75$ kN/m

荷载基本组合 $p = 1.2g_{1k} = 1.2 \times 0.75$ kN/m = 0.9kN/m

2）集中荷载

次梁传至主梁的集中永久荷载标准值

$$g_{2k} = (0.36 + 8.9) \times 6 \text{kN} = 55.56 \text{kN}$$

次梁传至主梁的集中可变荷载标准值

$$q_{2k} = 3.0 \times 6 \text{kN} = 18.0 \text{kN}$$

钢梁上作用的集中荷载标准值和设计值分别为

荷载标准组合 $F_k = g_{2k} + q_{2k} = 55.56$ kN + 18.0kN = 73.56kN

荷载基本组合 $F = 1.2g_{2k} + 1.4q_{2k} = 1.2 \times 55.56$ kN + 1.4×18.0 kN = 91.87kN

（2）内力计算

弯矩设计值 $M = \dfrac{1}{8}pl^2 + \dfrac{1}{3}Fl = \dfrac{1}{8} \times 0.9 \times 9^2$ kN·m + $\dfrac{1}{3} \times 91.87 \times 9$ kN·m = 284.72kN·m

剪力设计值 $V = \dfrac{1}{2}pl + F = \dfrac{1}{2} \times 0.9 \times 9$ kN + 91.87kN = 95.92kN

（3）强度验算

1）抗弯强度 $\sigma = \dfrac{M_x}{\gamma_x W_{nx}} = \dfrac{284.72 \times 10^6}{1.05 \times 1.5 \times 10^6}$ N/mm^2 = 180.77N/mm^2 < f = 215N/mm^2（满足要求）

2）抗剪强度 $\tau = \dfrac{V S_x}{I_x t_w} = \dfrac{95.92 \times 10^3 \times 6.7 \times 10^5}{3.37 \times 10^8 \times 9}$ N/mm^2 = 21.19N/mm^2 < f_v = 125N/mm^2（满足要求）

（4）整体稳定验算 在施工阶段，当组合楼板混凝土强度尚未到达设计值，且压型钢板不能完全提供侧向支撑时，需对组合截面主梁的钢梁进行整体稳定验算。

在跨度三分点处次梁连接处，主梁有两道侧向支承点，故主梁平面外计算长度 $l_1 = 3m$，荷载作用于钢梁上翼缘，且 $l_1/b = 3000 \div 200 = 15 < 16\sqrt{235 \div 235} = 16$，故无须验算主梁的整体稳定性。

最大弯矩设计值 $M' = \dfrac{1}{8}p\left(\dfrac{l}{2}\right)^2 = \dfrac{1}{8} \times 15.31 \times 3^2$ kN·m = 17.22kN·m

$$l_1' = 3000 \text{mm}, l_1'/b = 3000 \div 150 = 20 > 13\sqrt{235 \div 235} = 13$$

$$\xi = \dfrac{l_1' t}{b_1 h} = \dfrac{3000 \times 9}{150 \times 300} = 0.6 < 2.0, \lambda_y = \dfrac{l_1'}{i_y} = \dfrac{3000}{32.7} = 91.75$$

$$\beta_b = 0.69 + 0.13\xi = 0.69 + 0.13 \times 0.6 = 0.768$$

$$\varphi_b = \beta_b \frac{4320}{\lambda_y^2} \times \frac{Ah}{W_x} \left[\sqrt{1+\left(\frac{\lambda_y t_1}{4.4h}\right)^2} + \eta_b \right] \times \frac{235}{f_y}$$

$$= 0.768 \times \frac{4320}{91.75^2} \times \frac{4753 \times 300}{4.9 \times 10^5} \left[\sqrt{1+\left(\frac{91.75 \times 9}{4.4 \times 300}\right)^2} + 0 \right] \times \frac{235}{235} = 1.352 > 0.6$$

需对稳定系数修正

$$\varphi_b' = 1.07 - \frac{0.282}{\varphi_b} = 1.07 - \frac{0.282}{1.352} = 0.791 < 1$$

$$\sigma = \frac{M_x'}{\varphi_b' W_x} = \frac{17.22 \times 10^6}{0.791 \times 4.9 \times 10^5} \text{N/mm}^2 = 44.44\text{N/mm}^2 < f = 215\text{N/mm}^2 (满足要求)$$

（5）挠度验算　简支主梁在均布荷载 $p_k = 0.75\text{kN/m}$ 和集中荷载 $F_k = 73.56\text{kN}$ 作用下的最大挠度为

$$\nu = \frac{5}{384} \times \frac{p_k l^4}{EI_x} + \frac{23}{648} \times \frac{F_k l^2}{EI_x} = \frac{5}{384} \times \frac{0.75 \times 9000^4}{2.06 \times 10^5 \times 3.37 \times 10^8} \text{mm} + \frac{23}{648} \times \frac{73.56 \times 10^3 \times 9000^2}{2.06 \times 10^5 \times 3.37 \times 10^8} \text{mm}$$

$$= 0.93\text{mm} < \frac{l}{300} = \frac{9000}{300}\text{mm} = 30\text{mm}(满足要求)$$

3. 主梁使用阶段验算

使用阶段所有荷载均由组合梁承受，需对组合梁进行抗弯强度、抗剪强度及挠度验算，并应进行抗剪连接件的设计。

（1）荷载计算

1）均布荷载

钢梁自重　　　　　　$76.5 \times 9.8 \times 10^{-3}\text{kN/m} = 0.75\text{kN/m}$

钢梁上作用的均布荷载标准值和设计值分别为

荷载标准组合　　　　　$p_k = g_{1k} = 0.75\text{kN/m}$

荷载基本组合　　　　　$p = 1.2g_{1k} = 1.2 \times 0.75\text{kN/m} = 0.9\text{kN/m}$

2）集中荷载

次梁传至主梁的集中永久荷载标准值

$$g_{2k} = (0.36 + 8.9 + 1.8) \times 6\text{kN} = 66.36\text{kN}$$

次梁传至主梁的集中可变荷载标准值

$$q_{2k} = 6.0 \times 6\text{kN} = 36.0\text{kN}$$

钢梁上作用的集中荷载标准值和设计值分别为

荷载标准组合　　　　$F_k = g_{2k} + q_{2k} = 66.36\text{kN} + 36\text{kN} = 102.36\text{kN}$

荷载基本组合　　$F = 1.2g_{2k} + 1.4q_{2k} = 1.2 \times 66.36\text{kN} + 1.4 \times 36.0\text{kN} = 130.03\text{kN}$

（2）内力计算

弯矩设计值　　$M = \frac{1}{8}pl^2 + \frac{1}{3}Fl = \frac{1}{8} \times 0.9 \times 9^2 \text{kN} \cdot \text{m} + \frac{1}{3} \times 130.03 \times 9\text{kN} \cdot \text{m} = 399.20\text{kN} \cdot \text{m}$

剪力设计值　　$V = \frac{1}{2}pl + F = \frac{1}{2} \times 0.9 \times 9\text{kN} + 91.87\text{kN} = 134.08\text{kN}$

（3）抗弯承载力验算

塑性中和轴位置的判定

$$Af = 9741 \times 215 \times 10^{-3} \text{kN} = 2094.3 \text{kN}$$

$$b_e h_{c1} f_c = 1160 \times 80 \times 14.3 \times 10^{-3} \text{kN} = 1327.04 \text{kN}$$

由于 $Af > b_e h_{c1} f_c$，故塑性中和轴位于钢梁内，应力图形如图 3-72 所示。

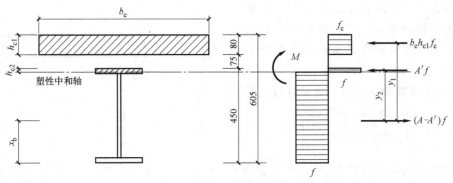

图 3-72　组合主梁截面应力图

钢梁受压区截面面积

$$A' = 0.5(A - b_e h_{c1} f_c/f) = 0.5 \times (9741 - 1160 \times 80 \times 14.3 \div 215) \text{mm}^2 = 1649.36 \text{mm}^2$$

钢梁的受压区高度

$A' = 1649.36 \text{mm}^2 < A_{上翼缘} = 200 \times 14 \text{mm}^2 = 2800 \text{mm}^2$，说明组合梁的塑性中和轴位于钢梁翼缘内，则钢梁的受压区高度

$$h_{sc} = \frac{A'}{b} = \frac{1649.36}{200} \text{mm} = 8.2 \text{mm} < 14 \text{mm}$$

钢梁受压区合力中心至钢梁上翼缘顶面的距离为

$$x_c = \frac{h_{sc}}{2} = \frac{8.2}{2} \text{mm} = 4.1 \text{mm}$$

钢梁受拉区合力中心至钢梁下翼线底边的距离为

$$x_b = \frac{bt^2/2 + (h_s - 2t)t_w h_s/2 + (t - h_{sc})b\left(h_s - \dfrac{h_{sc}+t}{2}\right)}{A_s - A'}$$

$$= \frac{200 \times 14^2 \div 2 + (450 - 2 \times 14) \times 9 \times 450 \div 2 + (14 - 8.2) \times 200 \times \left(450 - \dfrac{8.2+14}{2}\right)}{9741 - 1649.36} \text{mm} = 171 \text{mm}$$

钢梁受拉区应力合力中心至混凝土翼板受压区应力合力中心距离为

$$y_1 = h_s + h_{c1} + h_{c2} - x_b - h_{c1}/2 = 450 \text{mm} + 80 \text{mm} + 75 \text{mm} - 171 \text{mm} - 40 \text{mm} = 394 \text{mm}$$

钢梁受拉区应力合力中心至钢梁受压区应力合力中心距离为

$$y_2 = h_s - x_b - x_c = 450 \text{mm} - 171 \text{mm} - 4.1 \text{mm} = 274.9 \text{mm}$$

截面的抵抗矩为

$$b_e h_{c1} f_c y_1 + A' f y_2 = 1160 \times 80 \times 14.3 \times 394 \times 10^{-6} \text{kN} \cdot \text{m} + 1649.36 \times 215 \times 274.9 \times 10^{-6} \text{kN} \cdot \text{m}$$

$$= 620.3 \text{kN} \cdot \text{m} > 399.20 \text{kN} \cdot \text{m} \text{（满足要求）}$$

（4）抗剪承载力验算

$V_u = t_w h_w f_v = 9 \times 422 \times 125 \times 10^{-3} kN = 474.75 kN > 134.08 kN$ （满足要求）

（5）稳定验算　对于简支组合梁，在使用阶段由于混凝土翼板可为钢梁上翼缘（受压翼缘）提供可靠的侧向支点，故钢梁的整体稳定性无须计算。

（6）挠度验算　组合梁的挠度验算按弹性工作阶段计算。分别考虑荷载的标准组合和准永久组合。对于压型钢板组合梁，混凝土翼板不包括板肋部分，且不考虑压型钢板的作用。抗弯刚度采用考虑滑移效应后的折减刚度。

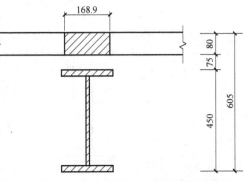

图 3-73　组合主梁换算截面（荷载短期效应下）

1）短期荷载效应时的组合梁截面刚度

$$\alpha_E = \frac{E_s}{E_c} = \frac{2.06 \times 10^5}{3.0 \times 10^4} = 6.87$$

① 翼板换算截面宽度 $b_{eq} = \dfrac{b_e}{\alpha_E} = \dfrac{1160}{6.87} mm = $ 168.9mm，组合主梁换算截面如图 3-73 所示。

② 换算截面形心轴的位置　$y_0 = \dfrac{168.9 \times 80 \times 40 + 9741 \times (225 + 75 + 80)}{168.9 \times 80 + 9741} mm = 182.4 mm$

③ 换算截面惯性矩　$I_{eq}^s = \dfrac{1}{12} b_{eq} h_{c1}^3 + b_{eq} h_{c1} (y_0 - 0.5 h_{c1})^2 + I_x + A (y - y_0)^2$

$$= \frac{1}{12} \times 168.9 \times 80^3 mm^4 + 168.9 \times 80 \times (182.4 - 0.5 \times 80)^2 mm^4 +$$
$$3.37 \times 10^8 mm^4 + 9741 \times (380 - 182.4)^2 mm^4 = 9.99 \times 10^8 mm^4$$

$A_{cf} = 1160 \times 80 mm^4 = 92800 mm^2$

$$A_0 = \frac{A_{cf} A}{\alpha_E A + A_{cf}} = \frac{92800 \times 9741}{6.87 \times 9741 + 92800} mm^2 = 5969.7 mm^2$$

$$I_{cf} = \frac{1}{12} \times 1160 \times 80^3 mm^4 = 4.95 \times 10^7 mm^4$$

$$I_0 = I + \frac{I_{cf}}{\alpha_E} = 3.37 \times 10^8 mm^4 + \frac{4.95 \times 10^7}{6.87} mm^4 = 3.44 \times 10^8 mm^4$$

$$A_1 = \frac{I_0 + A_0 d_c^2}{A_0} = \frac{3.44 \times 10^8 + 5969.7 \times (225 + 75 + 40)^2}{5969.7} mm^2 = 169849.3 mm^2$$

$$\alpha = 0.84 \sqrt{\frac{n_s k A_1}{E I_0 p}} = 0.81 \times \sqrt{\frac{2 \times 25000 \times 169849.3}{2.06 \times 10^5 \times 3.44 \times 10^8 \times 150}} = 0.000724$$

$$\eta = \frac{36 E d_c p A_0}{n_s k h L^2} = \frac{36 \times 2.06 \times 10^5 \times 340 \times 150 \times 5969.7}{2 \times 25000 \times 605 \times 9000^2} = 0.921$$

$$\zeta = \eta \left[0.4 - \frac{3}{(\alpha L)^2} \right] = 0.921 \times \left[0.4 - \frac{3}{(0.000724 \times 9000)^2} \right] = 0.303$$

④ 短期刚度　　$B_{sc}^s = \dfrac{EI_{eq}^s}{1+\zeta} = \dfrac{2.06\times10^5\times9.99\times10^8}{1+0.303}\text{mm}^2 = 1.58\times10^{14}\text{mm}^2$

⑤ 荷载短期组合值：

均布荷载标准组合　　$p_k^s = g_{1k} = 0.75\text{kN}\cdot\text{m}$

集中荷载标准组合　　$F_k^s = g_{2k}+q_{2k} = 66.36\text{kN}+36\text{kN} = 102.36\text{kN}$

⑥ 主梁短期挠度

$$v_{sc}^s = \frac{5}{384}\times\frac{p_k^s l^4}{B_{sc}^s} + \frac{23}{648}\times\frac{F_k^s l^2}{B_{sc}^s} = \frac{5}{384}\times\frac{0.75\times9000^4}{1.58\times10^{14}}\text{mm} + \frac{23}{648}\times\frac{102.36\times10^3\times9000^2}{1.58\times10^{14}}\text{mm} = 0.41\text{mm}$$

2）长期荷载效应时的组合梁截面刚度

$$2\alpha_E = 2\frac{E_s}{E_c} = 2\times\frac{2.06\times10^5}{3.0\times10^4} = 13.74$$

① 翼板换算截面宽度 $b_{eq} = \dfrac{b_e}{2\alpha_E} = \dfrac{1160}{13.74}\text{mm} = 84.4\text{mm}$，组合主梁换算截面如图 3-74 所示。

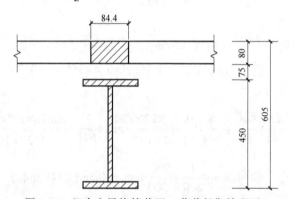

图 3-74　组合主梁换算截面（荷载长期效应下）

② 换算截面形心轴的位置

$$y_0 = \frac{84.4\times80\times40+9741\times(225+75+80)}{84.4\times80+9741}\text{mm} = 240.8\text{mm}$$

③ 换算截面惯性矩

$$I_{eq}^l = \frac{1}{12}b_{eq}h_{c1}^3 + b_{eq}h_{c1}(y_0-0.5h_{c1})^2 + I_x + A(y-y_0)^2$$

$$= \frac{1}{12}\times84.4\times80^3\text{mm}^4 + 84.4\times80\times(240.8-0.5\times80)^2\text{mm}^4 + 3.37\times10^8\text{mm}^4 + 9741\times$$

$$(380-240.3)^2\text{mm}^4$$

$$= 8.03\times10^8\text{mm}^4$$

$A_{cf} = 1160\times80\text{mm}^2 = 92800\text{mm}^2$

$$A_0 = \frac{A_{cf}A}{2\alpha_E A+A_{cf}} = \frac{92800\times9741}{13.74\times9741+92800}\text{mm}^2 = 3988.5\text{mm}^2$$

$$I_{cf} = \frac{1}{12}\times1160\times80^3\text{mm}^4 = 4.95\times10^7\text{mm}^4$$

$$I_0 = I + \frac{I_{cf}}{2\alpha_E} = 3.37 \times 10^8 \, mm^4 + \frac{4.95 \times 10^7}{13.74} mm^4 = 3.41 \times 10^8 \, mm^4$$

$$A_1 = \frac{I_0 + A_0 d_c^2}{A_0} = \frac{3.41 \times 10^8 + 3988.5 \times (225 + 75 + 40)^2}{3988.5} mm^2 = 201095.8 mm^2$$

$$\alpha = 0.81 \sqrt{\frac{n_s k A_1}{E I_0 p}} = 0.81 \times \sqrt{\frac{2 \times 25000 \times 201095.8}{2.06 \times 10^5 \times 3.41 \times 10^8 \times 150}} = 0.000791$$

$$\eta = \frac{36 E d_c p A_0}{n_s k h L^2} = \frac{36 \times 2.06 \times 10^5 \times 340 \times 150 \times 3988.5}{2 \times 25000 \times 605 \times 9000^2} = 0.616$$

$$\zeta = \eta \left[0.4 - \frac{3}{(\alpha L)^2} \right] = 0.616 \times \left[0.4 - \frac{3}{(0.000791 \times 9000)^2} \right] = 0.210$$

④ 长期刚度

$$B_{sc}^l = \frac{E I_{eq}^l}{1 + \zeta} = \frac{2.06 \times 10^5 \times 8.03 \times 10^8}{1 + 0.210} mm^2 = 1.37 \times 10^{14} \, mm^2$$

⑤ 荷载长期组合值：

均布荷载标准组合 $p_k^l = g_{1k} = 0.75 kN/m$

集中荷载标准组合 $F_k^l = g_{2k} + \varphi_q q_{2k} = 66.36 kN + 0.4 \times 36 kN = 80.76 kN$

⑥ 主梁长期挠度

$$\nu_{sc}^l = \frac{5}{384} \times \frac{p_k^l l^4}{B_{sc}^l} + \frac{23}{648} \times \frac{F_k^l l^2}{B_{sc}^l} = \frac{5}{384} \times \frac{0.75 \times 9000^4}{1.37 \times 10^{14}} mm + \frac{23}{648} \times \frac{80.76 \times 10^3 \times 9000^2}{1.37 \times 10^{14}} mm = 0.47 mm$$

$$\nu_{sc} = \max \{ \nu_{sc}^s, \nu_{sc}^l \} = 0.47 mm < \frac{l}{300} = \frac{9000}{300} mm = 30 mm (满足要求)$$

4. 抗剪连接件设计

组合梁的抗剪连接件计算应与组合梁截面计算采用的方法一致。组合截面次梁采用塑性理论计算，故其抗剪连接件也应采用塑性理论计算。

（1）抗剪连接件选型　抗剪连接件采用 4.6 级 $\phi 19$ 圆柱头栓钉，栓钉高度 $h_d = 120 mm$，截面面积 $A_d = 283.5 mm^2$；压型钢板型号为 YX75—200—600，平均宽度 $b_w = 73 mm$，波高 $h_c = 75 mm$。

（2）组合梁上最大弯矩点和邻近零弯矩点之间的混凝土板与钢梁间的纵向剪力为

$$Af = 9741 \times 215 \times 10^{-3} kN = 2094.3 kN$$

$$b_e h_{c1} f_c = 1160 \times 80 \times 14.3 \times 10^{-3} kN = 1327.04 kN$$

$$V_s = \{ Af, b_e h_{c1} f_c \}_{min} = \{ 2094.3 kN, 1327.0 kN \}_{min} = 1327.0 kN$$

（3）单个圆柱头栓钉抗剪连接件的抗剪承载力　由于组合次梁为简支梁，梁上无负弯矩区段，故单个圆柱头栓钉连接件抗剪承载力的折减系数 $\eta_v = 1.0$。压型钢板的板肋与组合次梁的轴线方向平行，且 $\frac{b_w}{h_e} = \frac{73}{75} = 0.97 < 1.5$，可求出单个圆柱头栓钉连接件的抗剪承载力折减系数为

$$\beta_v = 0.6 \frac{b_w}{h_e}\left(\frac{h_d - h_e}{h_e}\right) = 0.6 \times \frac{73}{75} \times \frac{120 - 75}{75} = 0.350 < 1$$

单个圆柱头栓钉的抗剪承载力为

$$0.43 A_s \sqrt{E_c f_c} = 0.43 \times 283.5 \times \sqrt{3.0 \times 10^4 \times 14.3} \times 10^{-3} \text{kN} = 79.8 \text{kN}$$

$$0.7 A_s \gamma f = 0.7 \times 283.5 \times 360 \times 10^{-3} \text{kN} = 71.4 \text{kN}$$

$$N_v^c = \{0.43 A_s \sqrt{E_c f_c},\ 0.7 A_s f\}_{\min} = 71.4 \text{kN}$$

$$[N_v^c] = \beta_v N_v^c = 0.350 \times 71.4 \text{kN} = 25.0 \text{kN}$$

（4）组合截面次梁半跨上所需栓钉抗剪件的总数为

$$n = \frac{V_s}{[N_v^c]} = \frac{1327.0}{25.0} = 53.1$$

故栓钉抗剪件总数取 54 个，分成 27 对。

（5）栓钉的纵向间距　主梁的剪力图如图 3-75 所示。

当跨间有集中荷载时，应将连接件数量按照各段剪力图面积之比进行分配，再各自均匀布置。半跨内 AB 段剪力图面积和 BC 段剪力图面积之比为

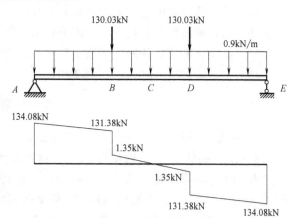

图 3-75　主梁的剪力设计值图

$$\frac{134.8 + 131.08}{2} \times 3 : \frac{1.35 \times 1.5}{2} = 397.74 : 1.0125 = 393 : 1$$

所需的 27 对抗剪栓钉应全部布置在 AB 段内，其间距为

$$a_i = \frac{l_{AB}}{n/2} = \frac{3000}{27} \text{mm} = 111.1 \text{mm}$$

满足 $a_i = 111.1 \text{mm} > 4d = 4 \times 19 \text{mm} = 76 \text{mm}$，且 $a_i < 4(h_{c1} + h_{c2}) = 4 \times (80 + 75) \text{mm} = 620 \text{mm}$。中间 BD 段内抗剪件可按构造设置 6 对，间距为 500mm。

最终，组合截面主梁上的抗剪连接件为 4.6 级 φ19 圆柱头栓钉，平均间距为 $a_{ave} = \frac{l}{n} = \frac{9000}{27 + 27 + 6} \text{mm} = 150 \text{mm}$，栓钉高度为 120mm。

思 考 题

3-1　压型钢板与混凝土组合板的特点有哪些？

3-2　为什么组合楼板要按施工阶段和使用阶段分别进行计算？

3-3　如何区分压型钢板和混凝土组合板是单向板还是双向板？

3-4　影响压型钢板与混凝土组合板抗弯承载力的因素有哪些？

3-5　试述组合板施工阶段的计算原则、验算内容及方法。

3-6　试述组合板使用阶段的计算原则、验算内容及方法。

3-7 压型钢板与混凝土组合板主要有哪些构造要求？

3-8 组合梁的破坏形态有哪几种？

3-9 简述组合梁的计算内容、计算原则和计算方法。

3-10 如何确定组合梁中混凝土翼板的有效宽度？

3-11 施工阶段钢梁下有无临时支撑对组合梁的承载力有何影响？

3-12 按弹性、塑性理论计算组合梁的受弯承载力时，应分别采用哪些基本假定？

3-13 如何对组合梁纵向界面抗剪承载力进行验算？

3-14 组合梁在何种情况下应采用弹性理论计算，何种情况下应采用塑性理论计算？

3-15 连续组合梁的塑性理论计算方法与简支组合梁的塑性理论计算相比有哪些不同？

3-16 组合梁的抗剪连接件的作用是什么？常用的抗剪连接件有哪几种？

3-17 试述抗剪连接件的抗剪连接程度对组合梁的承载力有何影响。

3-18 如何确定组合梁的短期刚度和长期刚度？

习　题

3-1 某建筑采用压型钢板和混凝土组合楼板。楼板计算跨度为 3m，采用镀锌压型钢板 YX—75—200—600（Ⅰ），钢材为 Q235，钢板厚度为 $t=1.6mm$。顺肋方向的简支板，压型钢板上浇筑 80mm 厚 C30 混凝土，上铺 30mm 厚面砖（重度为 $30kN/m^3$），施工阶段可变荷载标准值为 $1.5kN/m^2$，楼面使用阶段可变荷载标准值为 $2.5kN/m^2$。试验算压型钢板和混凝土组合楼板在施工阶段及使用阶段的承载力和挠度。

3-2 某工作平台简支组合梁的跨度为 15m，间距 6m。楼板采用现浇混凝土板，板厚为 180mm；钢梁采用焊接工字型钢，如图 3-76 所示。钢材为 Q235，混凝土强度等级采用 C30。楼面施工阶段可变荷载标准值为 $1.5kN/m^2$，使用阶段可变荷载标准值为 $2.5kN/m^2$，楼面面层和吊顶荷载标准值为 $2.0kN/m^2$。施工阶段钢梁下设置临时支撑。试按弹性理论计算方法确定组合梁的抗弯承载力和抗剪承载力。

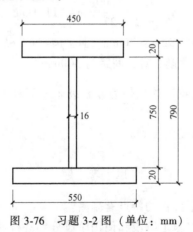

图 3-76　习题 3-2 图（单位：mm）

3-3 某组合梁跨度为 6m，间距为 3m。混凝土翼板板厚为 80mm，钢梁采用焊接工字型钢截面，尺寸同习题 3-2。钢材材质为 Q235 钢，混凝土强度等级采用 C25。施工阶段钢梁下设置临时支撑。试按塑性理论计算方法确定组合梁的抗弯承载力和抗剪承载力。

第4章 型钢混凝土组合结构设计

本章导读

➢ **内容及要求** 型钢混凝土组合结构的一般规定，型钢混凝土框架梁设计，型钢混凝土框架柱设计，型钢混凝土剪力墙设计，型钢混凝土连接构造。通过本章学习，应了解型钢混凝土组合结构的结构类型和基本要求；掌握型钢混凝土框架梁、框架柱、剪力墙正截面及斜截面承载力的计算方法，熟悉其构造要求；了解型钢混凝土构件连接的构造特点。

➢ **重点** 型钢混凝土框架梁、框架柱、剪力墙正截面及斜截面承载力的计算方法及相关构造要求。

➢ **难点** 型钢混凝土框架梁、框架柱、剪力墙正截面及斜截面承载力的计算方法。

4.1 一般规定

型钢混凝土结构是指在混凝土内部配置型钢钢骨，并按规定配置钢筋的组合结构。型钢混凝土梁、柱、墙等是最基本的构件类型，它们均是由型钢、纵筋、箍筋及混凝土组合而成，其核心部分为钢结构构件，外部为箍筋约束并配置适当纵向受力钢筋的混凝土结构。

在型钢混凝土构件中，混凝土与型钢之间具有相互约束作用。混凝土包裹在型钢外侧，在构件达到极限承载能力之前，型钢不会发生局部屈曲，一般情况下型钢不需要设置加劲肋进行加强。同时，型钢对核心混凝土也起到一定的约束作用，可以在一定程度上提高混凝土强度。由于型钢混凝土构件中配置有型钢，其含钢率高于钢筋混凝土构件，因此在截面相同的条件下，型钢混凝土构件比钢筋混凝土构件的承载力高很多，同时由于集中配置的型钢比分散配置的钢筋具有更大的刚度，型钢混凝土的刚度比普通钢筋混凝土构件显著提高。

型钢混凝土结构适用于非抗震区及抗震设防烈度为 6 至 9 度的多、高层建筑和构筑物。对承受重度荷载或反复荷载作用的疲劳构件（如吊车梁等），需要在试验验证的基础上采用。建筑物可以全部采用型钢混凝土结构，也可以在局部或某几层采用型钢混凝土结构。目前国内多在框架-剪力墙、简体、框支剪力墙中的框支层以及跨度较大的框架结构中采用型钢混凝土梁、柱和剪力墙，以充分发挥型钢混凝土承载力高、延性好、刚度大等优点。

4.1.1 结构类型

型钢混凝土梁、柱、墙等是构成型钢混凝土结构的基本构件，型钢部分可分为实腹式和空腹式两大类。实腹式型钢由型钢或钢板焊接而成，常见的截面形式有工字形、十字形、矩形及圆形钢管，如图 4-1a；空腹式型钢一般由角钢、槽钢用缀板或缀条焊接而成，如图 4-1b 所示。实腹式型钢制作简便，承载力较大，应用广泛；空腹式型钢较节省材料，但制作费用较高、抗震性能相对较差，目前应用不多。

1. 型钢混凝土梁

型钢混凝土梁内埋置的型钢骨架，通常采用轧制工字钢或焊接工字钢，如图 4-2a 所示。

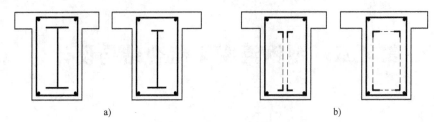

图 4-1　型钢混凝土梁截面

a）实腹式型钢混凝土梁　b）空腹式型钢混凝土梁

对于大跨度梁，其中的型钢骨架也可采用钢桁架，如图 4-2b 所示。

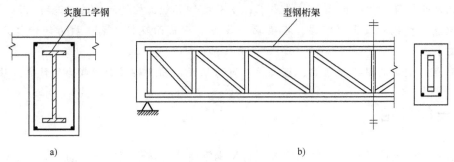

图 4-2　型钢混凝土梁构件

a）实腹工字钢　b）型钢骨架

2. 型钢混凝土柱

型钢混凝土柱内埋设的钢骨架有以下几种类型：

1）轧制工字钢或由钢板焊接而成的 H 型钢截面，如图 4-3a 所示；

2）由 H 型钢和 T 型钢焊接成的带翼缘十字形截面，如图 4-3b 所示；

3）方钢管，如图 4-3c 所示；

4）圆钢管，如图 4-3d 所示；

5）由工字钢或窄翼缘 H 型钢和 T 型钢焊接成的带翼缘 T 型截面，如图 4-3e 所示。

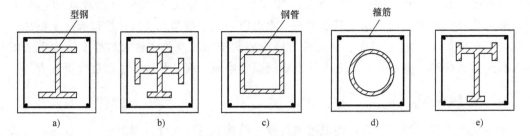

图 4-3　型钢混凝土柱构件

a）H 型钢　b）十字形截面钢　c）方管　d）圆管　e）T 型钢

3. 型钢混凝土墙

通常在型钢混凝土内墙的两端、纵横墙交接处、洞口两侧以及沿墙长度方向每隔不超过 6m 处，设置型钢；必要时可在每一楼层或每隔若干楼层的楼盖或洞口上方，设置型钢暗梁，用于连接型钢暗柱，形成暗框架。各类型钢混凝土剪力墙如图 4-4 所示。

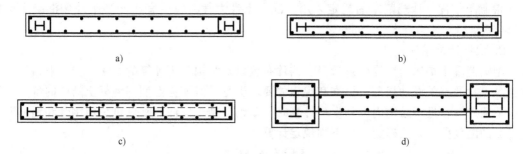

图 4-4　型钢混凝土剪力墙构件

a）型钢混凝土剪力墙　b）钢板混凝土剪力墙　c）带钢斜撑混凝土剪力墙
d）有端柱或带边框型钢混凝土剪力墙

4.1.2　基本要求

1. 材料选择

（1）型钢　型钢混凝土构件的型钢材料宜采用 Q235-B、C、D 级的碳素结构钢，以及 Q345-B、C、D、E 级或 Q390-B、C、D、E 级的合金钢，其质量标准应符合 GB/T 700—2006《碳素结构钢》和 GB/T 1591—2018《低合金高强度结构钢》的规定。

型钢可采用轧制型钢或焊接型钢。型钢钢材应根据结构特点选择其材质和钢号，并应保证抗拉强度、伸长率、屈服强度、冷弯试验、冲击韧性合格和硫、磷、碳含量符合要求。当焊接型钢的钢板厚度不低于 40mm，并承受沿板厚方向的拉力作用时，应按 GB 5313—2010《厚度方向性能板》的规定，其附加板厚方向的断面收缩率不得小于该标准 Z15 级规定的允许值。考虑地震作用的结构用钢，其强屈比不应小于 1.2，且应有明显的屈服台阶和良好的焊接性。

（2）连接　型钢手工焊接用焊条应符合 GB/T 5117—2012《碳素钢焊条》或 GB/T 5118—2012《低合金钢焊条》的规定。选用的焊条型号应与主体金属强度相适应。自动焊接或半自动焊接采用的焊丝和焊剂，应与主体金属强度相适应，焊丝应符合 GB/T 14957—1994《熔化焊用钢丝》的规定。型钢混凝土梁、柱、墙构件内型钢的焊缝强度设计值应按《钢结构设计标准》的规定采用。

型钢使用普通螺栓应符合 GB/T 5782—2016《六角头螺栓—A 和 B 级》和 GB/T 5780—2016《六角头螺栓—C 级》的规定。锚栓可采用《碳素结构钢》规定的 Q235 钢或 GB/T 1591—2018《低合金高强度结构钢》规定的 Q345 钢。高强度螺栓应符合 GB/T 1231—2006《钢结构高强度大六角头螺栓、大六角螺母，垫圈与技术条件》或 GB/T 3632—2008《钢结构用扭剪型高强度螺栓连接副》的规定。

螺栓连接的强度设计值、高强度螺栓的设计预拉力值，以及高强度螺栓链接的钢材摩擦面抗滑移系数值，应按《钢结构设计标准》的规定采用。

（3）钢筋和混凝土　型钢混凝土构件中，纵向钢筋宜采用 HRB335 级、HRB400 级热轧钢筋，箍筋宜采用 HPB300 级热轧钢筋，其抗拉、抗压强度设计值及弹性模量按照《混凝土结构设计规范》的规定采用。

型钢混凝土组合结构的混凝土强度等级不宜小于 C30，混凝土强度指标和弹性模量也按照《混凝土结构设计规范》的规定采用。混凝土最大骨料粒径宜小于型钢外侧混凝土保护层厚度的 1/3，且不宜大于 25mm。

2. 设计计算原则

型钢混凝土结构的结构体系选择、构件布置以及结构分析计算的方法，与一般结构基本类似，可参照有关设计规范、标准和规程的要求进行，但需考虑型钢混凝土结构的特点，注意以下问题。在进行结构内力和变形计算时，型钢混凝土构件的刚度可采用钢骨和钢筋混凝土部分的刚度叠加方法确定，按下列规定计算

$$EA = E_c A_c + E_a A_a \tag{4-1}$$

$$EI = E_c I_c + E_a I_a \tag{4-2}$$

$$GA = G_c A_c + G_a A_a \tag{4-3}$$

式中 EA、EI、GA——型钢混凝土构件截面的轴向刚度、抗弯刚度、抗剪刚度；

$E_c A_c$、$E_c I_c$、$G_c A_c$——钢筋混凝土部分的截面的轴向刚度、抗弯刚度、抗剪刚度；

$E_a A_a$、$E_a I_a$、$G_a A_a$——型钢部分的截面的轴向刚度、抗弯刚度、抗剪刚度。

端部配置型钢的钢筋混凝土剪力墙，其截面刚度可近似按相同截面的钢筋混凝土剪力墙计算截面抗弯刚度、轴向刚度、抗剪刚度。端部有型钢混凝土边框柱的钢筋混凝土剪力墙，其截面刚度可将边框柱中的型钢折算为等效混凝土面积，并按有翼缘截面，计算其抗弯刚度和轴向刚度。对于墙的抗剪刚度，只考虑边框柱中的型钢腹板的折算等效混凝土面积。钢板混凝土剪力墙，可把钢板按弹性模量比折算为等效混凝土面积，并按增大后混凝土墙的厚度来计算其截面刚度；带钢斜撑混凝土剪力墙，可不考虑钢斜撑对截面刚度的影响。

在正常使用条件下，型钢混凝土组合结构在风荷载或多遇地震标准值作用下，用弹性方法计算的楼层层间最大水平位移与层高的比值 $\Delta u / h$，以及结构的薄弱层层间弹塑性位移 Δu_p，应符合《高层建筑混凝土结构技术规程》的规定。

型钢混凝土梁的最大挠度应按荷载短期效应组合并考虑长期效应组合影响进行计算，其值不应大于表 4-1 规定的挠度限值。

表 4-1　型钢混凝土梁的挠度限值

跨　度/m	挠度限值（以计算跨度 l_0 计算）
$l_0 < 7$	$l_0/200$　（$l_0/250$）
$7 \leqslant l_0 \leqslant 9$	$l_0/250$　（$l_0/300$）
$l_0 > 9$	$l_0/300$　（$l_0/400$）

注：1. 如构件制作时预先起拱，且使用上也允许，验算挠度时，可将计算所得挠度值减去起拱值。

　　2. 表中括号内的数值适用于使用上对挠度有较高要求的构件。

型钢混凝土组合构件的最大裂缝宽度不应大于表 4-2 规定的限值。

表 4-2　最大裂缝宽度限值　　　　　　　　　　　　（单位：mm）

构件工作条件	最大裂缝宽度限值
室内正常环境	0.3
露天或室内高湿度环境	0.2

3. 一般构造要求

型钢混凝土构件中，纵向受力钢筋直径不宜小于 16mm，纵筋与型钢的净间距不宜小于

30mm，且不小于粗骨料最大粒径的 1.5 倍。纵筋间净间距对梁应大于等于 30mm、对柱不小于 50mm，且不小于粗骨料最大粒径的 1.5 倍及钢筋最大直径的 1.5 倍。纵向受力钢筋的最小锚固长度、搭接长度等应符合《混凝土结构设计规范》的要求。

考虑地震组合的型钢混凝土构件，应采用封闭箍筋，箍筋末端应有 135°弯钩，弯钩端头平直段长度不应小于 10 倍箍筋直径。

型钢混凝土构件中纵向受力钢筋的混凝土保护层最小厚度应符合《混凝土结构设计规范》的要求。型钢的混凝土保护层最小厚度，对梁不宜小于 100mm，且梁内型钢翼缘与梁两侧面的距离之和不宜小于截面高度的 1/3，对柱不宜小于 120mm，如图 4-5 所示。

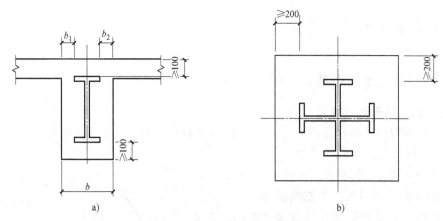

图 4-5　型钢混凝土构件截面构造要求
a）型钢混凝土梁　b）型钢混凝土柱

型钢混凝土梁构件中的型钢钢板厚度不宜小于 6mm，组合柱中钢板厚度不宜小于 8mm。钢板宽厚比应符合表 4-3 和图 4-6 的规定。当钢板满足宽厚比限值时，可不进行局部稳定验算。但对于箱形钢柱，尚需对施工阶段的钢板进行承载力验算。

表 4-3　型钢钢板宽厚比限值

钢材牌号	梁			柱		
	b_{af}/t_f	h_w/t_w	b_{af}/t_f	h_w/t_w	B/t	
Q235	≤23	≤107	≤23	≤96	≤72	
Q345、Q345GJ	≤19	≤91	≤19	≤81	≤61	
Q390	≤18	≤83	≤18	≤75	≤56	
Q420	≤17	≤80	≤17	≤71	≤54	

在需要设置栓钉时，可按弹性方法计算型钢翼缘外表面处的剪应力，并由栓钉承担相应的剪力。栓钉承载力应按《钢结构设计标准》计算。抗剪栓钉的直径宜选用 19mm 和 22mm，栓钉长度不宜小于 4 倍栓钉直径，栓钉间距不宜小于 6 倍栓钉直径。

为了保证混凝土的浇筑质量，在梁、柱节点处及其他部位的水平加劲肋或隔板上应预留透气孔。当柱中型钢截面较大，特别是箱形型钢混凝土柱的水平隔板，应预留混凝土浇筑孔，孔径不小于 200mm。

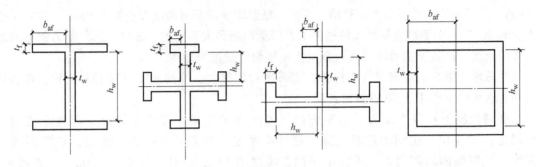

图 4-6　型钢钢板宽厚比

4.2　型钢混凝土框架梁设计

4.2.1　型钢混凝土梁正截面承载力计算

1. 正截面受弯全曲线特征

实腹式型钢混凝土梁两点对称加载的荷载-跨中挠度关系曲线如图 4-7 所示。

在图 4-7 中，各段曲线特征如下：

1）OA 段：加荷的初期，梁处于弹性工作状态，荷载-跨中挠度关系为一条直线。

2）AB 段：当荷载达到极限荷载的 15% ~ 20% 时，首先在纯弯段的受拉区混凝土下边缘出现裂缝。随着荷载的增加，裂缝开展，但是裂缝发展到型钢下翼缘附近后，并不随荷载的增大而继续发展，出现了"停滞"现象。这种现象的原因是由于型钢刚度较大，裂缝的发展受到型钢宽大翼缘的阻

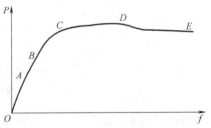

图 4-7　型钢混凝土梁荷载-跨中挠度曲线图

止，同时型钢的腹板与翼缘都很大程度地约束着混凝土。因此，虽然此时构件中的混凝土已经开裂，但在荷载-跨中挠度关系曲线上并无明显的转折点。裂缝先是在纯弯段出现，而后出现在弯剪段，且均为竖向裂缝。当荷载增加到极限荷载的 50% 左右时，裂缝基本出齐。

3）BC 段：随着荷载的增加，弯剪段的竖向裂缝逐渐指向加载点而转为斜裂缝。剪跨比越小，这种现象越明显。

4）CD 段：型钢受拉翼缘达到屈服，刚度降低较大，裂缝和梁的变形迅速发展，随后型钢腹板沿高度方向也逐渐屈服。随荷载的进一步增加，内力发生重分布，水平粘结裂缝贯通，保护层混凝土压碎剥落而破坏，承载力开始下降。

5）DE 段：此阶段梁的受弯承载力主要依靠型钢维持，变形可以持续发展很长一段时间，表明型钢混凝土梁的延性要比钢筋混凝土梁好。

2. 受弯承载力计算

（1）基本假定

1）截面变形符合平截面假定：对有剪力连接件的梁，构件正截面在变形后仍保持为平面，不考虑型钢与混凝土之间的相对滑移，按整体共同工作考虑。对无剪力连接件的梁，由

于误差较小，该假定仍可应用。

2）不考虑混凝土的抗拉承载力。

3）受压边缘混凝土的极限压应变 ε_{cu} 取为 0.003，如图 4-8 所示，对应的最大压应力取混凝土轴心抗压强度设计值 f_c。混凝土受压区的实际应力呈抛物线形分布如图 4-8b 所示，采用"等效矩形应力图"代替实际曲线分布的应力图如图 4-8c 所示，矩形应力图的高度按平截面假定所确定的中和轴高度乘以受压区混凝土应力图形影响系数 β_1。当混凝土强度等级不超过 C50 时，β_1 取 0.8，当为 C80 时，β_1 取 074，混凝土强度等级介于 C50 到 C80 之间时，β_1 采用内插法确定。

4）型钢腹板的应力图形为拉、压梯形应力图形。设计计算时，简化为等效矩形应力图形，如图 4-8c 所示。

5）钢筋、型钢的应力等于钢筋、型钢应变与其弹性模量的乘积，但其绝对值不大于其相应的强度设计值。纵向受拉钢筋和型钢受拉翼缘的极限拉应变取为 0.01。

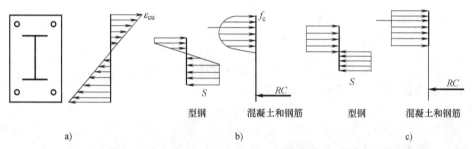

图 4-8　型钢混凝土梁极限状态时截面的应力和应变
a）应变　b）实际应力　c）理论应力

（2）受弯承载力计算

当为充满型实腹型钢的型钢混凝土框架梁和转换梁时（包括托墙转换梁和托柱转换梁），其正截面受弯承载力应符合下列规定，如图 4-9 所示。

1）非抗震设计时

$$M \leqslant \alpha_1 f_c bx\left(h_0 - \frac{x}{2}\right) + f_y' A_s'(h_0 - a_s') + f_a' A_{af}'(h_0 - a_a') + M_{aw} \tag{4-4}$$

$$\alpha_1 f_c bx + f_y' A_s' + f_a' A_{af}' - f_y A_s - f_a A_{af} + N_{aw} = 0 \tag{4-5}$$

2）抗震设计时

$$M \leqslant \frac{1}{\gamma_{RE}}\left[\alpha_1 f_c bx\left(h_0 - \frac{x}{2}\right) + f_y' A_s'(h_0 - a_s') + f_a' A_{af}'(h_0 - a_a') + M_{aw}\right] \tag{4-6}$$

$$\alpha_1 f_c bx + f_y' A_s' + f_a' A_{af}' - f_y A_s - f_a A_{af} + N_{aw} = 0 \tag{4-7}$$

当 $\delta_1 h_0 < 1.25x$，$\delta_2 h_0 > 1.25x$ 时

$$M_{aw} = \left[0.5(\delta_1^2 + \delta_2^2) - (\delta_1 + \delta_2) + 2.5\frac{x}{h_0} - \left(1.25\frac{x}{h_0}\right)^2\right]t_w h_0^2 f_a \tag{4-8}$$

$$N_{aw} = \left[2.5\frac{x}{h_0} - (\delta_1 + \delta_2)\right]t_w h_0 f_a \tag{4-9}$$

$$h_0 = \frac{f_a A_{af}(\delta_2 h_0 + 0.5t_f) + f_y A_s(h - a_s)}{f_a A_{af} + f_y A_s} \tag{4-10}$$

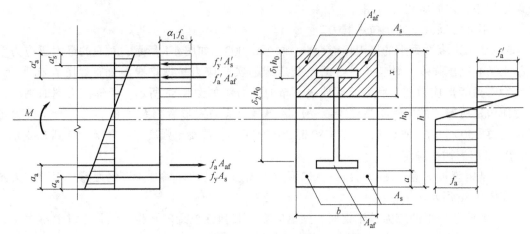

图 4-9　框架梁正截面受弯承载力计算简图

$$\xi_b = \frac{\beta_1}{1+\dfrac{f_y+f_a}{2\times0.003E_s}} \tag{4-11}$$

混凝土受压区高度 x 应符合下列公式要求

$$x \leqslant \xi_b h_0 \tag{4-12}$$

$$x \geqslant a_a' + t_f' \tag{4-13}$$

式中　M——弯矩设计值（N·mm）；

　　　α_1——受压区混凝土压应力影响系数；

　　　β_1——受压区混凝土应力图形影响系数；

　　　f_c——混凝土轴心抗压强度设计值（N/mm²）；

　　　ξ_b——相对界限受压区高度（$\xi_b = x_b/h_0$）；

　　　$\delta_1 h_0$——型钢腹板上端至截面上边的距离，δ_1 为型钢腹板上端至截面上边的距离与 h_0 的比值（mm）；

　　　$\delta_2 h_0$——型钢腹板下端至截面上边的距离，δ_2 为型钢腹板下端至截面上边的距离与 h_0 的比值（mm）；

　　　M_{aw}——型钢腹板承受的轴向合力对型钢受拉翼缘和纵向受拉钢筋合力点的力矩（N·mm）；

　　　N_{aw}——型钢腹板承受的轴向合力（N）；

　　　t_w——型钢腹板厚度（mm）；

　　　t_f——型钢受拉翼缘厚度（mm）；

　　　t_f'——型钢受压翼缘厚度（mm）；

　　　h_w——型钢腹板高度（mm）；

　　　h_0——截面有效高度，取型钢受拉翼缘和纵向受拉钢筋合力点至混凝土受压边缘距离（mm）。

4.2.2　型钢混凝土梁斜截面承载力计算

1. 受剪破坏形态

实腹式型钢混凝土梁斜截面的破坏与钢筋混凝土梁的斜截面破坏差别较大。试验结果表明，除了剪跨比较大（$\lambda > 2.5$）的型钢混凝土梁易发生弯曲破坏外，其余梁多发生剪切破坏。型钢混凝土梁的剪切破坏形态包括剪切斜压破坏、剪切粘结破坏和剪压破坏。

（1）剪切斜压破坏 当剪跨比 $\lambda > 1.0$ 时，或 $1.0 < \lambda < 1.5$ 且梁的含钢率较大时，一般发生剪切斜压破坏。此时梁的正应力 σ 不大，而剪应力 τ 却相对较大，约在极限荷载的 30% ~ 50% 时，梁腹首先出现斜裂缝。随着荷载的增加，腹剪斜裂缝逐渐向加荷点和支座附近延伸，最终形成临界斜裂缝。当接近极限荷载时，在斜裂缝的两侧出现几条大致平行的斜向裂缝，将梁分割成若干个斜压杆。最后因斜压杆混凝土被压碎导致梁破坏，如图 4-10a 所示。

（2）剪切粘结破坏 当剪跨比不太小而箍筋数量较小时，梁较易发生剪切粘结破坏。在加荷初期，由于剪力较小，型钢与混凝土可以作为一个整体而共同工作。随着荷载增加，型钢与混凝土之间的粘结逐渐被破坏。当型钢外围混凝土达到抗拉强度时，混凝土退出工作，即产生劈裂裂缝，梁发生内力重分布。最后裂缝迅速发展，形成贯通的劈裂裂缝，构件丧失承载能力而破坏。

对于配有箍筋的有腹筋型钢混凝土梁，由于箍筋对型钢外围的混凝土具有一定的约束作用，提高了型钢与混凝土之间的粘结强度，因而可以改善梁的粘结破坏形态，增大斜截面受剪承载力。此外对于作用有均布荷载的型钢混凝土梁，由于均布荷载对外围混凝土有"压迫"作用，其粘结性能也能得到改善，如图 4-10b 所示。

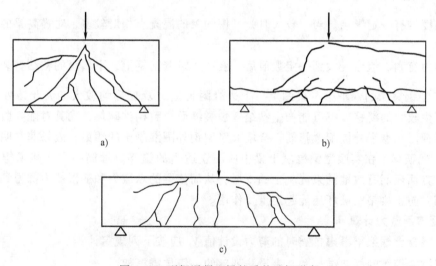

图 4-10 型钢混凝土梁的受剪破坏形态
a）剪切斜压破坏 b）剪切粘结破坏 c）剪压破坏

（3）剪压破坏 剪压破坏多发生于剪跨比较大（$\lambda > 1.5$）且梁的含钢率较低的情况。当荷载为极限荷载的 30% ~ 40% 时，首先在梁的受拉区边缘出现竖向裂缝。随着剪力的不断增加，梁腹部出现弯剪斜裂缝，并指向加荷点。当荷载达到极限荷载的 40% ~ 60% 时，斜裂缝处的混凝土退出工作，主拉应力由型钢承担，并使型钢逐渐发生剪切屈服。最后在正应力与剪应力的共同作用下，剪压区混凝土达到弯剪复合受力时的极限强度，构件破坏，如图 4-10c 所示。

2. 影响斜截面抗剪承载力的主要因素

（1）剪跨比 剪跨比 $\lambda = \dfrac{M}{Vh_0}$ 反映了梁截面上弯矩与剪力之间的相对关系。当荷载为集中荷载时，剪跨比可简化为 $\lambda = \dfrac{a}{h_0}$，其中 a 为计算截面至梁支座截面或节点边缘的距离（受剪区段长度），计算截面可取集中荷载作用点处的截面，h_0 为型钢受拉翼缘和纵向受拉钢筋拉力的合力点到混凝土截面受压区边缘的距离。

当剪跨比较小时（$\lambda = 1 \sim 1.5$），一般产生剪切斜压破坏。当剪跨比适中时（$\lambda = 1.5 \sim 2.5$），产生剪切粘结破坏。当剪跨比较大时（$\lambda > 2.5 \sim 3.0$），产生弯剪破坏。一般情况，随着剪跨比的增大，梁的抗剪强度降低。

（2）加载方式 均布荷载作用下，型钢混凝土梁的抗剪承载力比集中荷载作用下梁的抗剪承载力有所提高。

（3）混凝土强度等级 型钢混凝土梁的抗剪承载力随着混凝土强度等级的提高而提高。

（4）含钢率与型钢强度 含钢率较大，梁的承载力高，这是因为含钢率较大的梁对混凝土的约束作用更强，对提高混凝土的强度和变形都更有利。实腹型钢混凝土梁这种约束作用更明显。

（5）型钢翼缘宽度与梁宽度比 $\dfrac{b_f}{b}$ 型钢翼缘的宽度之比，对钢骨混凝土梁的破坏形态及抗剪强度均有一定影响。当 $\dfrac{b_f}{b}$ 较大时，型钢约束的混凝土相对较多，对提高梁的抗剪强度及变形能力有利。但当 $\dfrac{b_f}{b}$ 大到一定数值后，会产生沿着型钢上、下翼缘的粘结劈裂破坏。

（6）型钢翼缘的保护层 梁的上、下边缘附近应力及变形均较大，因此该处易丧失粘结力而产生较大的滑移，有可能产生粘结劈裂裂缝而导致构件破坏，尤其对配实腹型钢的梁要引起重视。在型钢外围配置箍筋，会增大对型钢外围混凝土的约束，效果非常明显。

（7）配箍率 在实腹型钢混凝土梁中应配置适当的箍筋。箍筋一方面能承担一部分剪力，另一方面还能有效地约束混凝土的变形，从而使梁的承载力和变形能力都得到提高。此外，箍筋对防止梁粘结破坏还能起到重要作用。

3. 受剪承载力计算

型钢混凝土框架梁考虑抗震时的剪力设计值 V_b 应按下列规定计算

一级抗震等级的框架结构和 9 度设防烈度的一级抗震框架

$$V_b = 1.1 \frac{M_{bua}^l + M_{bua}^r}{l_n} + V_{Gb} \tag{4-14}$$

二级抗震等级

$$V_b = 1.3 \frac{M_b^l + M_b^r}{l_n} + V_{Gb} \tag{4-15}$$

三级抗震等级

$$V_b = 1.2 \frac{M_b^l + M_b^r}{l_n} + V_{Gb} \tag{4-16}$$

四级抗震等级

$$V_b = 1.1 \frac{M_b^l + M_b^r}{l_n} + V_{Gb} \tag{4-17}$$

式中　M_{bua}^l、M_{bua}^r——框架梁左、右端采用实配钢筋和实配型钢（计入受压钢筋及梁有效翼缘宽度范围内的楼板钢筋）、材料强度标准值，且考虑承载力抗震调整系数的正截面受弯承载力所对应的弯矩值，M_{bua}^l 与 M_{bua}^r 之和应分别按顺时针和逆时针方向进行计算，并取其较大值，两端弯矩均为负值时，取绝对值较小的弯矩为零（N·mm）；

M_b^l、M_b^r——考虑地震作用组合的框架梁左、右端弯矩设计值，M_b^l 与 M_b^r 之和应分别按顺时针和逆时针方向计算的两端考虑地震组合的弯矩设计值之和的较大值，并取其较大值，对一级抗震等级框架，两端弯矩均为弯矩时，绝对值较小的弯矩应取零（N·mm）；

V_{Gb}——考虑地震作用组合时的重力荷载代表值产生的剪力设计值，可按简支梁计算确定（N）；

l_n——梁的净跨（mm）。

型钢混凝土框架梁的受剪截面应符合下列规定

非抗震设计

$$V_b \leqslant 0.45 \beta_c f_c b h_0 \tag{4-18}$$

$$\frac{f_a t_w h_w}{\beta_c f_c b h_0} \geqslant 0.10 \tag{4-19}$$

抗震设计

$$V_b \leqslant \frac{1}{\gamma_{RE}} 0.36 \beta_c f_c b h_0 \tag{4-20}$$

$$\frac{f_a t_w h_w}{\beta_c f_c b h_0} \geqslant 0.10 \tag{4-21}$$

充满型实腹型钢的型钢混凝土框架梁，其斜截面受剪承载力应按下列公式计算

非抗震设计

$$V_b \leqslant 0.8 f_t b h_0 + f_{yv} \frac{A_{sv}}{s} h_0 + 0.58 f_a t_w h_w \tag{4-22}$$

抗震设计

$$V_b \leqslant \frac{1}{\gamma_{RE}} \left[0.5 f_y b h_0 + f_{yv} \frac{A_{sv}}{s} h_0 + 0.58 f_a t_w h_w \right] \tag{4-23}$$

集中荷载作用下的梁，其斜截面受剪承载力应按下列公式计算

非抗震设计

$$V_b \leqslant \frac{1.75}{\gamma + 1} f_t b h_0 + f_{yv} \frac{A_{sv}}{s} h_0 + \frac{0.58}{\lambda} f_a t_w h_w \tag{4-24}$$

抗震设计

$$V_b \le \frac{1}{\gamma_{RE}} \left[\frac{1.05}{\lambda+1} f_t b h_0 + f_{yv} \frac{A_{sv}}{s} h_0 + \frac{0.58}{\lambda} f_a t_w h_w \right] \tag{4-25}$$

式中 f_{yv} ——箍筋强度设计值（N/mm²）；

      A_{sv} ——配置在同一截面内箍筋各肢的全部截面面积（mm²）；

      s ——沿构件长度方向上箍筋的间距（mm）；

      λ ——计算截面剪跨比，$\lambda = a/h_0$，a 为计算截面至支座截面或节点边缘的距离，计算截面取集中荷载作用点处的截面。当 $\lambda < 1.5$ 时，取 $\lambda = 1.5$；$\lambda > 3$ 时，取 $\lambda = 3$。

      f_t ——混凝土抗拉强度设计值（N/mm²）。

4.2.3 梁上开孔与补强

当需要在型钢混凝土梁上开孔时，孔洞位置一般应设置在梁中剪力较小部位。孔洞形状宜为圆形，当孔洞位于离支座 1/4 跨度以外时，圆形孔的直径不宜大于 0.4 倍梁高，且不宜大于型钢截面高度的 0.7 倍。当孔洞位于离支座 1/4 跨度以内时，圆形孔的直径不宜大于 0.3 倍梁高，且不宜大于型钢截面高度的 0.5 倍。孔洞周边宜设置钢套管加强，管壁厚度不宜小于型钢腹板厚度，套管与型钢腹板连接的角焊缝高度宜取 0.7 倍腹板厚度；腹板孔周围两侧宜各焊上厚度稍小于腹板厚度的环形补强板，其环板宽度应取 75~125mm，且孔边应加设构造箍筋和水平筋，如图 4-11 所示。

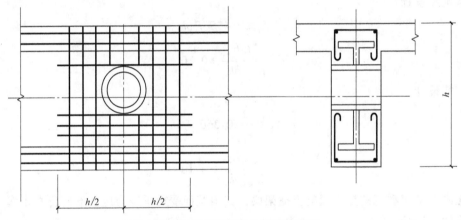

图 4-11   圆形开孔位置处加强筋设置

圆形孔洞截面处的正截面受弯承载力的计算与普通型钢混凝土梁相同，但计算中应扣除孔洞截面面积，受剪承载力应满足式（4-25）和式（4-26）要求。在孔中心到两侧 1/2 梁高范围内应符合箍筋加密区构造要求。

非抗震设计

$$V_b \le 0.8 f_t b h_0 \left(1 - 1.6 \frac{D_h}{h}\right) + 0.58 f_a t_w (h_w - D_h) \gamma + \sum f_{yv} A_{sv} \tag{4-26}$$

抗震设计

$$V_b \le \frac{1}{\gamma_{RE}} \left[0.6 f_t b h_0 \left(1 - 1.6 \frac{D_h}{h}\right) + 0.58 f_a t_w (h_w - D_h) \gamma + 0.8 \sum f_{yv} A_{sv} \right] \tag{4-27}$$

式中 γ——孔边条件系数，孔边设置钢套管时取 1.0，孔边不设钢套管时取 0.85；

D_h——圆孔洞直径（mm）；

$\Sigma f_{yv} A_{sv}$——加强箍筋的受剪承载力（N/mm^2）。

4.2.4 裂缝宽度和挠度计算

型钢混凝土梁不仅要进行正截面受弯承载力和斜截面受剪承载力的计算，还需进行正常使用极限状态下的裂缝宽度和变形验算，以满足构件的正常使用要求。

1. 裂缝宽度验算

型钢混凝土梁的裂缝分布呈以下特征：梁上裂缝一旦出现便很快延伸至型钢受拉翼缘附近，由于型钢翼缘之间的混凝土应变受到刚度较大的型钢约束，抑制和延缓了裂缝的开展。

采用两点对称加载的型钢混凝土梁，裂缝一般先出现在纯弯段，然后才在弯剪段出现。当加载到极限荷载的 50% 时，纯弯段的裂缝基本出齐。直到构件破坏时，均表现为方向一致的竖向裂缝。弯剪段内一般先出现小的竖向裂缝，之后逐渐发展为指向加载点的斜向裂缝，剪跨越小，这种现象越明显。在型钢混凝土梁中，钢筋和型钢对裂缝两侧混凝土的约束作用更强，约束范围更大，使得型钢混凝土梁的裂缝宽度较钢筋混凝土梁减小。

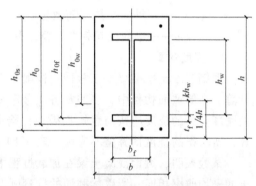

图 4-12 型钢混凝土梁最大裂缝宽度计算简图

按照荷载效应的准永久组合并考虑裂缝宽度分布的不均匀性以及荷载长期作用的影响，型钢混凝土梁的最大裂缝宽度 ω_{max} 为（见图 4-12）

$$\omega_{max} = 1.9\psi \frac{\sigma_{sa}}{E_s}\left(1.9c_s + 0.08\frac{d_e}{\rho_{te}}\right) \tag{4-28}$$

$$\psi = 1.1\left(1 - \frac{M_{cr}}{M_q}\right) \tag{4-29}$$

$$M_{cr} = 0.235bh^2 f_{tk} \tag{4-30}$$

$$\sigma_{sa} = \frac{M_q}{0.87(A_s h_{0s} + A_{af} h_{0f} + kA_{aw} h_{0w})} \tag{4-31}$$

$$k = \frac{0.25h - 0.5t_f - a_a}{h_w} \tag{4-32}$$

$$d_e = \frac{4(A_s + A_{af} + kA_{aw})}{u} \tag{4-33}$$

$$u = n\pi d_s + (2b_f + 2t_f + 2kh_{aw})\times 0.7 \tag{4-34}$$

$$\rho_{te} = \frac{A_s + A_{af} + kA_{aw}}{0.5bh} \tag{4-35}$$

式中 c_s——纵向受拉钢筋的混凝土保护层厚度（mm）；

ψ——考虑型钢翼缘作用的受拉钢筋应变不均匀系数。当 $\psi < 0.4$ 时，取 $\psi = 0.4$，

当 $\psi > 1$ 时，取 $\psi = 1$；

k——型钢腹板影响系数，其值取梁受拉侧 1/4 梁高范围中腹板高度与整个腹板高度的比值；

d_e、ρ_{te}——考虑型钢受拉翼缘与部分腹板及受拉钢筋的有效直径、有效配筋率等（mm）；

σ_{sa}——考虑型钢受拉翼缘与部分腹板及受拉钢筋的筋应力值（N/mm^2）；

M_c——混凝土截面的抗裂弯矩（N·mm）；

A_s、A_{af}——纵向受力钢筋、型钢受拉翼缘面积（mm^2）；

A_{aw}、h_{aw}——型钢腹板面积（mm^2）、高度（mm）；

h_{0s}、h_{0f}、h_{0w}——纵向受拉钢筋、型钢受拉翼缘、截面重心至混凝土截面受压边缘距离（mm）；

n——纵向受拉钢筋数量；

u——纵向受拉钢筋和型钢受拉翼缘与部分腹板周长之和（mm）。

2. 挠度验算

型钢混凝土框架梁在正常使用极限状态下的挠度，可根据构件的刚度用结构力学的方法计算。在等截面构件中，可假定各同号弯矩区段内的刚度相等，并取用该区段内最大弯矩处的刚度。梁的挠度应按荷载短期效应组合并考虑荷载长期效应组合影响的长期刚度进行计算，所求得的挠度计算值不应大于表 4-1 的规定。

试验表明，型钢混凝土梁在加载过程中的截面平均应变符合平截面假定，且型钢和混凝土的平均曲率相同，所以梁截面的抗弯刚度 B 可按钢筋混凝土梁截面的抗弯刚度 B_{rc} 与型钢截面抗弯刚度 B_a 叠加的原则来计算。

$$B = B_{rc} + B_a \tag{4-36}$$

当梁截面尺寸一定时，钢筋混凝土截面部分的抗弯刚度 B_{rc} 主要与受拉钢筋配筋率有关，但在长期荷载作用下，由于受压区混凝土的徐变、钢筋与混凝土之间的滑移徐变及混凝土的收缩等原因，梁的截面刚度会下降。型钢截面抗弯刚度为 $B_a = E_a I_a$。

当型钢混凝土框架梁的纵向受拉钢筋配筋率在 0.3% ~ 1.5% 范围内时，按荷载的准永久值计算的短期刚度 B_s 和考虑长期作用影响的长期刚度 B_l，可按下列公式计算

$$B_s = \left(0.22 + 3.75 \frac{E_s}{E_c} \rho_s\right) E_c I_c + E_a I_a \tag{4-37}$$

$$B_l = \frac{B_s - E_a I_a}{\theta} + E_a I_a \tag{4-38}$$

$$\theta = 2.0 - 0.4 \frac{\rho'_{sa}}{\rho_{sa}} \tag{4-39}$$

式中　B_s——梁的短期刚度（N/mm^2）；

B——梁的长期刚度（N/mm^2）；

ρ_{sa}——梁截面受拉区配置的纵向受拉钢筋和型钢受拉翼缘面积之和的截面配筋率；

ρ'_{sa}——梁截面受压区配置的纵向受拉钢筋和型钢受拉翼缘面积之和的截面配筋率；

E_c——混凝土弹性模量（N/mm²）；

E_a——型钢弹性模量（N/mm²）；

E_s——钢筋弹性模量（N/mm²）；

I_c——按截面尺寸计算的混凝土截面惯性矩（mm⁴）；

I_a——型钢截面惯性矩（mm⁴）；

θ——考虑荷载长期效应组合对挠度增大的影响系数。

4.2.5　型钢混凝土梁构造要求

型钢混凝土框架梁的截面宽度不宜小于 300mm，截面的高宽比不宜大于 4。梁中纵向受拉钢筋不宜超过两排，配筋率宜大于 0.3%，直径宜取 16～25mm，净距不宜小于 30mm 和 1.5d（d 为钢筋的最大直径）。梁的上部和下部纵向钢筋伸入节点的锚固构造要求应符合《混凝土结构设计规范》的规定。型钢混凝土框架梁的截面高度大于或等于 450mm 时，在梁的两侧沿高度方向每隔 200mm，应设置一根纵向腰筋，且每侧腰筋截面面积不宜小于梁腹板截面面积的 0.1%，腰筋与型钢间宜配置拉结钢筋。应在型钢混凝土框架梁承受较大固定集中荷载处，沿型钢腹板两侧对称设置支承加劲肋。

型钢混凝土框架梁中箍筋的配置应符合《混凝土结构设计规范》的规定，考虑地震作用组合的型钢混凝土框架梁，梁端应设置箍筋加密区，其加密区长度、箍筋最大间距和箍筋最小直径应满足表 4-4 要求。

表 4-4　梁端箍筋加密区的构造要求

抗震等级	箍筋加密区长度	箍筋最大间距/mm	箍筋最小直径/mm
一级	2h	100	12
二级	1.5h	100	10
三级	1.5h	150	10
四级	1.5h	150	8

注：1. h 为型钢混凝土梁的梁高。
2. 当梁跨度小于梁截面高度 4 倍时，梁全跨应按箍筋加密区配置。
3. 一级抗震等级框架箍筋直径大于 12mm、二级抗震等级框架梁箍筋直径大于 10mm，箍筋数量不少于 4 肢且肢距不大于 150mm 时，箍筋加密区最大间距应允许适当放宽，但不得大于 150mm。

在箍筋加密区长度内，宜配置复合箍筋，其箍筋肢距可按《混凝土结构设计规范》的规定适当放宽。非抗震设计时，型钢混凝土框架应采用封闭箍筋，其直径不应小于 8mm，箍筋间距不应大于 250mm。梁端第一道箍筋应设置在距节点边缘不大于 50mm 处，非加密区的箍筋最大间距不宜大于加密区箍筋间距的 2 倍，沿梁全长箍筋的配筋率 $\rho_{sv}=\dfrac{A_{sv}}{bs}$ 应符合下列规定：

非抗震设计

$$\rho_{sv} \geq 0.24\frac{f_t}{f_{yv}} \tag{4-40}$$

抗震设计

一级 $$\rho_{sv} \geqslant 0.30 \frac{f_t}{f_{yv}}$$ (4-41)

二级 $$\rho_{sv} \geqslant 0.28 \frac{f_t}{f_{yv}}$$ (4-42)

三级、四级 $$\rho_{sv} \geqslant 0.26 \frac{f_t}{f_{yv}}$$ (4-43)

4.2.6 型钢混凝土框架梁设计示例

[例 4-1] 如图 4-13 所示，某型钢混凝土梁截面尺寸为 $b \times h = 400\text{mm} \times 800\text{mm}$，采用 C30 混凝土，$f_c = 14.3\text{N/mm}^2$，型钢采用 Q345 钢材，其型号为热轧 H 型钢 HN500（$500\text{mm} \times 200\text{mm} \times 10\text{mm} \times 16\text{mm}$），$f_a = f'_a = 305\text{N/mm}^2$，纵向钢筋为 HRB400，$f_y = f'_y = 360\text{N/mm}^2$，$E_s = 2.0 \times 10^5 \text{N/mm}^2$。梁支座承受的负弯矩为 $M = 1150\text{kN} \cdot \text{m}$，试设计该梁负弯矩区的受拉钢筋。

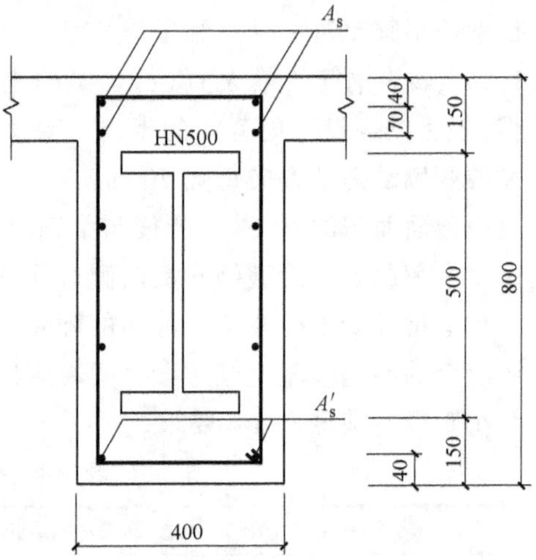

解：为便于计算，不考虑受压区配置的受压钢筋，即取 $A'_s = 0$。

（1）计算界限相对受压区高度

$$\xi_b = \frac{\beta_1}{1 + \frac{f_y + f_a}{2 \times 0.003 E_s}} = \frac{0.8}{1 + \frac{360 + 305}{2 \times 0.0033 \times 2.0 \times 10^6}} = 0.529$$

（2）有效高度

假定受拉区钢筋为双层，每层布置 2 根 HRB400 钢筋

$$a = \frac{2 \times 254.5 \times 360 \times 40 + 2 \times 254.5 \times 360 \times 110 + 200 \times 16 \times 305 \times (125 + 16/2)}{2 \times 254.5 \times 360 + 2 \times 254.5 \times 360 + 200 \times 16 \times 305} \text{mm} = 112\text{mm}$$

$$h_0 = h - a = 800\text{mm} - 112\text{mm} = 688\text{mm}$$

由于型钢翼缘的截面面积较大，故认为受拉区的形心在受拉翼缘截面形心处。

$$\delta_1 h_0 = 125\text{mm} + 16\text{mm} = 141\text{mm} \quad \delta_1 = \frac{141}{h_0} = \frac{141}{688} = 0.205$$

$$\delta_2 h_0 = 800\text{mm} - 141\text{mm} = 659\text{mm} \quad \delta_2 = \frac{659}{h_0} = \frac{659}{688} = 0.958$$

（3）判别

假定 $\delta_1 h_0 < \dfrac{x}{\beta_1} = 1.25x$，$\delta_2 h_0 < \dfrac{x}{\beta_1} = 1.25x$（$\beta_1 = 0.8$）

$$\begin{aligned}
M_{aw} &= \left[\frac{1}{2}(\delta_1^2 + \delta_2^2) - (\delta_1 + \delta_2) + 2.5\xi - (1.25\xi)^2 \right] t_w h_0^2 f_a \\
&= \left[\frac{1}{2}(0.205^2 + 0.958^2) - (0.205 + 0.958) + 2.5\xi - (1.25\xi)^2 \right] \times 10 \times 688^2 \times 305 \\
&= -1018533253 + 3727584000\xi - 2329740000\xi^2
\end{aligned}$$

图 4-13 [例 4-1] 图

由平衡方程

$$M_u = \alpha_1 f_c b x \left(h_0 - \frac{x}{2} \right) + f_y' A_s' (h_0 - a_s') + f_a' A_{af}' (h_0 - a_a') + M_{aw}$$

$$f_y' A_s' = 0, \quad x = \xi h_0$$

且 $1150 \times 10^6 = 1.0 \times 14.3 \times 400 \times 688\xi \left(688 - \frac{688\xi}{2} \right) + 305 \times 200 \times 16 \times (688 - 150 - 8)$

$$-1018533253 + 3727584000\xi - 2329740000\xi^2$$

解得 $\xi = 0.304$

$$x = \xi h_0 = 0.304 \times 688\text{mm} = 209.2\text{mm}$$

$$\delta_1 h_0 = 141\text{mm} < 1.25x = 1.25 \times 209.2\text{mm} = 261.5\text{mm}$$

$$\delta_2 h_0 = 659\text{mm} > 1.25x = 1.25 \times 209.2\text{mm} = 261.5\text{mm}$$

故假定成立。

又 $x = \xi h_0 = 209.2 < \xi_b h_0 = 0.518 \times 688\text{mm} = 356.4\text{mm}$

且 $x > a_a' + t_f = 150\text{mm} + 16\text{mm} = 176\text{mm}$ （符合条件）。

$$N_{aw} = \left[2.5 \frac{x}{h_0} - (\delta_1 + \delta_2) \right] t_w h_0 f_a$$

$$= [2.5 \times 0.304 - (0.205 + 0.958)] \times 10 \times 688 \times 305\text{N}$$

$$= -873381.6\text{N}$$

代入平衡方程

$$\alpha_1 f_c b x + f_y' A_s' + f_a' A_{af}' - f_y A_s - f_a A_{af} + N_{aw} = 0$$

$$1.0 \times 14.3 \times 400 \times 209.2 - 305A_s - 873381.3 = 0$$

解得 $A_s \geq 1026\text{mm}^2$

且 $A_s \geq \rho_{min} bh = 0.0015 \times 400 \times 800\text{mm}^2 = 480\text{mm}^2$

故选用 4 根直径 20mm 的 HRB400 钢筋，其 $A_s = 1256\text{mm}^2$。

[**例 4-2**]　如图 4-14 所示，某型钢混凝土简支梁，截面尺寸为 $b \times h = 250\text{mm} \times 500\text{mm}$，梁上剪力设计值为 $V = 350\text{kN}$。型钢采用 Q345 钢材，其型号为热轧 H 型钢 HN400（400mm×150mm×8mm×13mm），$f_a = 305\text{N/mm}^2$，梁的上、下配有纵向钢筋 HRB400，混凝土强度等级为 C30。试验算其截面抗剪承载力，并配置箍筋。

解： $h_w = 400\text{mm} - 2 \times 13\text{mm} = 374\text{mm}$

$$h_0 = 500\text{mm} - 45\text{mm} = 455\text{mm}$$

对梁受剪截面验算

$V = 350\text{kN} < 0.45\beta_c f_c bh_0 = 0.45 \times 1.0 \times 14.3 \times 200 \times 455\text{kN} = 585.6\text{kN}$

且 $\quad \dfrac{f_a t_w h_w}{\beta_c f_c bh_0} = \dfrac{305 \times 8 \times 374}{1.0 \times 14.3 \times 250 \times 455} = 0.56 > 0.10$

梁截面抗剪承载力为

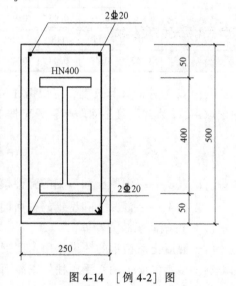

图 4-14 ［例 4-2］图

$$V_d = 0.8 f_t b h_0 + 0.58 f_a t_w h_w$$
$$= 0.8 \times 1.43 \times 250 \times 455 \text{kN} + 0.58 \times 310 \times 8 \times 374 \text{kN}$$
$$= 668.1 \text{kN} > V = 350 \text{kN}$$

故可按构造要求配箍，选择双肢箍ϕ6@200。

4.3 型钢混凝土框架柱设计

4.3.1 型钢混凝土柱正截面承载力计算

1. 轴心受压柱

（1）受力性能 轴心受压柱按长细比的不同可分为短柱和长柱。型钢混凝土短柱在轴心压力作用下，加荷初期，型钢和混凝土能较好地共同工作，型钢、混凝土和钢筋的变形是协调的。随着荷载的增加，沿柱长度方向混凝土产生纵向裂缝。荷载继续增加，纵向裂缝逐渐贯通，最终把柱分成若干个受压小柱体而产生劈裂破坏。在含钢量合适且型钢外围有一定混凝土保护层厚度的情况下，破坏时型钢不会发生局部屈曲，它和纵向钢筋都能达到受压屈服，混凝土的压应力可以达到其轴心抗压强度。

同钢筋混凝土柱相似，型钢混凝土长柱的承载力低于相同条件下的短柱承载力，采用稳定系数 φ 来考虑长柱承载力的降低程度。φ 值随长细比 l_0/i 的增大而减小，其值由表 4-5 确定。

表 4-5 型钢混凝土柱的稳定系数

l_0/i	≤28	35	42	48	55	62	69	76	83	90	97
φ	1.0	0.98	0.95	0.92	0.87	0.81	0.75	0.70	0.65	0.60	0.56
l_0/i	104	111	118	125	132	139	146	153	160	167	174
φ	0.52	0.48	0.44	0.40	0.36	0.32	0.29	0.26	0.23	0.21	0.19

其中 l_0 为柱的计算长度，可根据柱两端的支承情况，按照《混凝土结构设计规范》的规定取用，i 为截面最小回转半径，可按下式计算，即

$$i = \sqrt{\frac{E_c I_c + E_a I_a}{E_c A_c + E_a A_a}} \tag{4-44}$$

式中 E_c、E_a——混凝土和型钢的弹性模量（N/mm^2）；

A_c、A_a——混凝土和型钢的截面面积（mm^2）。

（2）正截面承载力计算

由于混凝土对型钢的约束作用，型钢不会产生屈曲现象，设计时可不考虑型钢局部屈曲的影响。型钢混凝土轴心受压柱的正截面承载力可按下式计算

非抗震设计

$$N \leqslant N_u = 0.9 \varphi (f_c A_c + f_y' A_s' + f_a' A_a') \tag{4-45}$$

抗震设计

$$N \leqslant N_u = \frac{1}{\gamma_{RE}} \left[0.9 \varphi (f_c A_c + f_y' A_s' + f_a' A_a') \right] \tag{4-46}$$

式中　N——轴向压力设计值（N）；

　　　N_u——轴向受压承载力设计值（N）；

　　　φ——型钢混凝土轴心受压柱的稳定系数，按表 4-5 选用；

　　　f_c——混凝土轴心抗压强度设计值（N/mm²）；

　　　A_c——混凝土的净截面面积（mm²）；

　　　f'_y——纵向受压钢筋的抗压强度设计值（N/mm²）；

　　　A'_s——纵向受压钢筋的截面面积（mm²）；

　　　f'_a——型钢的抗压强度设计值（N/mm²）；

　　　A'_a——型钢的有效净截面面积，即扣除因孔洞削弱后的部分（mm²）。

2. 偏心受压柱

（1）破坏形态　根据荷载偏心距及破坏特征的不同，型钢混凝土偏心受压柱存在以下两种破坏形态：

1）受拉破坏（大偏心受压破坏）　荷载偏心距 e_0 较大时，当纵向压力增加到一定数值后，远离纵向力一侧的混凝土上出现与柱轴线垂直的水平裂缝。随着压力的增加，水平裂缝不断扩展，受拉钢筋与型钢的受拉翼缘相继屈服；此时受压区边缘混凝土尚未达到极限压应变，荷载还可继续增加，变形发展加快，直到受压区边缘混凝土达到极限压应变而被压碎，柱发生破坏。此时，受压钢筋与型钢的受压翼缘一般均能达到屈服强度。型钢的腹板，不论是受压还是受拉，都只有一部分达到屈服强度。偏心距越大，破坏过程越缓慢，横向裂缝开展越大。

2）受压破坏（小偏心受压破坏）　当荷载偏心距 e_0 较小时，随着纵向压力的增大，在沿柱长方向中部截面附近，靠近纵向力一侧的受压区边缘混凝土首先达到极限压应变，混凝土压溃剥落，纵向裂缝迅速向上下两端延伸，柱发生破坏。此时，靠近纵向力一侧的受压钢筋与型钢翼缘都能达到屈服，而远离纵向力一侧的钢筋与型钢可能受压，也可能受拉，但均达不到屈服强度。破坏前受拉区横向裂缝出现较晚或不出现。

同普通钢筋混凝土偏压柱一样，可以用相对受压区高度比值大小来判别大、小偏心受压。

当 $\xi < \xi_b$ 时，截面属于大偏心受压；当 $\xi > \xi_b$ 时，截面属于小偏心受压；当 $\xi = \xi_b$ 时，截面处于临界状态。

$$\xi = \frac{x}{h_0}$$

$$\xi_b = \frac{\beta_1}{1 + \dfrac{f_y + f_a}{2 \times 0.003 E_s}}$$

（2）偏心受压长柱的长细比　根据长细比大小的不同，可以将型钢混凝土偏心受压柱分为：

1）短柱：可以不考虑纵向弯曲引起的附加弯矩对构件承载力的影响，构件的破坏是由材料破坏引起的。

2）长柱：由于长细比较大，正截面受压承载力与短柱相比降低很多，但构件的最终破坏还是材料破坏。

3）细长柱：由于长细比很大，构件破坏是由构件纵向弯曲失去平衡引起的，成为失稳破坏。

（3）正截面承载力计算　对于配置充满型实腹型钢的偏心受压型钢混凝土柱，其正截面承载力计算的基本假定同型钢混凝土梁。

偏心受压时正截面承载力计算如图 4-15 所示。

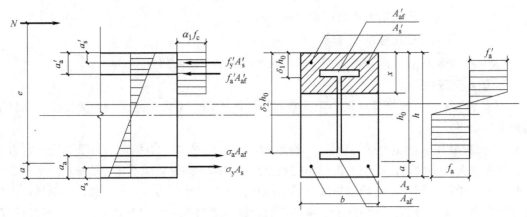

图 4-15　偏心受压框架柱的承载力计算

非抗震设计

$$N \leqslant \alpha_1 f_c bx + f'_y A'_s + f'_a A'_{af} - \sigma_s A_s - \sigma_a A_{af} + N_{aw} \tag{4-47}$$

$$Ne \leqslant \alpha_1 f_c bx(h_0 - x/2) + f'_y A'_s(h_0 - a'_s) + f'_a A'_{af}(h_0 - a'_a) + M_{aw} \tag{4-48}$$

抗震设计

$$N \leqslant \frac{1}{\gamma_{RE}} \left[\alpha_1 f_c bx + f'_y A'_s + f'_a A'_{af} - \sigma_s A_s - \sigma_a A_{af} + N_{aw} \right] \tag{4-49}$$

$$Ne \leqslant \frac{1}{\gamma_{RE}} \left[\alpha_1 f_c bx(h_0 - x/2) + f'_y A'_s(h_0 - a'_s) + f'_a A'_{af}(h_0 - a'_a) + N_{aw} \right] \tag{4-50}$$

$$e = e_i + \frac{h}{2} - a \tag{4-51}$$

$$e_i = e_0 + e_a \tag{4-52}$$

$$e_0 = \frac{M}{N} \tag{4-53}$$

1）当 $\delta_1 h_0 < \dfrac{x}{\beta_1}$，$\delta_2 h_0 < \dfrac{x}{\beta_1}$ 时

$$N_{aw} = \left[\frac{2x}{\beta_1 h_0} - (\delta_1 + \delta_2) \right] t_w h_0 f_a \tag{4-54}$$

$$M_{aw} = \left[0.5(\delta_1^2 + \delta_2^2) - (\delta_1 + \delta_2) + \frac{2x}{\beta_1 h_0} - \left(\frac{x}{\beta_1 h_0} \right)^2 \right] t_w h_0^2 f_a \tag{4-55}$$

2）当 $\delta_1 h_0 < \dfrac{x}{\beta_1}$，$\delta_2 h_0 < \dfrac{x}{\beta_1}$ 时

$$N_{aw} = (\delta_2 - \delta_1) t_w h_0 f_a \tag{4-56}$$

$$M_{aw} = \left[0.5(\delta_1^2 - \delta_2^2) + (\delta_2 - \delta_1) \right] t_w h_0^2 f_a \tag{4-57}$$

3）当 $x \leqslant \xi_b h_0$ 时；为大偏压构件，取 $\sigma_s = f_y$，$\sigma_a = f_a$；当 $x > \xi_b h_0$ 时，为小偏压构件，可按下列近似公式计算 σ_s 和 σ_a

$$\sigma_s = \frac{f_y}{\xi_b - \beta_1}\left(\frac{x}{h_0} - \beta_1\right) \tag{4-58}$$

$$\sigma_a = \frac{f_a}{\xi_b - \beta_1}\left(\frac{x}{h_0} - \beta_1\right) \tag{4-59}$$

$$\xi_b = \frac{\beta_1}{1 + \dfrac{f_y + f_a}{2 \times 0.003 E_s}}$$

式中　f_y'、f_a'——受压钢筋、型钢的抗压强度设计值（N/mm^2）；

　　　A_s'、A_a'——竖向受压钢筋、型钢受压翼缘的截面面积（mm^2）；

　　　A_s、A_a——竖向受拉钢筋、型钢受拉翼缘的截面面积（mm^2）；

　　　b、x——柱截面宽度和柱截面受压区高度（mm）；

　　　a_s'、a_a'——受压纵筋合力点、型钢受压翼缘合力点到截面受压边缘的距离（mm）；

　　　a_s、a_a——受拉纵筋合力点、型钢受拉翼缘合力点到截面受拉边缘的距离（mm）；

　　　a——受拉纵筋和型钢受拉翼缘合力点到截面受拉边缘的距离（mm）；

　　　e——轴向力作用点至纵向受拉钢筋和型钢受拉翼缘合力点之间的距离（mm）；

　　　e_0——轴向力对截面重心轴的偏心距（mm）；

　　　e_a——考虑荷载位置不定性、材料不均匀、施工偏差等引起的附加偏心距，其值取 20mm 和偏心方向截面尺寸的 1/30 两者中的较大值（mm）。

配置十字型钢的型钢混凝土偏心受压柱，如图 4-16 所示，其正截面受压承载力可考虑腹板两侧的侧腹板作用，可参照配置了充满型实腹型钢的构件计算，但可将腹板厚度 t_w 改为折算等效厚度 t_w'。

$$t_w' = t_w + \frac{0.5 \sum A_{aw}}{h_w} \tag{4-60}$$

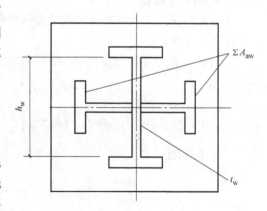

图 4-16　配置十字型钢的型钢混凝土柱

式中　$\sum A_{aw}$——两侧的侧腹板总面积（mm^2）。

对截面具有两个相互垂直的对称轴的型钢混凝土双向偏心受压框架柱，如图 4-17 所示，首先应满足 x 向和 y 向单向偏心受压承载力的计算要求，其双向偏心受压承载力计算可按下列规定进行。

非抗震设计

$$N \leqslant \frac{1}{\dfrac{1}{N_{ux}} + \dfrac{1}{N_{uy}} - \dfrac{1}{N_{u0}}} \tag{4-61}$$

抗震设计

$$N \leqslant \frac{1}{\gamma_{RE}} \left(\frac{1}{\dfrac{1}{N_{ux}} + \dfrac{1}{N_{uy}} - \dfrac{1}{N_{u0}}} \right) \qquad (4\text{-}62)$$

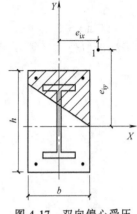

式中 N——双向偏心轴向压力设计值（作用于点 1）（N）；

N_{u0}——柱截面的轴心受压承载力设计值（N）；

N_{ux}、N_{uy}——柱截面的 x 方向和 y 方向的单向偏心受压承载力设计值（N）。

双向偏心受压时，在某一主轴方向偏心距较大，则在该方向抗弯配筋较强，但在另一主轴方向的较小弯矩也不宜忽略，尚应进行绕"弱轴"的承载力验算。

图 4-17 双向偏心受压
框架柱承载力计算

3. 轴心受拉柱

型钢混凝土轴心受拉柱的正截面受拉承载力应按下列公式计算。

非抗震设计

$$N \leqslant f_y A_s + f_a A_a \qquad (4\text{-}63)$$

抗震设计

$$N \leqslant \frac{1}{\gamma_{RE}} (f_y A_s + f_a A_a) \qquad (4\text{-}64)$$

式中 N——构件的轴向拉力设计值（N）；

A_s、A_a——纵向受力钢筋和型钢的截面面积（mm^2）；

f_y、f_a——纵向受力钢筋和型钢的材料抗拉强度设计值（N/mm^2）。

4. 偏心受拉柱

型钢截面为充满型实腹型钢的型钢混凝土偏心受拉框架柱和转换柱，其正截面受拉承载力按下式计算：

（1）大偏心受拉（见图 4-18a） 非抗震设计

$$N \leqslant f_y A_s + f_a A_{af} - f'_y A'_s - f'_a A'_{af} - \alpha_1 f_c bx + N_{aw} \qquad (4\text{-}65)$$

$$Ne \leqslant \alpha_1 f_c bx \left(h_0 - \frac{x}{2} \right) + f'_y A'_s (h_0 - a'_s) + f'_a A'_{af} (h_0 - a'_a) + M_{aw} \qquad (4\text{-}66)$$

抗震设计

$$N \leqslant \frac{1}{\gamma_{RE}} (f_y A_s + f_a A_{af} - f'_y A'_s - f'_a A'_{af} - \alpha_1 f_c bx + N_{aw}) \qquad (4\text{-}67)$$

$$Ne \leqslant \frac{1}{\gamma_{RE}} \left[\alpha_1 f_c bx \left(h_0 - \frac{x}{2} \right) + f'_y A'_s (h_0 - a'_s) + f'_a A'_{af} (h_0 - a'_a) + M_{aw} \right] \qquad (4\text{-}68)$$

$$h_0 = h - a \qquad (4\text{-}69)$$

$$e = e_0 - \frac{h}{2} + a \qquad (4\text{-}70)$$

当 $\delta_1 h_0 < \dfrac{x}{\beta_1}$，$\delta_2 h_0 > \dfrac{x}{\beta_1}$ 时

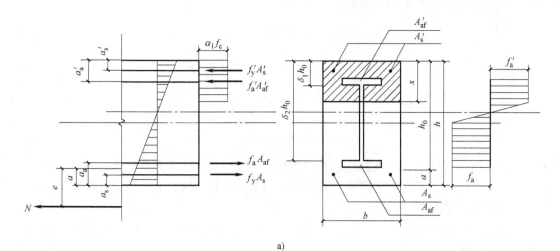

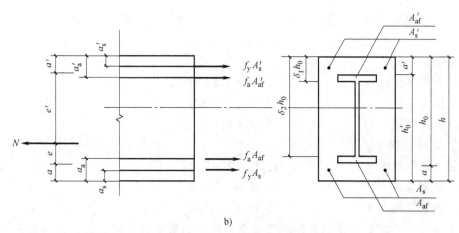

图 4-18　偏心受拉框架柱的承载力计算

a) 大偏心受拉　b) 小偏心受拉

$$N_{aw} = \left[(\delta_1 + \delta_2) - \frac{2x}{\beta_1 h_0} \right] t_w h_0 f_a \tag{4-71}$$

$$M_{aw} = \left[(\delta_1 + \delta_2) + \left(\frac{x}{\beta_1 h_0} \right)^2 - \frac{2x}{\beta_1 h_0} - 0.5(\delta_1^2 + \delta_2^2) \right] t_w h_0^2 f_a \tag{4-72}$$

当 $\delta_1 h_0 > \dfrac{x}{\beta_1}$，$\delta_2 h_0 > \dfrac{x}{\beta_1}$时

$$N_{aw} = (\delta_2 - \delta_1) t_w h_0 f_a \tag{4-73}$$

$$M_{aw} = \left[(\delta_2 - \delta_1) - 0.5(\delta_2^2 - \delta_1^2) \right] t_w h_0^2 f_a \tag{4-74}$$

（2）小偏心受拉（见图 4-18b）

非抗震设计

$$Ne \leq f_y' A_s'(h_0 - a_s') + f_a' A_{af}'(h_0 - a_a') + M_{aw} \tag{4-75}$$

$$Ne' \leq f_y A_s(h_0 - a_s') + f_a A_{af}(h_0 - a_a) + M_{aw}' \tag{4-76}$$

抗震设计

$$Ne \leq \frac{1}{\gamma_{RE}} \left[f_y' A_s'(h_0 - a_s') + f_a' A_{af}'(h_0 - a_a') + M_{aw} \right] \tag{4-77}$$

$$Ne' \leqslant \frac{1}{\gamma_{RE}} \left[f_y A_s (h_0' - a_s) + f_a A_{af} (h_0' - a_a) + M_{aw}' \right] \qquad (4-78)$$

$$M_{aw} = \left[(\delta_2 - \delta_1) - 0.5(\delta_2^2 - \delta_1^2) \right] t_w h_0^2 f_a \qquad (4-79)$$

$$M_{aw}' = \left[0.5(\delta_2^2 - \delta_1^2) - (\delta_2 - \delta_1) \frac{a'}{h_0} \right] t_w h_0^2 f_a \qquad (4-80)$$

$$e' = e_0 + \frac{h}{2} - a$$

式中　e——轴向拉力作用点至纵向受拉钢筋和型钢受拉翼缘的合力点之间的距离（mm）；

　　　e'——轴向拉力作用点至纵向受压钢筋和型钢受压翼缘的合力点之间的距离（mm）。

5. 柱端弯矩调整

考虑地震作用组合时，一、二、三、四级抗震等级的框架柱节点上、下端弯矩设计值应按下列公式计算：

（1）一级抗震等级的框架结构和 9 度设防烈度一级抗震等级的各类框架

$$\sum M_c = 1.2 \sum M_{bua} \qquad (4-81)$$

框架结构

二级抗震等级　　　　　　　$\sum M_c = 1.5 \sum M_b$ 　　　　　　　　$(4-82)$

三级抗震等级　　　　　　　$\sum M_c = 1.3 \sum M_b$ 　　　　　　　　$(4-83)$

四级抗震等级　　　　　　　$\sum M_c = 1.2 \sum M_b$ 　　　　　　　　$(4-84)$

（2）其他各类框架

一级抗震等级　　　　　　　$\sum M_c = 1.4 \sum M_b$ 　　　　　　　　$(4-85)$

二级抗震等级　　　　　　　$\sum M_c = 1.2 \sum M_b$ 　　　　　　　　$(4-86)$

三、四级抗震等级　　　　　$\sum M_c = 1.1 \sum M_b$ 　　　　　　　　$(4-87)$

式中　$\sum M_c$——考虑地震作用组合的节点上、下端的弯矩设计值之和；柱端弯矩设计值可取调整后的弯矩设计值之和按弹性分析的弯矩比例进行分配（N·mm）；

　　　$\sum M_{bua}$——同一节点左、右梁端按顺时针和逆时针方向采用实配钢筋和实配型钢材料强度标准值，且考虑抗震承载力调整系数的正截面受弯承载力之和的较大值（N·mm）；

　　　$\sum M_b$——同一节点左、右梁端按顺时针和逆时针方向计算的两端考虑地震作用组合的弯矩设计值之和的较大值；一级抗震等级，当两端弯矩均为负弯矩时，绝对值较小的弯矩值应为零（N·mm）。

考虑地震作用组合的框架结构底层柱下端截面弯矩设计值，对一、二、三、四级抗震等级应分别乘以弯矩增大系数 1.7、1.5、1.3 和 1.2。底层柱纵向钢筋宜按柱上、下端的不利情况配置。节点上、下柱端的轴向压力设计值，取地震作用组合下各自的轴向压力设计值。顶层柱、轴压比小于 0.15 柱，其柱端弯矩设计值可取为地震作用组合下的弯矩设计值。

4.3.2　型钢混凝土柱斜截面承载力计算

1. 斜截面受剪性能

影响型钢混凝土柱受剪性能的因素有很多，如剪跨比，轴压比、含钢率、箍筋配筋率、配钢形式等，其中的主要因素之一是剪跨比。对框架柱而言，剪跨比一般表示为 $\lambda = M/Vh_0$，对框架结构中的框架柱，当其反弯点在层高范围内时常近似表示为 $\lambda = H_n/2h_0$，其中 M 为计算截面上与剪力设计值 V 相应的弯矩设计值，H_n 为柱净高，h_0 为柱截面有效高度。

剪跨比对柱破坏形态有显著影响。当剪跨比 $\lambda < 1.5$ 时，往往发生剪切斜压破坏。在剪力作用下，首先在柱表面出现许多沿对角线方向的斜裂缝；随着荷载的增大与反复作用，斜裂缝进一步发展并形成交叉斜裂缝，将柱身分割成若干斜压小柱体，最终因混凝土柱体压溃而剥落，导致柱破坏。

当 $1.5 < \lambda < 2.5$ 时，一般多发生剪切粘结破坏。荷载较小时，柱根首先出现水平裂缝；随着剪力的增大，相继出现斜向裂缝，破坏前沿柱全长在型钢的两翼缘处出现斜向粘结裂缝。在反复荷载作用下，最后粘结裂缝贯通，导致保护层混凝土剥落，剪切承载力下降，进而引起柱破坏。

当 $2.5 < \lambda < 3.5$ 时，一般发生弯剪型破坏，即剪压破坏。如果构件具有足够的受剪承载力，通常发生弯曲破坏。

柱的受剪承载力随着剪跨比的增大而减小，但是当剪跨比大于某一数值后，剪跨比对受剪承载力的影响将不明显。

轴压力的存在抑制了柱斜裂缝的出现和开展，增加了混凝土剪压区高度，当 $N_c/(f_c bh)$ < 0.5 时，随轴压力的提高，柱的受剪承载力将增大。但当轴压力很大时，柱将发生受压破坏。

2. 受剪截面计算

型钢混凝土框架柱的受剪截面应符合下列条件：

非抗震设计

$$V_c \leqslant 0.45 f_c bh_0 \tag{4-88}$$

$$\frac{f_a t_w h_w}{\beta_c f_c bh_0} \geqslant 0.10 \tag{4-89}$$

抗震设计

$$V_c \leqslant \frac{1}{\gamma_{RE}} 0.36 \beta_c f_c bh_0 \tag{4-90}$$

$$\frac{f_a t_w h_w}{\beta_c f_c bh_0} \geqslant 0.10 \tag{4-91}$$

式中　　h_w——腹板计算高度（mm）。

3. 偏心受压柱斜截面受剪承载力

型钢混凝土偏心受压框架柱的斜截面受剪承载力可取型钢部分的受剪承载力与钢筋混凝土部分的受剪承载力之和，按下式计算：

非抗震设计

$$V_c \leqslant \frac{1.75}{\lambda + 1} f_t bh_0 + f_{yv} \frac{A_{sv}}{s} h_0 + \frac{0.58}{\lambda} f_a t_w h_w + 0.07N \tag{4-92}$$

抗震设计

$$V_b \leqslant \frac{1}{\gamma_{RE}} \left[\frac{0.05}{\lambda + 1} f_t bh_0 + f_{yv} \frac{A_{sv}}{s} h_0 + \frac{0.58}{\lambda} f_a t_w h_w + 0.056N \right] \tag{4-93}$$

式中 f_{yv}——箍筋抗拉强度设计值（N/mm²）；

A_{sv}——配置在同一截面内箍筋各肢的全部截面面积（mm²）；

s——沿构件长度方向上箍筋间距（mm）；

λ——框架组合的计算剪跨比，其值取上、下端较大弯矩设计值 M 与对应的剪力设计值 V 和柱截面有效高度 h_0 的比值，即 $\lambda = M/(Vh_0)$；当框架结构中的框架柱反弯点在柱层高范围内时，柱剪跨比也可采用 1/2 柱净高与柱截面有效高度 h_0 的比值；当 $\lambda < 1$ 时，取 $\lambda = 1$；$\lambda > 3$ 时，取 $\lambda = 3$；

N——考虑地震作用组合的框架柱的轴向压力设计值（N）；当 $N > 0.3 f_c A$ 时，取 $N = 0.3 f_c A$。

4. 偏心受拉柱斜截面受剪承载力

型钢混凝土偏心受拉框架柱的斜截面受剪承载力可按下式计算：

非抗震设计

$$V_c \leqslant \frac{1.75}{\lambda+1} f_t b h_0 + f_{yv} \frac{A_{sv}}{s} h_0 + \frac{0.58}{\lambda} f_a t_w h_w - 0.2N \tag{4-94}$$

当 $V_c \leqslant f_{yv} \dfrac{A_{sv}}{s} h_0 + \dfrac{0.58}{\lambda} f_a t_w h_w$ 时，应取 $V_c = f_{yv} \dfrac{A_{sv}}{s} h_0 + \dfrac{0.58}{\lambda} f_a t_w h_w$

抗震设计

$$V_c \leqslant \frac{1}{\gamma_{RE}} \left[\frac{1.05}{\lambda+1} f_t b h_0 + f_{yv} \frac{A_{sv}}{s} h_0 + \frac{0.58}{\lambda} f_a t_w h_w - 0.2N \right] \tag{4-95}$$

当 $V_c \leqslant \dfrac{1}{\gamma_{RE}} \left[f_{yv} \dfrac{A_{sv}}{s} h_0 + \dfrac{0.58}{\lambda} f_a t_w h_w \right]$ 时，应取 $V_c = \dfrac{1}{\gamma_{RE}} \left[f_{yv} \dfrac{A_{sv}}{s} h_0 + \dfrac{0.58}{\lambda} f_a t_w h_w \right]$

式中 λ——框架柱的计算剪跨比；

N——框架柱轴向拉力设计值（N）。

5. 柱端剪力调整

（1）考虑地震作用组合时，一、二、三、四级抗震等级的框架柱剪力设计值应按下列公式计算：

1）一级抗震等级的框架结构和 9 度设防烈度一级抗震等级的各类框架

$$V_c = 1.2 \frac{M_{cua}^t + M_{cua}^b}{H_n} \tag{4-96}$$

2）二级抗震等级

$$V_c = 1.3 \frac{M_c^t + M_c^b}{H_n} \tag{4-97}$$

3）三级抗震等级

$$V_c = 1.2 \frac{M_c^t + M_c^b}{H_n} \tag{4-98}$$

4）四级抗震等级

$$V_c = 1.1 \frac{M_c^t + M_c^b}{H_n} \tag{4-99}$$

（2）其他各类框架

1）一级抗震等级

$$V_c = 1.4 \frac{M_c^t + M_c^b}{H_n} \tag{4-100}$$

2）二级抗震等级

$$V_c = 1.2 \frac{M_c^t + M_c^b}{H_n} \tag{4-101}$$

3）三、四级抗震等级

$$V_c = 1.1 \frac{M_c^t + M_c^b}{H_n} \tag{4-102}$$

式中　M_{bua}^t、M_{bua}^b——框架柱上、下端顺时针或逆时针方向按实配钢筋和型钢面积、材料强度标准值，且考虑抗震调整系数的正截面受弯承载力所对应的弯矩值（N·mm）；

　　　M_c^t、M_c^b——考虑地震作用组合，且经调整后的柱上、下端弯矩设计值（N·mm）；

　　　H_n——柱的净高（mm）。

4.3.3　型钢混凝土柱的构造要求

1. 轴向压力限值

在结构抗震设计中，型钢混凝土柱轴压比的限值不仅对结构的抗震性能有很大影响，同时也是确定柱的截面尺寸、型钢含量及抗震配筋构造等的重要依据。当 $N/N_0 > 0.4 \sim 0.5$ 时，型钢混凝土柱的抗震性能显著降低。型钢混凝土柱的轴压比表示为

$$n = \frac{N}{f_c A_c + f_a A_a} \tag{4-103}$$

式中　n——柱轴压比，轴压比 n 不宜大于表 4-6 的限值；

　f_c、f_a——混凝土和型钢轴心抗压强度设计值（N/mm²）；

　A_c、A_a——混凝土和型钢轴心受压面积（mm²）。

表 4-6　型钢混凝土柱轴压比限值

结构类型	柱类型	抗震等级			
		一级	二级	三级	四级
框架结构	框架柱	0.65	0.75	0.85	0.90
框架-剪力墙结构	框架柱	0.70	0.80	0.90	0.95
框架-简体结构	框架柱	0.70	0.80	0.90	—
	转换柱	0.60	0.70	0.80	—
简中简结构	框架柱	0.70	0.80	0.90	—
	转换柱	0.60	0.70	0.80	—
部分框支剪力墙结构	转换柱	0.60	0.70	—	—

注：1. 剪跨比不大于 2 的框架柱，其轴压比限值应比表中数值减小 0.05。

　　2. 当混凝土强度等级采用 C65～C70 时，轴压比限值应比表中数值减小 0.05。

　　　当混凝土强度等级采用 C75～C80 时，轴压比限值应比表中数值减小 0.10。

2. 箍筋构造要求

型钢混凝土框架柱中箍筋的配置应符合《混凝土结构设计规范》的规定。考虑地震作用组合的型钢混凝土框架柱，柱端箍筋加密区的长度、箍筋最大间距和最小直径应符合表4-7的规定。

表 4-7　框架柱端箍筋加密区构造要求

抗震等级	加密区箍筋间距/mm	箍筋最小直径/mm
一级	100	12
二级	100	10
三级、四级	150(柱根100)	8

注：对二级抗震等级的框架柱，当箍筋最小直径不小于10mm时，且箍筋采用封闭复合箍、螺旋箍时，除柱根外其箍筋最大间距可取150mm。

考虑地震作用组合的型钢混凝土框架柱，其箍筋加密区应为下列范围：

1）柱上、下两端，取截面长边尺寸、柱净高的1/6和500mm中的最大值。

2）底层柱下端不小于1/3柱净高的范围。

3）刚性地面上、下各500mm的范围。

4）一、二级框架角柱的全高范围。

考虑地震作用组合的型钢混凝土框架柱箍筋加密区箍筋的体积配筋率应符合下式规定

$$\rho_v \geq 0.85\lambda_v \frac{f_c}{f_{yv}} \tag{4-104}$$

式中　ρ_v——柱箍筋加密区箍筋的体积配筋率；

　　　f_c——混凝土轴心抗压强度设计值，当强度等级低于C35时，按C35取值（N/mm²）；

　　　f_{yv}——箍筋及拉筋抗拉强度设计值（N/mm²）；

　　　λ_v——最小配箍特征值，按表4-8采用。

柱箍筋加密区的箍筋最小配箍特征值应符合表4-8的要求。

表 4-8　框架柱端箍筋最小配箍特征值 λ_v

抗震等级	箍筋形式	轴 压 比						
		≤0.3	0.4	0.5	0.6	0.7	0.8	0.9
一级	普通箍、复合箍	0.10	0.11	0.13	0.15	0.17	0.20	0.23
	螺旋箍、复合或连续复合矩形螺旋箍	0.08	0.09	0.11	0.13	0.15	0.18	0.21
二级	普通箍、复合箍	0.08	0.09	0.11	0.13	0.15	0.17	0.19
	螺旋箍、复合或连续复合矩形螺旋箍	0.06	0.07	0.09	0.11	0.13	0.15	0.17
三级、四级	普通箍、复合箍	0.06	0.07	0.09	0.11	0.13	0.15	0.17
	螺旋箍、复合或连续复合矩形螺旋箍	0.05	0.06	0.07	0.09	0.11	0.13	0.15

箍筋加密区长度以外，箍筋的体积配筋率不宜小于加密区配筋的一半，且对一、二级抗震等级，箍筋间距不应大于10d，对三级抗震等级不宜大于15d，d为纵向钢筋直径。

型钢混凝土框架柱全部纵向受力钢筋的配筋率不宜小于 0.8%，纵向钢筋的净间距不宜小于 60mm；受力型钢的含钢率不宜小于 4%，且不宜大于 10%。

4.3.4 型钢混凝土柱设计示例

[例 4-3] 如图 4-19 所示，某型钢混凝土柱截面尺寸为 $b \times h_c = 850\text{mm} \times 850\text{mm}$，采用 C30 混凝土，$f_c = 14.3\text{N/mm}^2$，型钢采用 Q345 钢材，其型号为热轧 H 型 HM482（482mm × 300mm × 11mm × 15mm），$f_a = f'_a = 305\text{N/mm}^2$，纵向钢筋 HRB400，$f_y = f'_y = 360\text{N/mm}^2$，$E_s = 2.0 \times 10^5\text{N/mm}^2$。柱承受的轴向力 $N = 7000\text{kN}$，弯矩 $M_x = 1700\text{kN} \cdot \text{m}$，沿型钢强轴受弯。试设计该柱截面配筋。

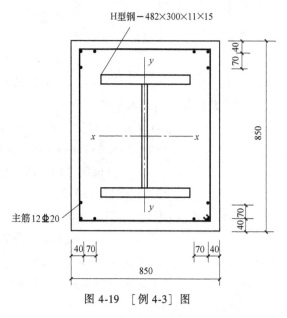

H型钢—482×300×11×15

主筋12⌀20

图 4-19 [例 4-3] 图

解：（1）计算界限相对受压区高度

$$\xi_b = \frac{\beta_1}{1 + \frac{f_y + f_a}{2 \times 0.003 E_s}} = \frac{0.8}{1 + \frac{360 + 305}{2 \times 0.0033 \times 2.0 \times 10^5}} = 0.529$$

（2）有效高度　假定柱每侧布置 6 根直径 22mm 的 HRB400 钢筋，则

$$a = \frac{1520 \times 360 \times 40 + 760 \times 360 \times 110 + 300 \times 15 \times 305 \times (184 + 15/2)}{2281 \times 360 + 300 \times 15 \times 305}\text{mm} = 144\text{mm}$$

$$h_0 = h - a = 850\text{mm} - 144\text{mm} = 706\text{mm}$$

（3）计算钢筋应力、型钢应力　由于型钢翼缘的截面面积较大，故认为受拉区的形心在受拉翼缘截面形心处。

$$\delta_1 h_0 = 184\text{mm} + 15\text{mm} = 199\text{mm} \quad \delta_1 = \frac{199}{h_0} = \frac{199}{706} = 0.282$$

$$\delta_2 h_0 = 850\text{mm} - 199\text{mm} = 651\text{mm} \quad \delta_2 = \frac{651}{h_0} = \frac{651}{706} = 0.922$$

则

$$\sigma_s = \frac{f_y}{\xi_b - \beta_1}\left(\frac{x}{h_0} - \beta_1\right) = \frac{360}{0.529 - 0.8}(\xi - 0.8) = -1328\xi + 1063$$

$$\sigma_s = \frac{f_y}{\xi_b - \beta_1}\left(\frac{x}{h_0} - \beta_1\right) = \frac{305}{0.529 - 0.8}(\xi - 0.8) = -1125\xi + 900$$

（4）初步判别大小偏压

假定 $\delta_1 h_0 < \dfrac{x}{\beta_1} = 1.25x$，$\delta_2 h_0 > \dfrac{x}{\beta_1} = 1.25x$（$\beta_1 = 0.8$）

$$N_{aw} = \left[\frac{2.5x}{h_0} - (\delta_1 + \delta_2)\right] t_w h_0 f_a$$

$$= [2.5\xi - (0.282 + 0.922)] \times 11 \times 706 \times 305$$

$$= 5921575 - 2851831\xi$$

将已知数据代入平衡条件

$$N = \alpha_1 f_c bx + f'_y A'_s + f'_a A'_{af} - \sigma_s A_s - \sigma_a A_{af} + N_{aw}$$

$$= 1 \times 14.3 \times 850 \times 706\xi + 360 \times 2281 + 305 \times 300 \times 15 - (-1328\xi + 1063) \times 2281$$

$$- (-1125\xi + 900) \times 300 \times 15 + 5921575 - 2851831\xi$$

$$= 13821267\xi + 819372$$

将 $N = 7000\text{kN}$ 代入，求得 $\xi = 0.447 < \xi_b = 0.529$，截面为大偏压。

$$x = \xi h_0 = 0.447 \times 706\text{mm} = 315.6\text{mm}$$

$$\delta_1 h_0 = 199\text{mm} < 1.25x = 1.25 \times 315.6\text{mm} = 394.5\text{mm}$$

$$\delta_2 h_0 = 651\text{mm} > 1.25x = 1.25 \times 315.6\text{mm} = 394.5\text{mm}$$

符合大偏压假定。

则 $\sigma_s = f_y = 360\text{N/mm}^2$，$\sigma_a = f_a = 305\text{N/mm}^2$

$$M_{aw} = \left[\frac{1}{2}(\delta_1^2 + \delta_2^2) - (\delta_1 + \delta_2) + 2.5\xi - (1.25\xi)^2\right] t_w h_0^2 f_a$$

$$= \left[\frac{1}{2} \times (0.282^2 + 0.922^2) - (0.282 + 0.922) + 2.5 \times 0.447 - (1.25 \times 0.447)^2\right]$$

$$\times 11 \times 706^2 \times 315\text{N} \cdot \text{mm}$$

$$= 170056379\text{N} \cdot \text{mm}$$

$$M_u = \alpha_1 f_c bx\left(h_0 - \frac{x}{2}\right) + f'_y A'_s(h_0 - a'_s) + f'_a A'_{af}(h_0 - a'_a) + M_{aw}$$

$$= 1 \times 14.3 \times 850 \times 315.6 \times \left(706 - \frac{315.6}{2}\right)\text{N} \cdot \text{mm} + 360 \times 2281 \times (706 - 63)\text{N} \cdot \text{mm}$$

$$+ 305 \times 300 \times 15 \times (706 - 191.5)\text{N} \cdot \text{mm} + 170056379\text{N} \cdot \text{mm}$$

$$= 3518681751\text{N} \cdot \text{mm} = 3518.7\text{kN} \cdot \text{m} > M_x = 1700\text{kN} \cdot \text{m}$$

经过验算，该柱每侧布置 6 根直径 22mm 的 HRB400 钢筋可以满足要求。

4.4 型钢混凝土剪力墙设计

在采用剪力墙作为主要抗侧力构件的建筑结构中，为提高剪力墙的承载力和延性，可在剪力墙的端部或边框内设置型钢，构成型钢混凝土剪力墙。型钢混凝土剪力墙可分为无边框剪力墙和带边框剪力墙，如图 4-20 所示。无边框剪力墙是带翼缘或不带翼缘的、型钢配置在暗柱中的现浇剪力墙，在楼板标高处应设置暗梁。有边框剪力墙是边缘有型钢混凝土明柱、楼层处有梁或暗梁、且与墙腹板整体现浇的墙。型钢混凝土剪力墙的腹板部分与普通钢筋混凝土剪力墙相似，一般也配置必要的竖向钢筋和水平分布钢筋。

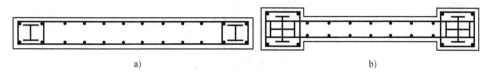

图 4-20 型钢混凝土剪力墙

a）无边框型钢混凝土剪力墙 b）有边框型钢混凝土剪力墙

4.4.1 型钢混凝土剪力墙承载力计算

1. 偏心受压剪力墙的正截面承载力

对无边框或有边框的型钢混凝土剪力墙，当承受偏心压力作用达到最大承载力时，端部的型钢都能达到屈服。型钢屈服后，型钢周围的混凝土开裂剥落，剪力墙下部的混凝土达到极限抗压强度而被压碎，墙体产生剪切滑移破坏或腹板减压破坏。一般情况下，无边框的型钢混凝土剪力墙厚度较小，为了提高剪力墙平面外的稳定性，建议将型钢惯性矩较大的形心轴平行于墙面设置。

型钢混凝土剪力墙计算的基本假定与型钢混凝土梁、柱的基本假定相同。其正截面承载力计算中，剪力墙体两端配置的型钢按竖向受压钢筋来考虑。

两端配有型钢的钢筋混凝土剪力墙，其正截面偏心受压承载力计算式为（见图 4-21）。

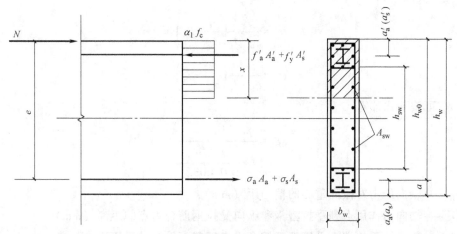

图 4-21 剪力墙正截面偏心受压承载力计算

非抗震设计时

$$N \leqslant \alpha_1 f_c b_w x + f'_a A'_a + f'_y A'_s - \sigma_a A_a - \sigma_a A_s + N_{sw} \tag{4-105}$$

$$Ne \leqslant \alpha_1 f_c b_w x \left(h_{w0} - \frac{x}{2} \right) + f'_a A'_a (h_{w0} - a'_a) + f'_y A'_s (h_{w0} - a'_s) + M_{sw} \tag{4-106}$$

抗震设计时

$$N \leqslant \frac{1}{\gamma_{RE}} \left[\alpha_1 f_c b_w x + f'_a A'_a + f'_y A'_s - \sigma_a A_a - \sigma_s A_s + N_{sw} \right] \tag{4-107}$$

$$Ne \leqslant \frac{1}{\gamma_{RE}} \left[\alpha_1 f_c b_w x \left(h_{w0} - \frac{x}{2} \right) + f'_a A'_a (h_{w0} - a'_a) + f'_y A'_s (h_{w0} - a'_s) + M_{sw} \right] \tag{4-108}$$

$$e = e_0 + \frac{h_w}{2} - a$$

$$e_0 = \frac{M}{N}$$

$$h_{w0} = h_w - a$$

N_{sw} 和 M_{sw} 按下式计算

1）当 $x \leqslant \beta_1 h_{w0}$ 时

$$N_{sw} = \left(1 + \frac{x - \beta_1 h_{w0}}{0.5 \beta_1 h_{sw}}\right) f_{yw} A_{sw} \tag{4-109}$$

$$M_{sw} = \left[0.5 - \left(\frac{x - \beta_1 h_{w0}}{\beta_1 h_{sw}}\right)^2\right] f_{yw} A_{sw} h_{sw} \tag{4-110}$$

2）当 $x > \beta_1 h_{w0}$ 时

$$N_{sw} = f_{yw} A_{sw} \tag{4-111}$$

$$M_{sw} = 0.5 f_{yw} A_{sw} h_{sw} \tag{4-112}$$

受拉或受压较小边的钢筋应力 σ_s 和型钢翼缘应力 σ_a 可按下列规定计算

1）当 $x \leqslant \xi_b h_{w0}$ 时，取 $\sigma_s = f_y$，$\sigma_a = f_a$；

2）当 $x > \xi_b h_{w0}$ 时

$$\sigma_s = \frac{f_y}{\xi_b - \beta_1}\left(\frac{x}{h_{w0}} - \beta_1\right) \tag{4-113}$$

$$\sigma_a = \frac{f_a}{\xi_b - \beta_1}\left(\frac{x}{h_{w0}} - \beta_1\right) \tag{4-114}$$

3）ξ_b 可按下式计算

$$\xi_b = \frac{\beta_1}{1 + \dfrac{f_y + f_a}{2 \times 0.003 E_s}} \tag{4-115}$$

式中　e_0——轴向压力对截面重心的偏心距（mm）；

　　　　e——轴向力作用点到受拉型钢和纵向受拉钢筋合力点的距离（mm）；

　　a_a、a'_a——剪力墙受拉端、受压端型钢合力点至截面受拉、受压边缘距离（mm）；

　　a_s、a'_s——剪力墙受拉端、受压端钢筋合力点至截面受拉、受压边缘距离（mm）；

　　　　a——受拉端型钢和纵向受拉钢筋合力点至受拉边缘的距离（mm）；

　　　h_w——剪力墙截面高度（mm）；

　　　h_{w0}——剪力墙截面有效高度（mm）；

　　A_a、A'_a——剪力墙受拉端、受压端边缘构件阴影部分内配置的型钢截面面积（mm²）；

　　A_s、A'_s——剪力墙受拉端、受压端边缘构件阴影部分内配置的纵向钢筋截面面积（mm²）；

　　　A_{sw}——剪力墙边缘构件阴影部分外配置的竖向分布钢筋总面积（mm²）；

　　　f_{yw}——剪力墙竖向分布钢筋的强度设计值（N/mm²）；

　　　N_{sw}——剪力墙竖向分布钢筋所承担的轴向力，当 $\xi > 0.8$ 时，取 $N_{sw} = f_{yw} A_{sw}$（N）；

M_{sw}——剪力墙竖向分布钢筋的合力对型钢截面重心的力矩，当 $\xi > 0.8$ 时，取 $M_{sw} = 0.5 f_{yw} A_{sw} h_{sw}$（N·mm）；

h_{sw}——剪力墙边缘构件阴影部分外配置的竖向分布钢筋高度（mm）；

b_w——剪力墙厚度（mm）。

2. 偏心受拉剪力墙正截面承载力

型钢混凝土偏心受拉剪力墙，其正截面受拉承载力应符合下式规定：

非抗震设计时

$$N \leqslant \cfrac{1}{\cfrac{1}{N_{0u}} + \cfrac{e_0}{M_{wu}}} \tag{4-116}$$

抗震设计时

$$N \leqslant \frac{1}{\gamma_{RE}} \left[\cfrac{1}{\cfrac{1}{N_{0u}} + \cfrac{e_0}{M_{wu}}} \right] \tag{4-117}$$

N_{0u}、M_{wu} 计算如下

$$N_{0u} = f_y(A_s + A_s') + f_a(A_a + A_a') + f_{yw} A_{sw} \tag{4-118}$$

$$M_{wu} = f_y A_s(h_{w0} - a_s') + f_a A_a(h_{w0} - a_a') + f_{yw} A_{sw} \left(\frac{h_{w0} - a_s'}{2} \right) \tag{4-119}$$

3. 墙体弯矩调整

一级抗震等级的型钢混凝土剪力墙，底部加强部位的弯矩设计值应乘以 1.1 增大系数，其他部位弯矩设计值应乘以 1.3 增大系数；一级抗震等级的型钢混凝土剪力墙，底部加强部位以上墙肢的组合弯矩设计值应乘以 1.2 增大系数。

4.4.2　型钢混凝土剪力墙斜截面承载力计算

1. 受剪性能

对无边框的型钢混凝土剪力墙，在低周反复荷载作用下，首先在剪力墙的中下部出现与墙底大致呈 45° 的斜向裂缝，随着荷载不断增加，斜向裂缝不断增多并扩展。随着荷载进一步加大，会形成交叉状的两条主要斜裂缝，把墙体分成四个块体，且主要斜裂缝附近的混凝土被压碎剥落，墙体承载力不断降低，最终产生剪切破坏。

对有边框型的型钢混凝土剪力墙，在反复荷载作用下，首先在边框柱与腹板相交的根部附近出现弯曲裂缝，接着边框中剪力墙出现大致与墙底呈 45° 的剪切斜裂缝。随着荷载不断增加，斜裂缝进一步扩展，且与最初出现的斜裂缝大致平行。随着荷载的进一步加大，最后剪力墙中的部分斜裂缝贯通而导致墙体发生剪切破坏。

分析可知，有边框的型钢混凝土剪力墙两边因设有边框，且上部有梁，故墙体受到的约束较大，延性也要好于无边框的型钢混凝土剪力墙和普通钢筋混凝土剪力墙。

2. 受剪截面计算

非抗震设计

$$V_{cw} \leqslant 0.25 \beta_c f_c b_w h_{w0} \tag{4-120}$$

$$V_{cw} = V - \frac{0.4}{\lambda} f_a A_{a1} \qquad (4\text{-}121)$$

抗震设计

$$V_{cw} \leqslant \frac{1}{\gamma_{RE}} (0.15\beta_c f_c b_w h_{w0}) \qquad (4\text{-}122)$$

$$V_{cw} = V - \frac{0.32}{\lambda} f_a A_{a1} \qquad (4\text{-}123)$$

式中 V_{cw}——仅考虑墙肢截面钢筋混凝土部分承受的剪力设计值（N）；

λ——计算截面处剪跨比，$\lambda = \dfrac{M}{Vh_{w0}}$；当 $\lambda < 1.5$ 时，取 $\lambda = 1.5$；$\lambda > 2.2$ 时，取 $\lambda =$ 2.2；M 为与剪力设计值 V 对应的弯矩设计值，当计算截面与墙底之间距离小于 $0.5h_{w0}$ 时，应按距离墙底 $0.5h_{w0}$ 处的弯矩设计值与剪力设计值计算。

A_{a1}——剪力墙一端所配型钢的截面面积，当两端型钢截面面积不同时，取小值（mm^2）。

3. 偏心受压剪力墙斜截面受剪承载力

无边框的型钢混凝土偏心受压剪力墙，其墙体的斜截面受剪承载力等于混凝土抗剪、水平分布钢筋抗剪和型钢的销栓和抗剪作用之和。其受剪承载力按下式计算（见图4-22）。

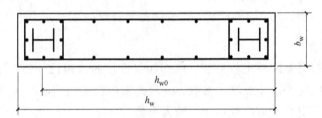

图 4-22 两端配有型钢的钢筋混凝土剪力墙斜
截面受剪承载力计算

非抗震设计时

$$V_w \leqslant \frac{1}{\lambda - 0.5} \left(0.5 f_t b_w h_{w0} + 0.13 N \frac{A_w}{A}\right) + f_{yh} \frac{A_{sh}}{s} h_{w0} + \frac{0.4}{\lambda} f_a A_{a1} \qquad (4\text{-}124)$$

抗震设计时

$$V_w \leqslant \frac{1}{\gamma_{RE}} \left[\frac{1}{\lambda - 0.5} \left(0.4 f_t b_w h_{w0} + 0.1 N \frac{A_w}{A}\right) + 0.8 f_{yv} \frac{A_{sh}}{s} h_{w0} + \frac{0.32}{\lambda} f_a A_{a1} \right] \qquad (4\text{-}125)$$

式中 λ——计算截面处的剪跨比，$\lambda = \dfrac{M}{Vh_0}$，当 $\lambda < 1.5$ 时，取 $\lambda = 1.5$，当 $\lambda > 2.2$ 时，取 $\lambda = 2.2$；

N——考虑地震作用组合的剪力墙轴向压力设计值，当 $N > 0.2 f_c b_w h_w$ 时，取 $N = 0.2 f_c b_w h_w$（N）；

A_w——T形、工形截面剪力墙腹板的截面面积，对矩形截面剪力墙，取 $A = A_w$（mm^2）；

A——剪力墙的截面面积，当有翼缘时，翼缘有效面积可取下列数值中的较小值：剪力墙厚度加两侧各6倍翼缘墙的厚度、墙间距、门窗洞口间翼墙宽度和剪力墙肢总高度的 1/10（mm^2）；

A_{sh}——配置在同一水平截面内的水平分布钢筋的全部截面面积（mm^2）;

s——水平分布钢筋的竖向间距（mm）。

4. 偏心受拉剪力墙斜截面受剪承载力

非抗震设计时

$$V_w \leqslant \frac{1}{\lambda-0.5}\left(0.5f_t b_w h_{w0}-0.13N\frac{A_w}{A}\right)+f_{yh}\frac{A_{sh}}{s}h_{w0}+\frac{0.4}{\lambda}f_a A_{a1} \tag{4-126}$$

当上式右端的计算值小于 $f_{yh}\dfrac{A_{sh}}{s}h_{w0}+\dfrac{0.4}{\lambda}f_a A_{a1}$ 时，应取等于 $f_{yh}\dfrac{A_{sh}}{s}h_{w0}+\dfrac{0.4}{\lambda}f_a A_{a1}$。

抗震设计时

$$V_w \leqslant \frac{1}{\gamma_{RE}}\left[\frac{1}{\lambda-0.5}\left(0.4f_t b_w h_{w0}-0.1N\frac{A_w}{A}\right)+0.8f_{yh}\frac{A_{sh}}{s}h_{w0}+\frac{0.32}{\lambda}f_a A_{a1}\right] \tag{4-127}$$

当上式右端的计算值小于 $\dfrac{1}{\gamma_{RE}}\left[0.8f_{yh}\dfrac{A_{sh}}{s}h_{w0}+\dfrac{0.32}{\lambda}f_a A_{a1}\right]$ 时，应取等于

$\dfrac{1}{\gamma_{RE}}\left[0.8f_{yh}\dfrac{A_{sh}}{s}h_{w0}+\dfrac{0.32}{\lambda}f_a A_{a1}\right]$。

5. 剪力墙剪力调整

考虑地震作用组合一、二、三、四级抗震等级的框架柱剪力设计值应按下列公式计算：

（1）底部加强部位

1）9 度设防烈度一级抗震等级

$$V=1.1\frac{M_{wua}}{M_w}V_w \tag{4-128}$$

2）其他情况

特一级抗震等级　　　　　　$V=1.9V_w$ 　　　　　　　　　　　（4-129）

一级抗震等级　　　　　　　$V=1.6V_w$ 　　　　　　　　　　　（4-130）

二级抗震等级　　　　　　　$V=1.4V_w$ 　　　　　　　　　　　（4-131）

三级抗震等级　　　　　　　$V=1.2V_w$ 　　　　　　　　　　　（4-132）

四级抗震等级　　　　　　　$V=1.0V_w$ 　　　　　　　　　　　（4-133）

（2）其他部位

1）特一级抗震等级　　　　　$V=1.4V_w$ 　　　　　　　　　　　（4-134）

2）一级抗震等级　　　　　　$V=1.3V_w$ 　　　　　　　　　　　（4-135）

3）二、三、四级抗震等级　　$V=V_w$ 　　　　　　　　　　　　（4-136）

式中　M_{wua}——考虑抗震承载力调整系数后的剪力墙墙肢正截面受弯承载力（N·mm）;

　　　M_w——考虑地震作用组合的剪力墙截面弯矩设计值（N·mm）;

　　　V_w——考虑地震作用组合的剪力墙截面剪力计算值（N）;

　　　V——考虑地震作用组合的剪力墙截面剪力设计值（N）。

4.4.3　型钢混凝土剪力墙的构造要求

端部配有型钢的钢筋混凝土剪力墙的厚度、水平和竖向分布钢筋的最小配筋率，宜符合

《混凝土结构设计规范》和《高层建筑混凝土结构技术规程》的规定。剪力墙端部型钢周围应配置纵向钢筋和箍筋，以形成暗柱。箍筋配置应符合国家标准《混凝土结构设计规范》的规定。

钢筋混凝土剪力墙端部配置的型钢，其混凝土保护层厚度宜大于 50mm，水平分布钢筋应绕过或穿过墙端型钢，且应满足钢筋锚固长度要求。

周边有型钢混凝土和梁的现浇钢筋混凝土剪力墙，剪力墙的水平分布钢筋应绕过或穿过周边柱型钢，且应满足钢筋锚固长度要求；当采用间隔穿过时，宜另加补强钢筋。周边柱的型钢、纵向钢筋、箍筋配置应符合型钢混凝土柱的设计要求，周边梁可采用型钢混凝土梁或钢筋混凝土梁；当不设周边梁时，应设置钢筋混凝土暗梁，暗梁的高度可取 2 倍墙厚。

4.4.4 型钢混凝土剪力墙设计示例

[**例 4-4**] 某型钢混凝土剪力墙，如图 4-23 所示，墙体长 8m，厚度 300mm，混凝土 C30，$f_c = 14.3\text{N/mm}^2$，型钢采用 Q345 钢材，其型号为 工16a，$f_a = f'_a = 305\text{N/mm}^2$，墙体竖向和水平向分布钢筋均为 HPB300 级 $\phi 8@200$，$f_y = f'_y = 270\text{N/mm}^2$，$E_s = 2.0 \times 10^5 \text{N/mm}^2$。墙体内力 $M = 20000\text{kN} \cdot \text{m}$，$V = 2000\text{kN}$，$N = 10000\text{kN}$。试对该墙体受剪承载力进行验算。

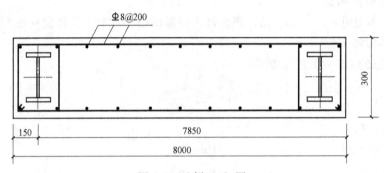

图 4-23 [例 4-4] 图

解：已知 $h_w = 8000\text{mm}$，$b_w = 300\text{mm}$，$a = 150\text{mm}$，$h_{w0} = 7850\text{mm}$，$A_{a1} = 2195\text{mm}^2$

$$\lambda = \frac{M}{Vh_{w0}} = \frac{2 \times 10^{10}}{2 \times 10^6 \times 7850} = 1.27 < 1.5，\text{取 } \lambda = 1.5。$$

（1）受剪截面验算

$$V_{cw} = V - \frac{0.4}{\lambda} f_a A_{a1} = 2 \times 10^6 - \frac{0.4}{1.5} \times 305 \times 2195 \text{N} = 1821473\text{N}$$

故 $\quad V_{cw} < 0.25\beta_c f_c b_w h_{w0} = 0.25 \times 1.0 \times 14.3 \times 300 \times 7850\text{N} = 8419125\text{N}$

（2）斜截面承载力验算

由于 $N_w = 0.2 f_c b_w h_w = 0.2 \times 14.3 \times 300 \times 8000\text{kN} = 6864\text{kN} < N = 10000\text{kN}$，取 $N = 6864\text{kN}$

$$\frac{1}{\lambda - 0.5}\left(0.5 f_t b_w h_w^0 + 0.13 N \frac{A_w}{A}\right) + f_{yh} \frac{A_{sh}}{s} h_{w0} + \frac{0.4}{\lambda} f_a A_{a1}$$

$$= \frac{1}{1.5 - 0.5} \times (0.5 \times 1.43 \times 300 \times 7850\text{N} + 0.13 \times 6864 \times 10^3 \times 1\text{N}) + 270 \times \frac{101}{200} \times 7850\text{N}$$

$$+\frac{0.4}{1.5}\times360\times2195N$$

$= 3857213N > V = 2000000N$

经过验算，该墙体受剪性能满足要求。

4.5 型钢混凝土连接构造

4.5.1 梁柱节点连接构造

型钢混凝土框架梁柱节点的连接构造应做到构造简单，传力明确，便于配筋和混凝土浇捣。型钢混凝土梁柱节点有四种：型钢混凝土柱与型钢混凝土梁节点连接；型钢混凝土柱与钢筋混凝土梁节点连接；型钢混凝土柱与钢梁节点连接。

型钢混凝土柱与各类梁体连接时，柱内型钢宜采用贯通型，其拼接构造应满足钢结构的连接要求。型钢柱沿高度方向，在对应于型钢梁的上、下翼缘处或钢筋混凝土梁的上、下边缘处，应设置水平加劲肋，加劲肋形式宜便于混凝土浇筑，水平加劲肋与两端型钢翼缘等厚，且厚度不宜小于 12mm，如图 4-24 所示。

型钢混凝土柱与钢筋混凝土梁或型钢混凝土梁的梁柱节点应采用刚性连接，梁的纵向钢筋应伸入柱节点，且应满足钢筋锚固要求。柱内型钢的截面形式和纵向钢筋的配置，宜便于梁纵向钢筋的贯穿，设计上应减少梁纵向钢筋穿过柱内型钢柱的数量，且不宜穿过型钢翼缘，也不应与柱内型钢直接焊接连接，如图 4-25 所示；当必须在柱内型钢腹板上预留贯穿孔时，型钢腹板截面损失率宜小于腹板面积的 25%；当必须在柱内型钢翼缘上预留贯穿孔时，宜按柱端最不利组合的 M、N 验算预留孔截面的承载能力，不满足承载力要求时，应进行补强。

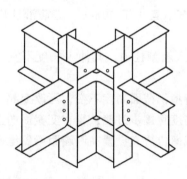

图 4-24 型钢混凝土内型钢梁柱节点及水平加劲肋

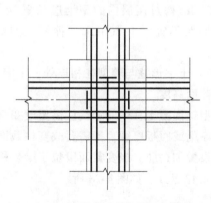

图 4-25 型钢混凝土梁柱节点穿筋构造

梁柱连接也可在柱型钢上设置工字钢牛腿，钢牛腿的高度不宜小于 0.7 倍梁高，梁纵向钢筋中一部分钢筋可与钢牛腿焊接或搭接，其长度应满足钢筋内力传递要求；当采用搭接时，钢牛腿上、下翼缘应设置两排栓钉，其间距不应小于 100mm。从梁端至牛腿端部以外 1.5 倍梁高范围内，箍筋应满足《混凝土结构设计规范》梁端箍筋加密区的要求。

型钢混凝土柱与梁体连接时，柱内型钢与梁内型钢或钢梁宜为刚性连接，梁内型钢翼缘与柱内型钢翼缘应采用全熔透焊缝连接，梁腹板与柱宜采用摩擦型高强度螺栓连接；悬臂梁段与柱应采用全焊透连接。具体连接构造应符合《钢结构设计标准》和《高层民用建筑钢结构技术规程》的规定，如图 4-26 所示。

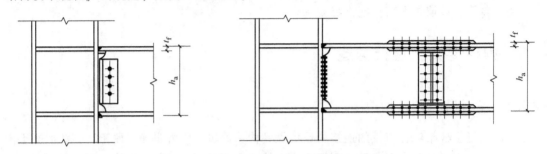

图 4-26　型钢混凝土梁内型钢梁与柱连接构造

在跨度较大的框架结构中，当采用型钢混凝土梁和钢筋混凝土柱时，梁内的型钢应伸入柱内，且应采取可靠的支承和锚固措施，保证型钢混凝土梁端承受的内力向柱中传递，其连接构造宜经专门试验确定。

4.5.2　柱与柱连接构造

在各类结构体系中，当结构下部采用型钢混凝土柱，上部采用钢筋混凝土柱时，两类柱间应设置过渡层，如图 4-27 所示，过渡层需满足下列要求。

1）从设计计算上确定某层柱可由型钢混凝土柱改为钢筋混凝土柱时，下部型钢混凝土柱中的型钢应向上延伸一层或二层作为过渡层，过渡层柱中的型钢截面尺寸可根据梁的具体配筋情况适当变化，过渡层柱的纵向钢筋配置应按钢筋混凝土柱计算，且箍筋应沿柱全高加密。

2）结构过渡层内的型钢应设置栓钉，栓钉的直径不应小于 19mm，栓钉的水平及竖向间距不宜大于 200mm，栓钉至型钢钢板边缘距离不宜小于 50mm，箍筋沿柱应全高加密。

3）十字形柱与箱型柱相连处，十字形柱腹板宜深入箱型柱内，其伸入长度不宜小于柱型钢截面高度。

型钢混凝土柱中的型钢柱需要改变截面时，宜保持型钢截面高度不变，可改变翼缘的宽度、厚度或腹板厚度。当需要改变柱截面高度时，该高度宜逐步过渡；且在变截面的上、下端应设置加劲肋；当变截面段位于梁、柱接头时，变截面位置宜设置在两端距梁翼缘不小于 150mm 位置处，如图 4-28 所示。

4.5.3　梁与梁连接构造

当框架柱一侧为型钢混凝土梁，另一侧为钢筋混凝土梁时，型钢混凝土梁中的型钢宜延伸至钢筋混凝土梁内 1/4 跨度处，且在伸长段型钢上、下翼缘设置栓钉。栓钉直径不宜小于 19mm，间距不宜大于 200mm，且在梁端至伸长段外 2 倍梁高范围内，箍筋应加密。

钢筋混凝土次梁与型钢混凝土主梁连接，次梁中的钢筋应穿过或绕过型钢混凝土梁中的型钢。

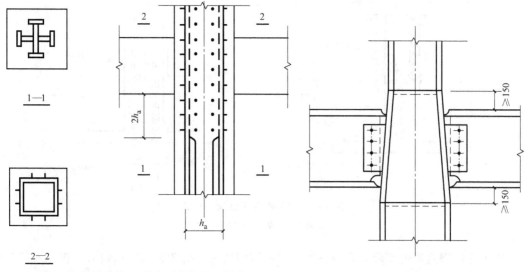

图 4-27　型钢混凝土柱与钢结构柱连接构造　　　　图 4-28　型钢变截面构造

4.5.4　梁与墙连接构造

　　型钢混凝土梁或钢梁垂直于钢筋混凝土墙的连接，可做成铰接或刚接。铰接连接可在钢筋混凝土墙中设置预埋件，预埋件上应焊连接板，连接板与型钢梁腹板用高强螺栓连接，如图 4-29 所示，也可在预埋件上焊接支承钢梁的钢牛腿来连接型钢梁。型钢混凝土梁中的纵向受力钢筋应锚入墙中，锚固长度及箍筋配置应符合《混凝土结构设计规范》的规定。当型钢混凝土梁与墙需要刚接时，可采用在钢筋混凝土墙中设置型钢柱，型钢梁与墙中型钢柱形成刚性连接，其纵向钢筋应伸入墙中，且满足锚固要求。

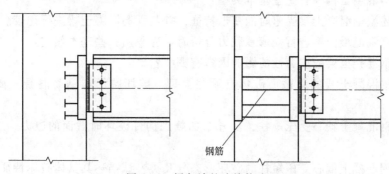

钢筋

图 4-29　梁与墙的连接构造

4.5.5　柱脚构造

　　型钢混凝土柱的柱脚分为埋入式柱脚和非埋入式柱脚两种形式。型钢不埋入基础内部，型钢柱下部有钢底板，采用地脚螺栓将钢板锚固在基础或基础梁顶，称为非埋入式柱脚，如图 4-30a 所示。将柱型钢伸入基础内部，称为埋入式柱脚，如图 4-30b 所示。在结构抗震设防中，当型钢混凝土柱脚落在刚度较大的地下室顶板以上时，宜优先采用埋入式柱脚。

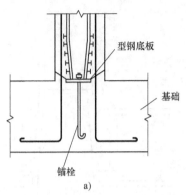
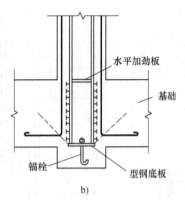

图 4-30　型钢混凝土柱脚的形式

a）非埋入式柱脚　b）埋入式柱脚

　　埋入式柱脚是通过基础对型钢柱翼缘的承压力来提供抗弯和抗剪承载力，在埋入部分的顶部承压力最大。埋入式柱脚除基础底板和地脚螺栓的抗弯作用外，主要由型钢侧面混凝土的承压力参与抗弯作用，因此埋入部分的外包混凝土必须达到一定的厚度。当柱脚的埋深较大时，剪力将转化为对柱脚侧面混凝土的压力，几乎不可能传至柱脚底板的位置，因此其承担的剪力可不予考虑。

　　埋入式柱脚的埋置深度不应小于 3 倍型钢柱截面高度。在柱脚部位和柱脚向上一层的范围内，型钢翼缘外侧宜设置栓钉，栓钉直径不宜小于 19mm，间距不宜大于 200mm，且栓钉至型钢钢板边缘距离宜大于 50mm。

思　考　题

　　4-1　型钢混凝土构件有哪些基本类型？

　　4-2　简述型钢混凝土梁受弯时的变形特征，并与钢筋混凝土梁进行比较。

　　4-3　对型钢混凝土梁进行受弯承载力分析时，应采用哪些基本假定？

　　4-4　型钢混凝土梁的抗剪性能影响因素有哪些？

　　4-5　型钢混凝土梁的斜截面破坏有哪些类型，破坏特征与钢筋混凝土梁有哪些不同之处？

　　4-6　型钢混凝土轴心受压短柱，从开始加载到构件破坏时截面的应力、应变变化情况如何？

　　4-7　型钢混凝土偏心受压短柱的破坏形态分几类？试描述其具体破坏特征。

　　4-8　型钢混凝土柱斜截面受剪性能的影响因素有哪些？

　　4-9　简述型钢混凝土墙偏心受压试验和受剪试验的破坏过程。

习　题

　　4-1　某型钢混凝土梁的截面尺寸如图 4-31 所示，采用 C30 混凝土，型钢采用 Q345 钢材，钢筋采用 HRB400 级钢。试计算该截面能够承担的最大的负弯矩值。

　　4-2　某框架梁截面如图 4-32 所示，混凝土强度等级为 C30，型钢采用 Q235 钢材，焊接工字钢为 600mm×250mm×16mm×20mm，主筋采用 HRB400 级钢筋，箍筋采用 HPB300 级钢筋，双肢箍φ10@150。试计算该梁的斜截面抗剪承载力。

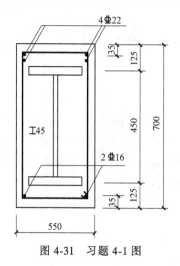

图 4-31　习题 4-1 图

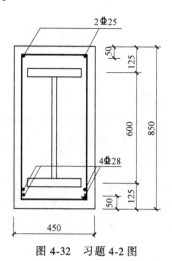

图 4-32　习题 4-2 图

4-3　一钢骨混凝土柱，截面尺寸为 $b×h_c$=800mm×800mm，采用 C30 混凝土，纵向钢筋采用 HRB400 级钢筋，钢管采用 Q345 型钢。承受的轴向压力 N=7500kN，M_x=1000kN·m 沿强轴受弯，如图 4-33 所示。试确定柱截面配筋。

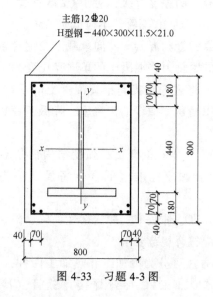

图 4-33　习题 4-3 图

4-4　框架柱净高为 3m，截面尺寸为 400mm×500mm，在竖向荷载和地震作用组合下的柱端剪力设计值为 420kN，轴向力为 1600kN，弯矩为 150kN·m，柱内配 Q235H 型钢，翼缘为 2-200×16，腹板为-300×8，纵筋采用 HRB335 级，箍筋采用 HPB300 级，混凝土强度等级为 C30，试计算其箍筋用量。

第 5 章　钢管混凝土结构设计

本章导读

➤ *内容及要求* 介绍钢管混凝土结构的材料要求、力学性能及承载力计算，钢管混凝土桁架及其节点。通过本章学习，应对钢管混凝土结构有基本了解，包括其受压、受拉、受弯构件的力学性能特点、受压承载力的影响因素及承载力的计算，钢管混凝土桁架分析、钢管混凝土节点的构造，以建立钢管混凝土结构学习的感性认识。

➤ *重点* 钢管混凝土结构力学性能及承载力计算，钢管混凝土节点的构造。

➤ *难点* 钢管混凝土结构承载力计算。

5.1　材料要求

1. 混凝土

钢管混凝土结构充填混凝土的强度等级，对于 Q235 钢管，不宜低于 C40；对于 Q345 钢管，不宜低于 C50；对于 Q390、Q420 钢管，不应低于 C50。

钢管混凝土受压构件依靠钢管和混凝土共同承载。在钢管中充填的混凝土，提高了管壁的侧向刚度。钢管对混凝土的紧箍力将混凝土的单向受压变为了三向受压，混凝土的抗压强度提高。如采用高强混凝土，将进一步提高钢管混凝土的承载力水平，应用于高层建筑的柱、墙、楼板中，可增加使用面积，减轻结构自重，降低工程总造价。

2. 钢管的规格与性能

钢材宜采用 Q345、Q390、Q420 低合金高强度结构钢及 Q235 碳素结构钢，质量等级不宜低于 B 级，且应分别符合国家标准《低合金高强度结构钢》和《碳素结构钢》的规定。

钢材的屈服强度、抗拉强度、伸长率、冲击韧性和硫、磷含量应符合规范要求，对焊接结构，碳含量及冷弯试验也应符合规范要求。

（1）圆形钢管　按加工方法可分为冷加工和热加工两种，按制作方法可分为无缝钢管（热加工）、高频焊接钢管（冷加工）、冷弯焊接直缝管（冷加工）和铸造钢管（热加工）等。

目前，国内常用的钢管主要为 Q235、Q345、Q390、Q420 钢制作的无缝钢管、螺旋焊接钢管和直缝焊接钢管。在较大直径或壁厚情况下，可采用钢板冷卷或热压后焊接而成。大致分为中薄板（4~20mm）、厚板（20~40mm）、极厚板（>40mm），如 φ400×6 等。

（2）方形钢管　国际上从 20 世纪 50 年代起开始推广使用。早期方形钢管的制作方法都采用轧辊冷加工，尺寸只有 100mm 左右，主要用作小型结构的次要构件。

方钢管制作方法主要有冷加工、热加工和四面焊接箱型截面。冷、热加工都分为辊轧加工和压弯加工。

5.2　钢管混凝土结构力学性能分析

5.2.1　受压构件力学性能分析

1. 轴心受压构件的基本性能

钢管混凝土在荷载作用下的传力路径和应力状态十分复杂。加载工况直接影响到钢管与混凝土的相互作用。钢管混凝土的加载工况，可归纳为图 5-1 所示的三种加载方式：

1）A 式加载：荷载直接施加于核心混凝土上，钢管不直接承受纵向荷载。

2）B 式加载：试件端面齐平，荷载同时施加于钢管和核心混凝土上。

3）C 式加载：试件的钢管预先单独承受荷载，直至钢管被压缩（应变限制在弹性范围内）到与核心混凝土齐平后，方与核心混凝土共同承受荷载。

大量试验结果表明，上述不同加载方式对钢管混凝土的极限承载能力没有影响或影响不明显。

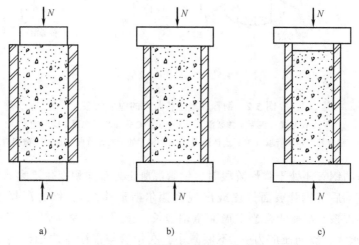

图 5-1　钢管混凝土柱的加载方式
a）A 式加载　b）B 式加载　c）C 式加载

钢管混凝土的应力状态和变化过程随加载工况的不同而不同。

A 式加载的情况如图 5-2a 所示，在加载初始阶段，混凝土未出现微裂以前，钢管不承受应力，核心混凝土单独承担全部纵向压力（图 5-2a）。随着荷载的增加，混凝土因内部开始出现微裂而向外膨胀，钢管管壁开始受到环向拉应力。同时由于钢管与混凝土接触面间的摩擦力，使钢管也受到不同程度的纵向压力。此后，钢管即处于纵压—环拉的双向应力状态（径向压力较小，可以忽略），而核心混凝土则处于三向受压状态（图 5-2c）。

对于 B 式和 C 式加载，在初始加载阶段，混凝土的横向变形系数小于钢管的泊松系数，因此，混凝土与钢管之间不会发生挤压，钢管如同普通钢筋一样，与核心混凝土共同承受纵向压力（图 5-2b）。随着纵向应变的增加，混凝土内部发生微裂并不断发展，混凝土的侧向膨胀超过钢管的侧向膨胀。此后，同 A 式加载，钢管处于纵压—环拉的双向应力状态，混凝土处于三向受压状态（图 5-2c）。

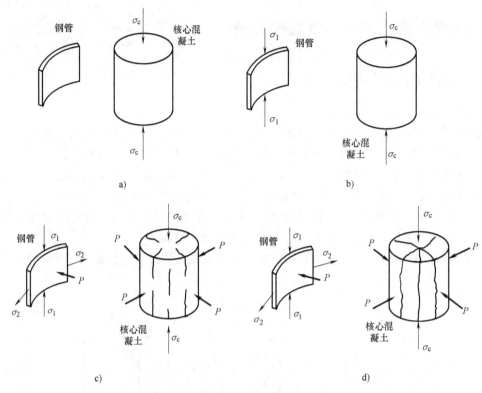

图 5-2 钢管混凝土各阶段的应力状态

a) A 式加载（混凝土微裂前） b) B 式、C 式加载（混凝土微裂前）

c) 钢管处于弹性阶段（混凝土微裂后） d) 钢管处于塑性阶段（混凝土微裂后）

当双向受力的钢管还处于弹性阶段时，钢管混凝土外观体积变化不大。但当钢管达到屈服而出现塑性流动后（钢管表面掉皮或出现吕德尔斯滑移线），钢管混凝土的应变发展加剧，外观体积亦因核心混凝土微裂发展而急剧增长。按照 Von Mises 屈服条件，当钢管环向拉应力 σ_2 不断增大，纵向压应力 σ_1 不断减小，在钢管与混凝土之间产生纵向压力的重分布。钢管承受的压力减小，混凝土因受到较大约束而具有更高抗压强度，钢管从主要承受纵向压应力转变为主要承受环向拉应力，如图 5-2d 所示。最后当钢管和核心混凝土所能承担的纵向压力之和达到最大值时，钢管混凝土达到极限状态。之后随着变形的增加，试件会发生皱曲，钢材也将进入强化阶段，应力状态将变得十分复杂。

2. 受压构件变形特征

钢管混凝土在荷载作用下钢管的纵向应变与核心混凝土的纵向应变并不协调一致。如图 5-3 所示，用电阻应变片测得的钢管表面的 N-ε_s 曲线与用千分表量测的核心混凝土的 N-ε_c 曲线有明显的差异。钢管的纵向应变 ε_s 明显小于核心混凝土的纵向应变 ε_c。产生这一现象的原因为：对于 A 式加载，主要是钢管和核心混凝土之间发生了错位；对于 B 式加载，则主要是"弓弦效应"，如图 5-4 所示。所谓弓弦效应，就是一薄片形的直杆经压弯后，沿其弓弧的应变总是小于沿弦长方向的应变。钢管混凝土的钢管，实际是一个圆柱形薄壳，在纵向压力作用下会发生皱曲和鼓曲，形成类似手风琴皮囊一样的波浪形弓弧（图 5-5）。这样，用电阻应变片在钢管表面量测的就是沿弓弧的应变，而用千分表在整个试件长度方向量测的是核心混凝土应变，实际上就是沿弦长方向的应变。钢管混凝土变形的这一特点，在分析其力学行为时，应予注意。比如，根据钢管和混凝土各自的本构关系来确定钢管混凝土的本构关系时，就要考虑这一现象。为此，以核心混凝土的 $N\text{-}\varepsilon_c$ 曲线作为描述钢管混凝土力学性能的依据。

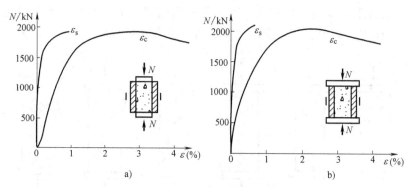

图 5-3　钢管混凝土的荷载-应变曲线

a）A 式加载　b）B 式加载

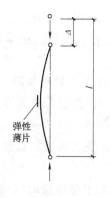

图 5-4　弓弦效应示意图

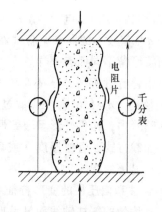

图 5-5　钢管混凝土构件变形量测

（1）轴心受压短柱的变形特征　对于径厚比 $d/t>20$ 的薄壁钢管混凝土轴心受压短柱（长径比 $l/d\leqslant4$），其典型的 $N\text{-}\varepsilon_c$ 曲线如图 5-6 所示。

从图中可以看出，钢管混凝土具有很大的韧性，其荷载应变曲线大致分为四个阶段：

1）弹性阶段 OA。此阶段荷载较低，$N\text{-}\varepsilon_c$ 大致为线性关系。

2）弹塑性阶段 AB。AB 段略有弯曲。当荷载增长至 B 点，钢管表面出现剪切滑移斜线，这意味着钢管已经屈服，$N\text{-}\varepsilon_c$ 明显偏离其初始的直线，显露出塑性的特点，B 点的荷载定义为屈服荷载，用 N_y 表示。

3）强化阶段 BC。随着荷载增大，钢管环向拉应力

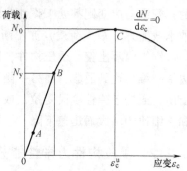

图 5-6　薄壁钢管混凝土短柱的荷载-应变曲线

不断增大，根据 Von Mises 屈服准则，钢管承受的纵向压应力相应减小，从主要承受纵向压应力转变为主要承受环向拉应力，屈服范围也逐渐布满整个管壁，剪切滑移斜线显著增多。剪切滑移斜线的发展如图 5-7 所示。此时，切线模量 $\mathrm{d}N/\mathrm{d}\varepsilon_\mathrm{c}$ 不断减小，至 C 点时，$\mathrm{d}N/\mathrm{d}\varepsilon_\mathrm{c}=0$，荷载达到最大值。在图 5-6 中，$C$ 点的荷载（$\mathrm{d}N/\mathrm{d}\varepsilon_\mathrm{c}$）定义为极限荷载或钢管混凝土短柱的极限承载能力，用 N_u 或 N_0 表示。钢管混凝土的极限承载力比空钢管和核心混凝土柱体二者极限承载能力之和大。对应于极限荷载能力的纵向应变值，定义为极限应变，记为 ε_0^*。在 C 点以前，柱体变形大体均匀，外表鼓而不曲。

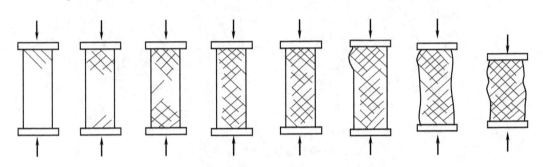

图 5-7　钢管混凝土短柱的破坏过程（B 式加载）

4）下降阶段 CD。C 点后，$N\text{-}\varepsilon_\mathrm{c}$ 曲线逐渐下降。对于 d/t 值较大的薄壁钢管试件，下降较陡，对于 d/t 值较小的厚壁钢管试件，下降较平缓。超过 C 点以后，柱体外形逐渐鼓曲，其程度因钢管厚薄不同而有差异。

在试验中曾有过所谓"压不坏"的情况。该种试件的特点是管壁很厚（$d/t=10$），高度很低（长径比 $l/d=1.6$）。在加载过程中，其纵向压缩和横向鼓胀都很匀称。A 式加载者，钢质压头深陷管内，构件外形呈腰鼓形；B 式加载者，呈葫芦形。

另外，加载方式、管壁厚度（或含钢率 $A_\mathrm{s}/A_\mathrm{c}$）、混凝土强度以及加载速度等都对 $N\text{-}\varepsilon_\mathrm{c}$ 曲线的形状有显著的影响。

（2）细长柱和偏压柱的变形特征　试验表明，钢管混凝土受压柱的纵向变形，从加载开始，就不是均匀的，柱轴线明显呈现出弯曲的特征。在接近极限荷载时，弯曲更大，幅度加剧。对应于最大荷载时的钢管平均纵向应变，随柱的长细比增大而不断减小。在柱的长细比较小时，纵向应变可进入塑性范围，当长细比增大，l/d 大约超过 20 以后，在最大荷载时的钢管纵向应变则都处于弹性范围，并且随着长细比的增大而减小。随着长细比的增大，柱的承载能力（最大荷载）亦不断下降。

钢管混凝土偏心受压构件，即使在长细比很大的情况下，在最大荷载时，钢管受压区的边缘纤维均达到屈服，而另一侧的边缘纤维，则视偏心率和长细比的不同，或处于弹性阶段受压，或处于弹性阶段受拉，或处于塑性阶段受拉，极限承载能力（最大荷载）随偏心率和长细比的增大而迅速下降。

5.2.2　受拉构件力学性能分析

钢管混凝土构件轴心受拉时，由于混凝土的抗拉强度很低，混凝土很快就开裂，因此混凝土不能承受纵向拉力。钢管在纵向受拉时，径向将缩小，但受到内部混凝土的阻碍，因而处于纵向受拉、径向受压而环向受拉的三向受力状态。由于径向压力相对较小可忽略，则钢管为纵向和环向受拉应力状态。混凝土则处于径向和环向双向受压应力状态。

钢管混凝土轴心受拉构件的应力-应变关系曲线如图 5-8 所示。由图可见，钢管混凝土构件的应力应变关系基本体现了钢材的性能。只是由于内部存在混凝土，钢管为双向受拉，因而屈服强度略高于单向受拉时的屈服强度，且塑性区稍有上升，并非完全水平。

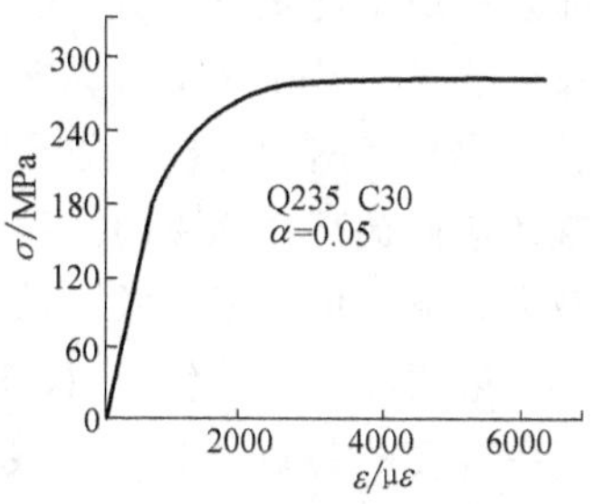

图 5-8　轴心受拉钢管混凝土
应力-应变关系曲线

5.2.3　受弯构件力学性能分析

钢管混凝土最适宜用作轴心受压和小偏心受压构件；当钢管混凝土构件大偏心受压时，可采用格构式构件。对于受弯构件，采用钢管混凝土并无优越性。但是，钢管混凝土构件受弯矩作用的情况并不少见。例如压弯构件和拉弯构件，除轴心力外，都存在着弯矩作用。多层和高层建筑中的钢管混凝土框架柱，在侧向水平荷载（如风荷载或地震）作用下，也都承受着弯矩作用，甚至承受着压、弯、扭、剪的复杂内力。如果把钢管混凝土构件用作基础桩，在侧向力作用下，钢管混凝土也承受着弯矩作用。由此可见，在实际工程中，钢管混凝土构件承受弯矩作用还是很普遍的，只是不把它单独用作受弯构件而已。钢管混凝土虽然不用作单独受弯构件，但研究其抗弯性能仍很有必要，这有助于加深对钢管混凝土偏心受力构件性能的认识。

当钢管混凝土用作框架柱时，属于压弯构件，也称为偏心受压构件。钢管混凝土受偏心压力作用时，一开始就发生弯曲，截面上的应力分布不均匀。如果构件很短，长细比 $\lambda \leqslant 20$ 时，属于强度破坏，如图 5-9 所示。

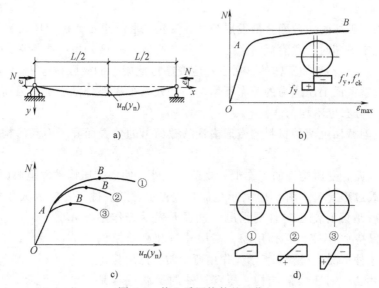

图 5-9　偏心受压构件的工作

图 5-9b 所示为杆件中截面偏心力 N 与最大纤维压应变 $\varepsilon_{\max}$ 的关系。工作分为两个阶段：OA 段为弹性工作阶段，到 A 点时，钢管受力最大的纤维应力达到屈服强度。A 点后，

截面发展呈塑性状态。AB 段为弹塑性工作阶段，到 B 点时，截面趋近塑性铰，变形将无限增长。这时，受压区钢管纵向受压而环向受拉，其屈服强度低于单向受力屈服强度，受拉区钢管纵向与环向均受拉，故屈服强度比单向受力屈服强度高。受压区混凝土的抗压强度由于紧箍效应而提高，比单向抗压强度高，受拉区混凝土开裂而不参加受力。偏压构件强度极限承载力为形成偏心塑性铰，截面中性轴偏向受拉区。

一般情况下构件较长（λ>20）时，偏心受压构件受稳定性控制。图 5-9c 所示为压力 N 与杆中挠度的关系曲线，曲线由上升段和下降段组成。在上升段中，要想使构件的挠度增加，必须增加荷载 N，构件处于稳定平衡状态。下降段则相反，这时挠度不断增大，荷载也不断下降，构件失去了平衡状态。随着挠度的继续发展，最后构件彻底破坏。显然，曲线的最高点是偏压构件稳定承载力的极限。

曲线上的 OA 段为弹性工作阶段，过了 A 点，截面受压区不断发展塑性，钢管和受压混凝土间产生了非均匀的紧箍力，工作呈弹塑性。随着荷载的继续增加，塑性区继续深入，到达曲线的最高点时，内外力不再保持平衡，构件即失去了承载力。这时受拉区混凝土不参加工作，曲线开始下降，构件破坏。由此可见，钢管混凝土偏心受压构件的工作性能具有本身的特点，在接近破坏时，外荷载增量很小，而变形却发展很快，和钢构件相比，曲线过 B 点后平缓得多，说明是由于有紧箍力的作用，不但提高了核心混凝土的承载力，而且还增加了构件的延性。

图 5-9c 中，曲线①②③表示不同长细比与荷载偏心率时，N-u_n（y_n）的曲线关系。

偏心受压构件丧失稳定时，随着构件长细比和荷载偏心率的不同，危险截面上应力的分布也不同。当长细比和偏心率较小时，全截面受压（曲线①），长细比或偏心率都很大时，拉压区都发展塑性（曲线③），中间状态为受压区一侧发展塑性（曲线②）。

因此，钢管混凝土偏心受压构件的工作性能比轴心受压时复杂得多，归纳起来有下列四点：

1）构件强度破坏时，截面全部发展塑性，受拉区混凝土不参加工作。

2）构件稳定破坏时，危险截面上的应力分布既有塑性区，也有弹性区。受拉区混凝土有参加工作的，也有不参加工作的，后者拉应变超过混凝土的极限拉应变。

3）由于危险截面上压应力的分布不均匀，且只分布在部分截面上，因而钢管与核心混凝土间的紧箍力分布也不均匀。

4）不但危险截面上两种材料的变形模量随截面上的位置而异，而且沿构件长度方向也是变化的。

由此可见，偏心受压构件的工作十分复杂。此外，偏心受压构件危险截面上的应力分布的变化还与加载过程有关。图 5-10 所示是加载过程示意图。过程 a 表示压力 N 和弯矩 M 按比例增加，这就是偏心受压构件的情况。过程 b 表示先作用压力 N，然后保持 N 不变，再作用 M，高层建筑和高耸结构中的柱子属于这种情况。过程 c 表示先作用弯矩 M，然后保持 M 不变，再作用 N。对于实际结构，压弯构件的受载过程是很复杂的。如构件到达 A 点的受力状态，在 M 和 N 共同作用下仍处于弹性工作状态，则构件截面上的应力状态只和 M、N 有关，与加载过程无关。如果这时构件产生了塑性变形，则

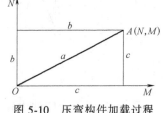

图 5-10　压弯构件加载过程示意图

构件截面上的应力状态不但和 M、N 有关，而且还与加载过程有关。

上述三种加载过程中，过程 c 在实际工程中不会出现，因而只有 a 和 b 两种。

加载过程 b，因为 N 为常值且为最大值，故当 M 作用而构件发生挠曲时，N 产生的附加弯矩比加载过程 a 要大，但计算表明，a 和 b 两种情况的临界荷载相差并不多，故一般常按偏心受压构件，即加载过程 a 来确定构件的承载力。

5.3　圆钢管混凝土柱承载力计算

5.3.1　轴心受压短柱承载力分析

把钢管混凝土短柱看作由钢管及核心混凝土两部分组成的结构体系，如图 5-11 所示。钢管混凝土短柱的极限承载力可由极限平衡理论求得。计算假定为：

1）构件变形很小，可以忽略受力过程中构件几何尺寸的变化。

2）构件在材料破坏前不会失稳。

3）钢管的极限条件服从 Von Mises 屈服条件，钢材屈服、混凝土达到极限压应变后均为理想塑性材料，保持屈服应力不变。

4）在极限状态下，钢管的应力状态为纵向受压、环向受拉的双向受力状态，应力沿管的壁厚均匀分布。由于在薄壁钢管（$d/t \geqslant 20$）混凝土构件中，钢管所受的径向应力远小于环向与纵向应力，因而可忽略不计。

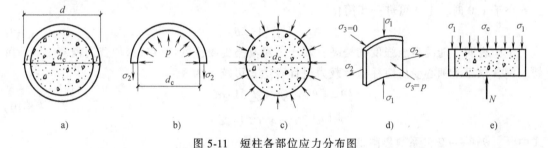

图 5-11　短柱各部位应力分布图

在外荷载作用下，钢管和核心混凝土处于平衡状态。极限分析时，有五个未知量：外荷载（轴向压力）N，钢管的纵向应力 σ_1 和环向应力 σ_2，核心混凝土纵向应力 σ_c 以及钢管和混凝土接触面之间的相互作用力 p（即核心混凝土对钢管的侧向压应力）。

对钢材，采用 Von Mises 屈服条件，即

$$\sigma_1^2 + \sigma_1\sigma_2 + \sigma_2^2 = f_y^2 \tag{5-1}$$

式中　f_y——钢材在单轴条件应力下的屈服强度（N/mm²）。

对约束混凝土，有如下关系

$$\sigma_c = f_c\left(1 + 1.5\sqrt{\frac{p}{f_c}} + 2\frac{p}{f_c}\right) \tag{5-2}$$

式中　f_c——混凝土的轴心抗压强度（N/mm²）。

达到极限承载力状态时，轴向的平衡方程为

$$N = A_c \sigma_c + A_a \sigma_1 \tag{5-3}$$

考虑到钢管管壁较薄，可取钢管截面面积 $A_a = \pi d_c t$，核心混凝土截面面积 $A_c = \pi d_c^2 / 4$。

环力平衡方程为

$$\sigma_2 t = \frac{d_c}{2} p \tag{5-4}$$

联立式 (5-1)~式 (5-4) 方程，可求得

$$\sigma_1 = \sqrt{f_y^2 - 3p^2 \left(\frac{A_c}{A_a}\right)^2} - p \frac{A_c}{A_a} \tag{5-5}$$

或写成

$$\sigma_1 = \left[\sqrt{1 - \frac{3}{\theta^2} \left(\frac{p}{f_c}\right)^2} - \frac{1}{\theta} \frac{p}{f_c} \right] f_y \tag{5-6}$$

$$N_0 = A_c f_c \left[1 + \left(\sqrt{1 - \frac{3}{\theta^2} \left(\frac{p}{f_c}\right)^2} + \frac{1.5}{\theta} \sqrt{\frac{p}{f_c}} + \frac{1}{\theta} \cdot \frac{p}{f_c} \right) \theta \right] \tag{5-7}$$

式中 θ ——套箍系数，$\theta = \dfrac{A_a f_a}{A_c f_c}$，$f_a$、$f_c$ 为钢管的抗拉和抗压强度设计值。

由式 (5-7) 可知，荷载 N_0 是侧压力 p 的函数。由极限条件 $\mathrm{d}N/\mathrm{d}p = 0$ 可求得极限荷载 N_0，并将其简化为

$$N_0 = A_c f_c (1 + \sqrt{\theta} + 1.1\theta) \tag{5-8}$$

当 θ 小于 1.0 时，上式可进一步简化为

$$N_0 = A_c f_c (1 + 2\theta) \tag{5-9}$$

试验表明，随混凝土强度的提高，侧压力对高强混凝土的约束效果较普通混凝土有所降低。钢管混凝土轴心受压短柱的承载力设计表达式可统一为

$$\begin{cases} \theta \leqslant [\theta], N_0 = A_c f_c (1 + \alpha\theta) \\ \theta > [\theta], N_0 = A_c f_c (1 + \sqrt{\theta} + \theta) \end{cases} \tag{5-10}$$

式中 $[\theta]$ ——套箍系数界限值；

α ——与混凝土等级有关的系数，$[\theta]$ 和 α 按表 5-1 取值。

表 5-1 系数 α 和套箍指标界限值 $[\theta]$

混凝土等级	$\leqslant$ C50	C55 ~ C80
α	2.00	1.8
$[\theta] = \dfrac{1}{(\alpha-1)^2}$	1.00	1.56

式 (5-10) 中套箍系数 θ 宜控制为 0.3~3.0。试验结果表明，θ 在这一范围内时，构件在使用荷载下都处于弹性工作状态，且破坏时有足够的延性。

5.3.2 受压承载力的影响因素

除了材料性能和截面特征外，影响钢管混凝土柱承载力的因素有很多，主要有：构件长细比、偏心率、柱子两端弯矩的比值、柱两端的约束条件等。对这些影响因素可采用不同的

方法予以反映，在 CECS104—1999《高强混凝土结构技术规程》中，前两个因素采用对短柱承载力乘以修正系数的方法进行反映，对后两个因素则采用修正柱子计算长度的方法来体现。

1. 长细比 (L_e/D) 的影响

随着长细比的增大，构件会由材料强度破坏过渡到失稳破坏。试验结果表明，当 $L_e/D \leq 4$ 时，承载力并不降低，可按短柱计算；当 $L_e/D > 4$ 时，其承载力可在短柱承载力的基础上乘以长细比影响系数 φ_l 得到。

考虑长细比影响后的承载力折减系数 φ_l 应按下列公式计算

$\dfrac{L_e}{D} > 4$ 时

$$\varphi_l = 1 - 0.115\sqrt{\dfrac{L_e}{D} - 4} \tag{5-11}$$

式中 L_e——柱的等效计算长度，两端铰支时取柱的实际长度；

D——钢管混凝土柱的外直径。

$\dfrac{L_e}{D} \leq 4$ 时

$$\varphi_l = 1 \tag{5-12}$$

$$L_e = \mu k L \tag{5-13}$$

式中 L——柱的实际长度；

μ——考虑柱端约束条件的计算长度系数，根据梁柱刚度的比值，按表 5-2 或表 5-3 确定；

k——考虑柱身弯矩分布梯度影响的等效长度系数，应根据柱的类型（见图 5-12）按下列规定计算。

表 5-2 无侧移框架柱的计算长度系数 μ 取值

K_2 \ K_1	0	0.05	0.1	0.2	0.3	0.4	0.5	1	2	3	4	5	≥ 10
0	1.000	0.990	0.981	0.964	0.949	0.935	0.922	0.875	0.820	0.791	0.773	0.760	0.732
0.05	0.990	0.981	0.971	0.955	0.940	0.926	0.914	0.867	0.814	0.784	0.766	0.754	0.726
0.1	0.981	0.971	0.962	0.946	0.931	0.918	0.906	0.860	0.807	0.778	0.760	0.748	0.721
0.2	0.964	0.955	0.946	0.930	0.916	0.903	0.891	0.846	0.795	0.767	0.749	0.737	0.711
0.3	0.949	0.940	0.931	0.916	0.902	0.889	0.878	0.834	0.784	0.756	0.739	0.728	0.701
0.4	0.935	0.926	0.918	0.903	0.889	0.877	0.866	0.823	0.774	0.747	0.730	0.719	0.693
0.5	0.922	0.914	0.906	0.891	0.878	0.866	0.855	0.813	0.765	0.738	0.721	0.710	0.685
1	0.875	0.867	0.860	0.846	0.834	0.823	0.813	0.866	0.729	0.704	0.688	0.677	0.654
2	0.820	0.814	0.807	0.795	0.784	0.774	0.765	0.729	0.686	0.663	0.648	0.638	0.615
3	0.791	0.784	0.778	0.767	0.756	0.747	0.738	0.704	0.663	0.640	0.625	0.616	0.593
4	0.773	0.766	0.760	0.749	0.739	0.730	0.721	0.688	0.648	0.625	0.611	0.601	0.580
5	0.760	0.754	0.748	0.737	0.728	0.719	0.710	0.677	0.638	0.616	0.601	0.592	0.570
≥ 10	0.732	0.726	0.721	0.711	0.701	0.693	0.685	0.654	0.615	0.593	0.580	0.570	0.549

注：1. K_1、K_2 分别为相交于柱上、下端的横梁线刚度之和与柱刚度之和的比值。

2. 当横梁与柱铰接时，取横梁线刚度为零。

3. 对底层柱，当柱与基础铰接时，取 $K_2 = 0$（对平板支座可取 $K_2 = 0.1$）；当柱与基础刚接时，取 $K_2 = 10$。

表 5-3 有侧移框架柱的计算长度系数 μ 取值

K_1 K_2	0	0.05	0.1	0.2	0.3	0.4	0.5	1	2	3	4	5	≥10
0	∞	6.02	4.46	3.42	3.01	2.78	2.64	2.33	2.17	2.11	2.08	2.07	2.03
0.05	6.02	4.16	3.47	2.86	2.58	2.42	2.31	2.07	1.94	1.90	1.87	1.86	1.83
0.1	4.46	3.47	3.01	2.56	2.33	2.20	2.11	1.90	1.79	1.75	1.73	1.72	1.70
0.2	3.42	2.86	2.56	2.23	2.05	1.94	1.87	1.70	1.60	1.57	1.55	1.54	1.52
0.3	3.01	2.58	2.33	2.05	1.90	1.80	1.74	1.58	1.49	1.46	1.45	1.44	1.42
0.4	2.78	2.42	2.20	1.94	1.80	1.71	1.65	1.50	1.42	1.39	1.37	1.37	1.35
0.5	2.64	2.31	2.11	1.87	1.74	1.65	1.59	1.45	1.37	1.34	1.32	1.32	1.30
1	2.33	2.07	1.90	1.70	1.58	1.50	1.45	1.32	1.24	1.21	1.20	1.19	1.17
2	2.17	1.94	1.79	1.60	1.49	1.42	1.37	1.24	1.16	1.14	1.12	1.12	1.10
3	2.11	1.90	1.75	1.57	1.46	1.39	1.34	1.21	1.14	1.11	1.10	1.09	1.07
4	2.08	1.87	1.73	1.55	1.45	1.37	1.32	1.20	1.12	1.10	1.08	1.08	1.06
5	2.07	1.86	1.72	1.54	1.44	1.37	1.32	1.19	1.12	1.09	1.08	1.07	1.05
≥10	2.03	1.83	1.70	1.52	1.42	1.35	1.30	1.17	1.10	1.07	1.06	1.05	1.03

注：1. K_1、K_2 分别为相交于柱上、下端的横梁线刚度之和与柱刚度之和的比值。

2. 当横梁与柱铰接时，取横梁线刚度为零。

3. 对底层柱，当柱与基础铰接时，取 $K_2 = 0$（对平板支座可取 $K_2 = 0.1$）；当柱与基础刚接时，取 $K_2 = 10$。

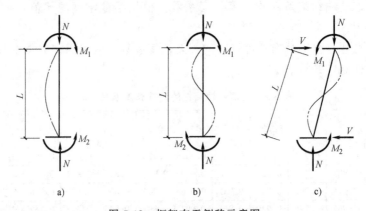

图 5-12 框架有无侧移示意图

a) 无侧移单向压弯　　b) 无侧移双向压弯　　c) 有侧移双向压弯

　　　$\beta \geqslant 0$　　　　　　　$\beta < 0$　　　　　　　$\beta < 0$

考虑柱身弯矩分布梯度影响的等效长度系数 k，按下列公式计算：

无侧移框架柱

$$k = 0.5 + 0.3\beta + 0.2\beta^2 \qquad (5\text{-}14)$$

$$\beta = \frac{M_1}{M_2} \qquad (5\text{-}15)$$

有侧移框架柱

当 $e_0 / r_c \leqslant 0.8$ 时

$$k = 1 - \frac{0.625e_0}{r_c} \tag{5-16}$$

当 $e_0/r_c > 0.8$ 时

$$k = 0.5 \tag{5-17}$$

式中　β——柱两端弯矩设计值之绝对值较小者 M_1 与较大者 M_2 的比值。单向压弯时，β 为
　　　　　正值；双向压弯时，β 为负值；

　　　　e_0——荷载的偏心矩；

　　　　r_c——钢管内半径，即核心混凝土的半径。

轴心受压柱和杆件

$$k = 1 \tag{5-18}$$

悬臂柱

$$k = 1 - \frac{0.625e_0}{r_c} \geqslant 0.5 \tag{5-19}$$

当悬臂柱的自由端有力偶 M_1 作用时

$$k = \frac{1+\beta}{2} \tag{5-20}$$

式（5-20）结果应与式（5-19）相比，取其中的较大者。式（5-20）中，β 为悬臂柱自
由端的弯矩与嵌固端的弯矩之比值。当 β 为负值（双曲压弯）时，则按反弯点所分割成的
高度为 L_2 的悬臂柱计算（见图 5-13）。

2. 荷载偏心率（e_0/r_c）的影响

钢管混凝土偏心受压短柱的极限轴力 N_u 与极限弯矩 M_u 的关系曲线可用图 5-14 表示。
图中曲线 BC 为大偏心受压，小偏心受压则可用简化的直线段 AB 表示。图 5-14 中取无量纲
坐标，其中 N_0 为截面轴心受压承载力，M_0 为截面受弯承载力。根据中国建筑科学院的钢
管混凝土受弯试验结果，可取 $M_0 = 0.4N_0r_c$。无论大小偏心，其受压承载力由于偏心影响的
降低可统一用偏心率影响系数 φ_e 体现。

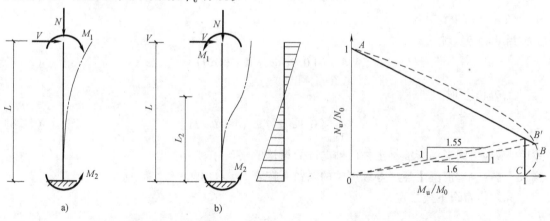

图 5-13　悬臂柱计算简图　　　　　　　　　图 5-14　偏心受压短柱的屈服条件
a）单曲压弯　b）双曲压弯

圆形钢管混凝土框架柱考虑偏心率影响的承载力折减系数 φ_e，应按下式计算：
当 $e_0/r_c \leqslant 1.55$ 时

$$\varphi_e = \frac{1}{1+1.85\dfrac{e_0}{r_c}} \tag{5-21}$$

当 $e_0/r_c > 1.55$ 时

$$\varphi_e = \frac{0.4e_0}{r_c} \tag{5-22}$$

$$e_0 = \frac{M}{N} \tag{5-23}$$

式中　e_0——柱端轴向压力偏心距之较大值（mm）；

　　　r_c——核心混凝土横截面的半径（mm）；

　　　M——柱两端弯矩设计值之较大者（N·m）；

　　　N——轴向压力设计值（N）。

5.3.3　单肢柱承载力计算

钢管混凝土单肢柱的承载力应满足下式的要求

$$N \leqslant N_u \tag{5-24}$$

式中　N——钢管混凝土柱轴向力设计值（N）；

　　　N_u——钢管混凝土单肢柱的承载力设计值（N）。

1. 受压柱的正截面承载力计算

（1）持久、短暂设计状况

当 $\theta \leqslant [\theta]$ 时

$$N \leqslant 0.9\varphi_l\varphi_e f_c A_c(1+\alpha\theta) \tag{5-25}$$

当 $\theta > [\theta]$ 时

$$N \leqslant 0.9\varphi_l\varphi_e f_c A_c(1+\sqrt{\theta}+\theta) \tag{5-26}$$

（2）地震设计状况

当 $\theta \leqslant [\theta]$ 时

$$N \leqslant \frac{1}{\gamma_{RE}}[0.9\varphi_l\varphi_e f_c A_c(1+\alpha\theta)] \tag{5-27}$$

当 $\theta > [\theta]$ 时

$$N \leqslant \frac{1}{\gamma_{RE}}[0.9\varphi_l\varphi_e f_c A_c(1+\sqrt{\theta}+\theta)] \tag{5-28}$$

式中　N——圆形钢管混凝土柱的轴向压力设计值（N）；

　　　α、θ——与混凝土强度等级有关的系数，按表 5-1 取值。

　　　$\varphi_l\varphi_e$ 应符合下式规定

$$\varphi_l\varphi_e \leqslant \varphi_0 \tag{5-29}$$

式中　φ_0——按轴向受压柱考虑的长细比影响的承载力折减系数 φ_l 值。

2. 轴心受拉柱承载力计算

（1）持久、短暂设计状况

$$N \leqslant f_a A_a \tag{5-30}$$

（2）地震设计状况

$$N \leqslant \frac{1}{\gamma_{RE}} f_a A_a \tag{5-31}$$

3. 偏心受拉柱的正截面受拉承载力计算

（1）持久、短暂设计状况

$$N \leqslant \frac{1}{\dfrac{1}{N_{ut}} + \dfrac{e_0}{M_u}} \tag{5-32}$$

（2）地震设计状况

$$N \leqslant \frac{1}{\gamma_{RE}} \left[\frac{1}{\dfrac{1}{N_{ut}} + \dfrac{e_0}{M_u}} \right] \tag{5-33}$$

N_{ut}、M_u 按下列公式计算

$$N_{ut} = f_a A_a \tag{5-34}$$

$$M_u = 0.3 r_c N_0 \tag{5-35}$$

当 $\theta \leqslant [\theta]$ 时

$$N_0 = 0.9 f_c A_c (1 + \alpha\theta) \tag{5-36}$$

当 $\theta > [\theta]$ 时

$$N_0 = 0.9 f_c A_c (1 + \sqrt{\theta} + \theta) \tag{5-37}$$

式中　N——圆形钢管混凝土柱轴向拉力设计值（N）；

　　　M——圆形钢管混凝土柱端较大弯矩设计值（N·m）；

　　　N_{ut}——圆形钢管混凝土柱轴心受拉承载力计算值（N）；

　　　M_u——圆形钢管混凝土柱正截面受弯承载力计算值（N·m）；

　　　N_0——圆形钢管混凝土轴心受压短柱的承载力设计值（N）。

4. 框架柱正截面受弯承载力计算

（1）持久、短暂设计状况

$$M \leqslant M_u \tag{5-38}$$

（2）地震设计状况

$$M \leqslant \frac{1}{r_{RE}} M_u \tag{5-39}$$

式中　M_u——圆形钢管混凝土柱正截面受弯承载力计算值，按式（5-35）计算。

5. 斜截面受剪承载力计算

对于偏向受压柱，当剪跨小于柱直径 D 的 2 倍时，应验算其斜截面受剪承载力。斜截面受剪承载力的计算公式如下：

（1）持久、短暂设计状况

$$V \leqslant \left[0.2 f_c A_c (1 + 3\theta) + 0.1 N \right] \left(1 - 0.45 \sqrt{\frac{a}{D}} \right) \tag{5-40}$$

（2）地震设计状况

$$V \leq \frac{1}{r_{RE}} [0.2f_c A_c (0.8+3\theta)+0.1N] \left(1-0.45\sqrt{\frac{a}{D}}\right)$$ （5-41）

$$a = \frac{M}{V}$$ （5-42）

式中　V——柱剪力设计值（N）；

N——与剪力设计值对应的轴向力设计值（N）；

M——与剪力设计值对应的弯矩设计值（N·m）；

D——钢管混凝土柱的外径（mm）；

a——剪跨（m）。

5.3.4　计算示例

[例5-1]　某钢管混凝土轴心受压短柱，柱高 $l=1100mm$。钢管为 $\phi273\times8$，Q235 钢，$f_a=215N/mm^2$。混凝土强度等级为 C45，$f_c=21.1N/mm^2$。试计算该柱的极限承载力。

解：基本设计参数

$$A_a = \frac{\pi}{4}(273^2-257^2)mm^2 = 6660mm^2$$

$$A_c = \frac{\pi}{4}\times257^2 mm^2 = 51874mm^2$$

$$\theta = \frac{A_a f_a}{A_c f_c} = \frac{6660\times215}{51874\times21.1} = 1.31 > [\theta] = 1.0$$

钢管混凝土轴心受压短柱的极限承载力

$$\begin{aligned}N_0 &= A_c f_c (1+\sqrt{\theta}+\theta)\\ &= 51874\times21.1\times(1+\sqrt{1.31}+1.31)kN\\ &= 3781.1kN\end{aligned}$$

[例5-2]　一两端铰支的轴心受压钢管混凝土柱，柱高 $l=4500mm$。钢管为 $\phi273\times8$，Q235 钢，$f_a=215N/mm^2$。混凝土强度等级为 C40，$f_c=19.1N/mm^2$。试计算该柱的极限承载力。

解：基本设计参数

$$A_a = \frac{\pi}{4}(273^2-257^2)mm^2 = 6660mm^2$$

$$A_c = \frac{\pi}{4}\times257^2 mm^2 = 51874mm^2$$

$$\theta = \frac{A_a f_a}{A_c f_c} = \frac{6660\times215}{51874\times19.1} = 1.45 > [\theta] = 1.0$$

钢管混凝土轴心受压短柱的极限承载力

$$\begin{aligned}N_0 &= A_c f_c (1+\sqrt{\theta}+\theta)\\ &= 51874\times19.1\times(1+\sqrt{1.45}+1.45)kN\\ &= 3613.5kN\end{aligned}$$

因此柱为两端铰支的轴心受压柱，故 $\varphi_e = 1$；$\mu = 1$，$k = 1$

$$l_e = \mu k l = 1 \times 1 \times 4.5\text{m} = 4.5\text{m}$$

$$\frac{l_e}{d} = \frac{4.5}{0.273} = 16.48 > 4$$

$$\varphi_l = 1 - 0.115\sqrt{\frac{l_e}{d} - 4} = 1 - 0.115 \times \sqrt{16.48 - 4} = 0.594$$

两端铰支的钢管混凝土轴心受压柱的极限承载力

$$N_u = \varphi_l \varphi_e N_0 = 0.594 \times 1 \times 3613.5\text{kN} = 2146.4\text{kN}$$

[例 5-3]　一两端铰支的偏心受压钢管混凝土柱，柱高 $l = 4500\text{mm}$，两端轴压力的偏心距 $e_0 = 100\text{mm}$。钢管为 $\phi273 \times 8$，Q235 钢，$f_a = 215\text{N/mm}^2$。混凝土强度等级为 C40，$f_c = 19.1\text{N/mm}^2$。试计算该柱的极限承载力。

解：基本设计参数

$$A_a = \frac{\pi}{4}(273^2 - 257^2)\text{mm}^2 = 6660\text{mm}^2$$

$$A_c = \frac{\pi}{4} \times 257^2 \text{mm}^2 = 51874\text{mm}^2$$

$$\theta = \frac{A_a f_a}{A_c f_c} = \frac{6660 \times 215}{51874 \times 19.1} = 1.45 > [\theta] = 1.0$$

钢管混凝土轴心受压短柱的极限承载力

$$\begin{aligned} N_0 &= A_c f_c (1 + \sqrt{\theta} + \theta) \\ &= 51874 \times 19.1 \times (1 + \sqrt{1.45} + 1.45)\ \text{kN} \\ &= 3613.5\text{kN} \end{aligned}$$

此柱为两端铰支的受压柱，$\mu = 1$，$k = 1$

$$l_e = \mu k l = 1 \times 1 \times 4.5\text{m} = 4.5\text{m}$$

$$\frac{l_e}{d} = \frac{4.5}{0.273} = 16.48 > 4$$

$$\varphi_l = 1 - 0.115 \times \sqrt{\frac{l_e}{d} - 4} = 1 - 0.115 \times \sqrt{16.48 - 4} = 0.594$$

核心混凝土横截面半径为

$$r_c = \frac{(273 - 8 \times 2)}{2}\text{mm} = 128.5\text{mm}$$

$$\frac{e_0}{r_c} = \frac{100}{128.5} = 0.788 < 1.55$$

从而

$$\varphi_e = \frac{1}{1 + 1.85\dfrac{e_0}{r_c}} = \frac{1}{1 + 1.85 \times 0.788} = 0.410$$

两端铰支的钢管混凝土轴心受压柱的极限承载力

$$N_u = \varphi_l \varphi_e N_0 = 0.594 \times 0.41 \times 3613.5\text{kN} = 880.024\text{kN}$$

[例 5-4] 无侧移的钢管混凝土框架柱，柱高 $l = 11000\text{mm}$。钢管为 $\phi 800 \times 12$，Q235 钢，$f_a = 215\text{N/mm}^2$。混凝土强度等级为 C40，$f_c = 19.1\text{N/mm}^2$。由梁柱刚度比值得计算长度系数 $\mu = 0.8$。设计轴力 $N = 15000\text{kN}$，设计弯矩分布如图 5-15 所示。试验算该柱的承载能力是否足够。

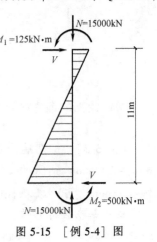

图 5-15 [例 5-4] 图

解：（1）基本参数

$$A_a = \frac{\pi}{4}(800^2 - 776^2)\text{mm}^2 = 29706\text{mm}^2$$

$$A_c = \frac{\pi}{4} \times 776^2\text{mm}^2 = 472948\text{mm}^2$$

$$\theta = \frac{A_a f_a}{A_c f_c} = \frac{29706 \times 215}{472948 \times 19.1} = 0.707 < [\theta] = 1.0$$

（2）计算钢管混凝土轴心受压短柱的极限承载力

$$\begin{aligned}N_0 &= A_c f_c (1 + 2\theta)\\ &= 472948 \times 19.1 \times (1 + 2 \times 1.45)\text{kN}\\ &= 35229.8\text{kN}\end{aligned}$$

（3）计算长细比影响系数 φ_l

$$\beta = \frac{M_1}{M_2} = -\frac{125}{500} = -0.25$$

$$k = 0.5 + 0.3\beta + 0.2\beta^2 = 0.5 + 0.3 \times (-0.25) + 0.2 \times (-0.25)^2 = 0.438$$

$$l_e = \mu k l = 0.8 \times 0.438 \times 11\text{m} = 3.85\text{m}$$

$$\frac{l_e}{d} = \frac{3.85}{0.8} = 4.813 > 4$$

$$\varphi_l = 1 - 0.115\sqrt{\frac{l_e}{d} - 4} = 1 - 0.115 \times \sqrt{4.813 - 4} = 0.896$$

（4）计算偏心影响系数 φ_e

$$r_c = \frac{M_2}{N} = \frac{500}{15000}\text{m} = 0.033\text{m}$$

$$\frac{e_0}{r_c} = \frac{0.033}{0.4 - 0.012} = 0.086 < 1.55$$

得到

$$\varphi_e = \frac{1}{1 + 1.85\dfrac{e_0}{r_c}} = \frac{1}{1 + 1.85 \times 0.086} = 0.863$$

（5）校核限制条件

如按轴心受压考虑，$k = 1$

$$l_e = \mu k l = 0.8 \times 1 \times 11\text{m} = 8.8\text{m}$$

$$\varphi_0 = 1 - 0.115 \sqrt{\frac{l_e}{d} - 4} = 1 - 0.115 \times \sqrt{11 - 4} = 0.696$$

$$\varphi_l \varphi_e = 0.896 \times 0.863 = 0.773 > \varphi_0$$

因此应取
$$\varphi_l \varphi_e = \varphi_0 = 0.696$$

（6）计算极限承载力 N_u
$$N_u = \varphi_l \varphi_e N_0 = 0.696 \times 35229.8 \text{kN} = 24519.9 \text{kN} > 15000 \text{kN}$$

5.4　矩形钢管混凝土柱承载力计算

5.4.1　一般规定

矩形钢管混凝土框架柱的截面最小边尺寸不宜小于 400mm，钢管壁厚不宜小于 8mm，截面高宽比不宜大于 2。当矩形钢管混凝土柱截面边长大于等于 1000mm 时，应在钢管内壁设置竖向加劲肋。

矩形钢管混凝土框架柱管壁宽厚比 b/t、h/t 应符合下列公式的规定（见图 5-16）

$$\frac{b}{t} \leqslant 60 \sqrt{\frac{235}{f_{ak}}} \tag{5-43}$$

$$\frac{h}{t} \leqslant 60 \sqrt{\frac{235}{f_{ak}}} \tag{5-44}$$

式中　b——矩形钢管管壁宽度（mm）；

　　　h——矩形钢管高度（m）；

　　　t——矩形钢管管壁厚度（mm）；

　　　f_{ak}——矩形钢管抗拉强度标准值（N/mm^2）。

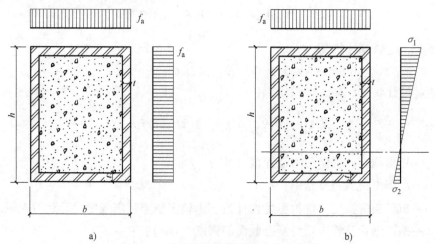

图 5-16　矩形钢管截面板件应力分布图
a）轴压　b）压弯

矩形钢管混凝土框架柱，其内设的钢隔板高厚比 h_w/t_w 宜符合《组合结构设计规范》第 6.1.5 节中 h_w/t_w 限值的规定。

5.4.2 正截面承载力计算

1. 轴心受压柱的承载力计算

矩形钢管混凝土轴心受压柱正截面承载力计算基于下列基本假定：

1）截面应变保持平面。

2）不考虑混凝土的抗拉强度。

3）受压边缘混凝土极限压应变 ε_{cu} 取 0.003，相应的最大压应力取混凝土轴心抗压强度设计值 f_c 乘以受压区混凝土压应力影响系数 α_1，当混凝土强度等级不超过 C50 时，α_1 取为 1.0；当混凝土强度等级为 C80 时，α_1 取为 0.94，其间按线性内插法确定；受压区应力图简化为等效的矩形应力图，其高度取按平截面假定所确定的中和轴高度乘以受压区混凝土应力图形影响系数 β_1，当混凝土强度等级不超过 C50 时，β_1 取为 0.8，当混凝土强度等级为 C80 时，β_1 取为 0.74，其间按线性内插法确定。

矩形钢管混凝土轴心受压柱的承载力计算简图如图 5-17 所示。

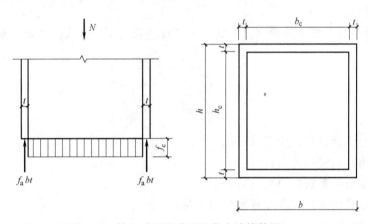

图 5-17 轴心受压柱受压承载力计算简图

1）持久、短暂设计状况

$$N \leqslant 0.9\varphi(\alpha_1 f_c b_c h_c + 2f_a bt + 2f_a h_c t) \tag{5-45}$$

2）地震设计状况

$$N \leqslant \frac{1}{r_{RE}}[0.9\varphi(\alpha_1 f_c b_c h_c + 2f_a bt + 2f_a h_c t)] \tag{5-46}$$

式中　N——矩形钢管柱轴向压力设计值（N）；

　　　r_{RE}——承载力抗震调整系数；

　f_a、f_c——矩形钢管抗压和抗拉强度设计值、内填混凝土抗压强度设计值（N/mm^2）；

　b、b_c——矩形钢管及管内填混凝土截面的宽度（mm）；

　h、h_c——矩形钢管及管内填混凝土截面的高度（mm）；

　　　t——矩形钢管的管壁厚度（mm）；

　　　α_1——受压区混凝土压应力影响系数；

　　　φ——轴心受压柱稳定系数，其取值按表 5-4 取值。

表 5-4　钢管混凝土柱轴心受压稳定系数 φ

l_0/i	≤28	35	42	48	55	62	69	76	83	90	97	104
φ	1.00	0.98	0.95	0.92	0.87	0.81	0.75	0.70	0.65	0.60	0.56	0.52

注：1. l_0 为构件的计算长度。

　　2. i 为截面的最小回转半径，$i=\sqrt{\dfrac{E_c I_c + E_a I_a}{E_c A_c + E_a A_a}}$。

2. 偏心受压柱的承载力计算

矩形钢管混凝土大偏心受压柱正截面受压承载力计算简图如图 5-18 所示。

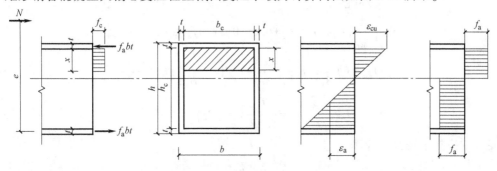

图 5-18　大偏心受压柱计算简图

当 $x \leqslant \xi_b h_c$ 时

1）持久、短暂设计状况

$$N \leqslant \alpha_1 f_c b_c x + 2 f_a t \left(2\frac{x}{\beta_1} - h_c \right) \tag{5-47}$$

$$Ne \leqslant \alpha_1 f_c b_c x (h_c + 0.5t - 0.5x) + f_a bt(h_c + t) + M_{aw} \tag{5-48}$$

2）地震设计状况

$$N \leqslant \frac{1}{r_{RE}} \left[\alpha_1 f_c b_c x + 2 f_a t \left(2\frac{x}{\beta_1} - h_c \right) \right] \tag{5-49}$$

$$Ne \leqslant \frac{1}{r_{RE}} \left[\alpha_1 f_c b_c x (h_c + 0.5t - 0.5x) + f_a bt(h_c + t) + M_{aw} \right] \tag{5-50}$$

$$M_{aw} = f_a t \frac{x}{\beta_1} \left(2h_c + t - \frac{x}{\beta_1} \right) - f_a t \left(h_c - \frac{x}{\beta_1} \right) \left(h_c + t - \frac{x}{\beta_1} \right) \tag{5-51}$$

矩形钢管混凝土小偏心受压柱正截面受压承载力计算简图如图 5-19 所示。

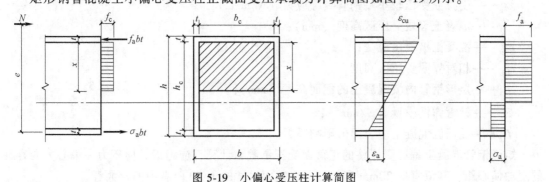

图 5-19　小偏心受压柱计算简图

当 $x>\xi_b h_c$ 时

1）持久、短暂设计状况

$$N \leqslant \alpha_1 f_c b_c x + f_a bt + 2f_a t \frac{x}{\beta_1} - 2\sigma_a t\left(h_c - \frac{x}{\beta_1}\right) - \sigma_a bt \qquad (5\text{-}52)$$

$$Ne \leqslant \alpha_1 f_c b_c x(h_c + 0.5t - 0.5x) + f_a bt(h_c + t) + M_{aw} \qquad (5\text{-}53)$$

2）地震设计状况

$$N \leqslant \frac{1}{\gamma_{RE}}\left[\alpha_1 f_c b_c x + f_a bt + 2f_a t \frac{x}{\beta_1} - 2\sigma_a t\left(h_c - \frac{x}{\beta_1}\right) - \sigma_a bt\right] \qquad (5\text{-}54)$$

$$Ne \leqslant \frac{1}{r_{RE}}\left[\alpha_1 f_c b_c x(h_c + 0.5t - 0.5x) + f_a bt(h_c + t) + M_{aw}\right] \qquad (5\text{-}55)$$

$$M_{aw} = f_a t \frac{x}{\beta_1}\left(2h_c + t - \frac{x}{\beta_1}\right) - \sigma_a t\left(h_c - \frac{x}{\beta_1}\right)\left(h_c + t - \frac{x}{\beta_1}\right) \qquad (5\text{-}56)$$

$$\sigma_a = \frac{f_a}{\xi_b - \beta_1}\left(\frac{x}{h_c} - \beta_1\right) \qquad (5\text{-}57)$$

ξ_b、e 应按下列公式计算

$$\xi_b = \frac{\beta_1}{1 + \dfrac{f_a}{E_a \varepsilon_{cu}}} \qquad (5\text{-}58)$$

$$e = e_i + \frac{h}{2} - \frac{t}{2} \qquad (5\text{-}59)$$

$$e_i = e_0 + e_a \qquad (5\text{-}60)$$

$$e_0 = \frac{M}{N} \qquad (5\text{-}61)$$

式中　e——轴力作用点至矩形钢管远端翼缘钢板厚度中心的距离（mm）；

$\quad\ \ e_0$——轴力对截面重心的偏心距（mm）；

$\quad\ \ e_a$——附加偏心距（mm），宜取 20mm 和偏心方向截面尺寸的 1/30 两者中的较大者；

$\quad\ \ M$——柱端较大弯矩设计值（N·m），当考虑挠曲产生的二阶效应时，柱端弯矩应按《混凝土结构设计规范》的规定确定；

$\quad\ \ N$——与弯矩设计值 M 相对应的轴向压力设计值（N）；

$\quad M_{aw}$——钢管腹板轴向合力对受拉或受压较小端钢管翼缘钢板厚度中心的力矩（N·m）；

$\quad\ \ \sigma_a$——受拉或受压较小端钢管翼缘应力（N/mm²）；

$\quad\ \ x$——混凝土等效受压区高度（mm）；

$\quad\ \ \varepsilon_{cu}$——混凝土极限压应变；

$\quad\ \ \xi_b$——相对界限受压区高度；

$\quad\ \ h_c$——矩形钢管内填混凝土的截面高度（mm）；

$\quad\ \ E_a$——钢管弹性模量（N/mm²）；

$\quad\ \ \beta_1$——受压区混凝土应力图形影响系数。

矩形钢管混凝土偏心受压柱的正截面受压承载力计算，应考虑轴向压力在偏心方向存在的附加偏心距，其值宜取 20mm 和偏心方向截面尺寸的 1/30 两者中的较大者。

3. 轴心受拉柱的承载力计算

矩形钢管混凝土轴心受拉柱的承载力计算按下式计算:

1）持久、短暂设计状况

$$N \le 2f_a bt + 2f_a h_c t \tag{5-62}$$

2）地震设计状况

$$N \le \frac{1}{r_{RE}}(2f_a bt + 2f_a h_c t) \tag{5-63}$$

4. 偏心受拉柱的承载力计算

矩形钢管混凝土大偏心受拉柱的承载力计算简图如图 5-20 所示。

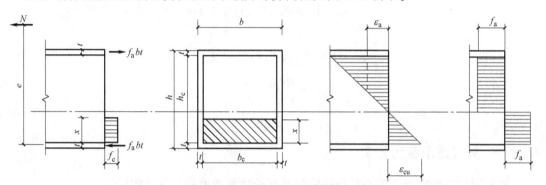

图 5-20 大偏心受拉柱计算简图

矩形钢管混凝土大偏心受拉柱的承载力计算按下式计算:

1）持久、短暂设计状况

$$N \le 2f_a t\left(h_c - 2\frac{x}{\beta_1}\right) - \alpha_1 f_c b_c x \tag{5-64}$$

$$Ne \le \alpha_1 f_c b_c x(h_c + 0.5t - 0.5x) + f_a bt(h_c + t) + M_{aw} \tag{5-65}$$

2）地震设计状况

$$N \le \frac{1}{\gamma_{RE}}\left[2f_a t\left(h_c - 2\frac{x}{\beta_1}\right) - \alpha_1 f_c b_c x\right] \tag{5-66}$$

$$Ne \le \frac{1}{r_{RE}}\left[\alpha_1 f_c b_c x(h_c + 0.5t - 0.5x) + f_a bt(h_c + t) + M_{aw}\right] \tag{5-67}$$

$$M_{aw} = f_a t \frac{x}{\beta_1}\left(2h_c + t - \frac{x}{\beta_1}\right) - f_a t\left(h_c - \frac{x}{\beta_1}\right)\left(h_c + t - \frac{x}{\beta_1}\right) \tag{5-68}$$

$$e = e_0 - \frac{h}{2} + \frac{t}{2} \tag{5-69}$$

矩形钢管混凝土小偏心受拉柱的承载力计算简图如图 5-21 所示。

1）持久、短暂设计状况

$$N \le 2f_a bt + 2f_a h_c t \tag{5-70}$$

$$Ne \le f_a bt(h_c + t) + M_{aw} \tag{5-71}$$

2）地震设计状况

$$N \le \frac{1}{r_{RE}}(2f_a bt + 2f_a h_c t) \tag{5-72}$$

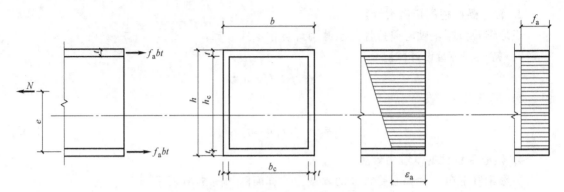

图 5-21 小偏心受拉柱计算简图

$$Ne \leqslant \frac{1}{r_{RE}}\left[f_a bt(h_c+t)+M_{aw} \right] \tag{5-73}$$

$$M_{aw}=f_a h_c t(h_c+t) \tag{5-74}$$

$$e=\frac{h}{2}-\frac{t}{2}-e_0 \tag{5-75}$$

5.4.3 斜截面承载力计算

（1）矩形钢管混凝土偏心受压柱的斜截面受剪承载力的计算公式如下：

1）持久、短暂设计状况

$$V_c \leqslant \frac{1.75}{\lambda+1}f_t b_c h_c+\frac{1.16}{\lambda}f_a th+0.07N \tag{5-76}$$

2）地震设计状况

$$V_c \leqslant \frac{1}{\gamma_{RE}}\left(\frac{1.05}{\lambda+1}f_t b_c h_c+\frac{1.16}{\lambda}f_a th+0.056N \right) \tag{5-77}$$

式中 λ——框架柱计算剪跨比，取上下端较大弯矩设计值 M 与对应剪力设计值 V 和柱截面高度 h 的比值，即 $M/(Vh)$；当框架结构中的框架柱反弯点在柱层高范围内时，也可采用 1/2 柱净高与柱截面高度 h 的比值；当 λ 小于 1 时，取 $\lambda=1$；当 λ 大于 3 时，取 $\lambda=3$；

N——框架柱的轴向压力设计值；当 $N>0.3f_c b_c h_c$ 时，取 $N=0.3f_c b_c h_c$。

（2）矩形钢管混凝土偏心受拉柱的斜截面受剪承载力的计算公式如下：

1）持久、短暂设计状况

$$V_c \leqslant \frac{1.75}{\lambda+1}f_t b_c h_c+\frac{1.16}{\lambda}f_a th-0.2N \tag{5-78}$$

当 $V_c \leqslant \frac{1.16}{\lambda}f_a th$ 时，应取 $V_c=\frac{1.16}{\lambda}f_a th$。

2）地震设计状况

$$V_c \leqslant \frac{1}{\gamma_{RE}}\left(\frac{1.05}{\lambda+1}f_t b_c h_c+\frac{1.16}{\lambda}f_a th-0.2N \right) \tag{5-79}$$

当 $V_c \leqslant \frac{1}{\gamma_{RE}}\left(\frac{1.16}{\lambda}f_a th \right)$ 时，应取 $V_c=\frac{1}{\gamma_{RE}}\left(\frac{1.16}{\lambda}f_a th \right)$。

式中　N——柱轴向拉力设计值（N）。

考虑地震作用组合的框架柱和转换柱的内力设计值应按《组合结构设计规范》6.2.8～6.2.12 条规定计算。

考虑地震作用组合的矩形钢管混凝土柱，其轴压比应按下式计算，且不大于表 5-5 中规定的限值。

$$n = \frac{N}{f_c A_c + f_a A_a} \tag{5-80}$$

式中　n——柱轴压比；

　　　N——考虑地震作用组合的柱轴向压力设计值；

　　　A_c——矩形钢管内混凝土面积（mm^2）；

　　　A_a——矩形钢管壁截面面积（mm^2）。

表 5-5　矩形钢管混凝土框架柱的轴压比限值

结 构 类 型	柱 类 型	抗 震 等 级			
		一级	二级	三级	四级
框架结构	框架柱	0.63	0.75	0.85	0.90
框架-剪力墙结构	框架柱	0.70	0.80	0.90	0.95
框架-筒体结构	框架柱	0.70	0.80	0.90	—
	转换柱	0.60	0.70	0.80	—
筒中筒结构	框架柱	0.70	0.80	0.90	—
	转换柱	0.60	0.70	0.80	—
部分框支剪力墙结构	转换柱	0.60	0.70	—	—

注：1. 剪跨比不大于 2 的柱，其轴压比限值应比表中数值减小 0.05。

　　2. 当混凝土强度等级采用 C65～C70 时，轴压比限值应比表中数值减小 0.05；当混凝土强度等级采用 C75～C80 时，轴压比限值应比表中数值减小 0.10。

5.4.4　计算示例

[例 5-5]　一两端铰支的矩形轴向受压钢管混凝土框架柱，柱高 $l = 11000mm$。矩形钢管宽 800mm、高 1000mm，管壁厚度 12mm，Q235 钢，$f_a = 215N/mm^2$。混凝土强度等级为 C40，$f_c = 19.1N/mm^2$。设计轴力 $N = 15000kN$。试验算该柱的承载能力是否足够。

解：基本参数

$$b_c = (800-12×2)mm = 776mm \quad h_c = (1000-12×2)mm = 976mm$$

$$A_c = 8×10^5 mm^2 \quad A_a = 42624mm^2 \quad \frac{l_0}{i} = 34.9 \quad \varphi = 0.9$$

得到钢管混凝土轴心受压柱的极限承载力

$$\begin{aligned} N_0 &= 0.9\varphi(\alpha_1 f_c b_c h_c + 2f_a bt + 2f_a h_c t) \\ &= 0.9×0.9×(21.1×776×976+2×215×800×12+2×215×976×12)kN \\ &= 20367.27kN > N = 15000kN（承载力足够） \end{aligned}$$

5.5 钢管混凝土桁架

采用圆钢管混凝土截面受压弦杆的钢管混凝土桁架已在屋架、吊车梁等结构中得到应用。在桥梁工程中，广东南海区紫洞大桥、湖北秭归县向家坝大桥的主梁均采用了钢管混凝土空间桁架，经济效益显著。近年来，钢管混凝土拱桥在我国得到了迅猛的发展，钢管混凝土桁架式拱肋是跨径在 100m 以上的钢管混凝土拱桥主拱圈的主要结构形式，常见的桁架形式如图 5-22 所示。钢管混凝土桁架突破了钢管混凝土结构传统的应用范围，能够充分发挥钢管混凝土的受力性能，是钢管混凝土结构发展的一个重要方向。

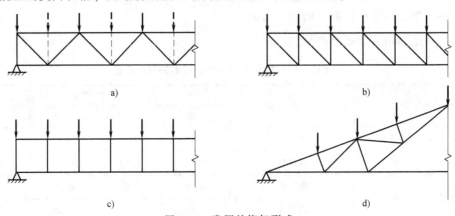

图 5-22 常用的桁架形式

a) Warren 桁架 b) Pratt 桁架 c) 空腹桁架 d) Fink 桁架

与圆钢管混凝土相比，矩形钢管混凝土的混凝土受到的约束作用主要集中在截面的角部，因而其约束效果不如圆钢管混凝土显著。但研究表明，矩形钢管混凝土的钢管对核心混凝土仍能提供一定程度的约束，尤其可以有效地提高构件的延性，仍基本具备圆钢管混凝土的特点。除此之外，矩形钢管混凝土还具有截面抗弯刚度较大，梁柱节点较易于处理等优点，因而，矩形钢管混凝土也同样受到研究者和工程技术人员的青睐。

5.5.1 钢管混凝土桁架节点

由于桁架节点数量多，节点构造复杂程度对桁架的制作安装费用影响很大，有必要研究节点构造简单的新型钢管混凝土桁架。与圆钢管混凝土桁架相比，矩形钢管混凝土桁架节点构造简单，与墙体连接构造简便，便于工程使用。

1. 节点类型

桁架节点的主要几何形式是 K 型和 N 型节点。图 5-23 所示定义了节点参数的符号及其意义。N 型节点是 K 型节点的特例，其中一根腹杆与弦杆垂直。当只有一根腹杆时就成了 Y 型节点或 T 型节点。T 型节

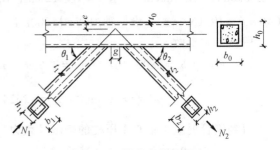

图 5-23 节点参数及构造

注：e 朝无腹杆侧为正，朝有腹杆侧为负；$\beta = b_i/b_0$，下标 $i=1$ 代表受压腹杆，$i=2$ 代表受拉腹杆。

点是 Y 型节点的特例,其腹杆与弦杆垂直,主要出现在空腹桁架中。支座或集中荷载作用处为 X 型节点,X 型节点也出现在交叉腹杆和支撑体系中。Y 型节点、T 型节点和 X 型节点是桁架中最基本的节点形式,也是研究其他形式节点的基础。

从节点的传力方式进行划分,节点类型可划分为(见图 5-24):

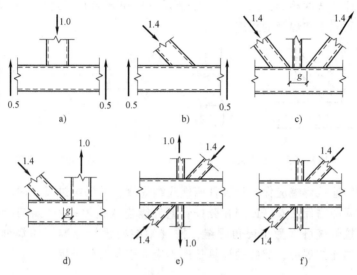

图 5-24　节点的类型
a) T 型　b) Y 型　c) K 型　d) N 型　e) N 型　f) X 型

1)腹杆轴力垂直于弦杆的垂直分量全部由弦杆横截面剪力所平衡时,节点划分为 T 型或 Y 型节点。

2)当位于弦杆同一侧腹杆轴力在垂直于弦杆方向能自相平衡时,节点划分为 K 型或 N型节点。

3)当腹杆轴力通过弦杆由另一侧腹杆所平衡时,节点划分为 X 型节点。

对于如图 5-25 所示的几何形状为 K 型的节点,根据腹杆轴力垂直于弦杆的垂直分量的平衡方式划分节点类型的原则,斜腹杆轴力的 50% 由竖腹杆平衡,另 50% 由弦杆横截面剪力平衡,因此划分为部分 K 型、部分 Y 型节点。根据作用于腹杆荷载的性质,节点又可以分为受拉节点、受压节点和受弯节点等。

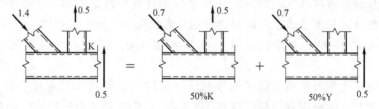

图 5-25　部分 K 型、部分 Y 型节点

2. 构造要求

矩形钢管混凝土桁架 K 型节点或 N 型节点宜采用间隙接头,因为间隙接头杆件易于加工、定位和焊接。当必须采用搭接接头时,建议采用图 5-26 所示的搭接接头构造方案,以

便于定位和焊接。为了保证节点连接的焊接质量、强度和混凝土的浇捣质量，矩形钢管混凝土桁架在节点处弦杆应保持连续，腹杆不得穿入弦杆内。

腹杆与弦杆的连接焊缝应优先采用角焊缝。当腹杆管壁与弦杆管壁之间夹角大于或等于120°时，也可部分采用角焊缝，部分采用对接焊缝或带坡口的角焊缝。

当腹杆与弦杆的宽度相等，采用图 5-27 所示的喇叭形坡口焊缝时，应采用焊接工艺评定，以保证焊接的质量和焊缝的强度。

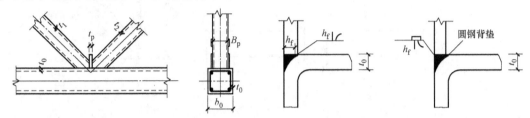

图 5-26 搭接接头构造方案   图 5-27 喇叭形坡口焊缝

腹杆与弦杆间连接焊缝应保证沿腹杆四周连续焊接，并平滑过渡。因此，K 型节点或 N 型节点腹杆间的间隙需保证腹杆四周在弦杆管壁处能连续施焊并满足最小焊缝尺寸的要求。弦杆与腹杆的连接焊缝可视为全周角焊缝，按《钢结构设计标准》角焊缝强度公式计算，但对于受拉腹杆的连接焊缝，焊缝的计算长度不应大于其有效长度。

5.5.2 钢管混凝土桁架分析

设计钢管混凝土桁架，腹杆布置应尽量减小交汇杆件轴线的偏心，使偏心值控制在一定的范围之内，弦杆和腹杆或两腹杆轴线间的夹角不宜小于 30°，以保证施焊条件。

设计钢管混凝土桁架应进行施工阶段空管结构的稳定性、强度和变形验算，计算荷载包括湿混凝土重力和施工荷载等。

矩形钢管桁架节点研究表明，弦杆轴向受压将降低节点的承载力，轴向受拉对节点承载力影响不大。考虑到主管内填混凝土在传递主管轴力中的作用和对主管壁的约束作用，主管轴力对节点性能的影响没有矩形钢管节点明显，因此暂不考虑主管轴力的影响。

考虑到矩形钢管桁架中腹杆采用矩形钢管截面，具有较大的抗弯刚度，对弦杆转动具有一定的约束作用，《空心管结构 CIDECT 设计指南》、EUROCODE3《钢结构设计》和 AISC《空心钢管结构设计规程》均规定：当腹杆四周与弦杆采用连续焊缝连接时，弦杆在桁架平面内外的计算长度系数取 0.9，腹杆在任意平面的计算长度系数取 0.75。对于矩形钢管混凝土桁架杆件的计算长度系数，考虑到弦杆钢管内填混凝土后，弦杆刚度与腹杆刚度相差较大，建议弦杆在桁架平面内外的计算长度系数取 1.0，腹杆在任意平面的计算长度系数取 0.75。

矩形钢管混凝土桁架中空管截面杆件的设计可按《钢结构设计标准》的规定进行。为了提高节点腹杆截面的强度利用率，参照 AISC《空心钢管结构设计规程》的规定，建议：

1）管桁架弦管的壁厚不宜小于腹管的壁厚。弦管和腹管的宽厚比不宜大于 $35\sqrt{235/f_y}$，也不宜小于 $15\sqrt{235/f_y}$，受压节点弦杆的宽厚比可不受此限制。

2）节点处较大腹杆宽度不应大于较小腹杆宽度的 1.5 倍，T 型、Y 型或 X 型节点 $0.25 \leqslant \beta \leqslant 1.0$，K 型节点或 N 型节点 $0.35 \leqslant \beta \leqslant 1.0$。

5.6　钢管混凝土节点

钢管混凝土的节点计算方法与构造措施是其结构设计中的重要问题之一。进行节点设计时，应注意以下事项：

1）接头和节点处在进行强度、刚度、稳定性及抗震性能等方面计算和构造处理时，应满足与构件等强的要求，保证接头和节点处的整体性。不可削弱钢管对核心混凝土的套箍作用，特别是要注意防止连接部件在塑性阶段对钢管壁产生的局部撕裂力。

2）梁（板）端的竖向剪力应以最短的途径传递到管内核心混凝土上。

3）尽量保持钢管内部无穿心部件，以方便浇筑混凝土。

4）尽量避免或减少现场焊接。

在高层建筑中，钢管混凝土柱应沿建筑物全高连续，不应中断。如果把柱逐层分段，就不能发挥钢管混凝土柱施工快捷的优点。

5.6.1　梁柱连接

根据受力特点，钢管混凝土结构的梁柱节点可以分为以下几种类型：

（1）铰接节点　梁只传递剪力给钢管混凝土柱。在排架结构中钢管混凝土柱与梁通常采用铰接节点。

（2）半刚性节点　受力过程中梁和钢管混凝土柱轴线的夹角发生改变，即二者之间有相对转角位移，从而可能引起内力重分布。

（3）刚性节点　刚性节点须保证在受力过程中，梁和钢管混凝土柱轴线的夹角保持不变。在框架中钢管混凝土柱与梁通常采用刚接节点。

钢管混凝土柱与钢梁、型钢混凝土梁或钢筋混凝土梁的连接宜采用刚性连接，矩形钢管混凝土柱与钢梁可采用铰接连接。当采用刚性连接时，对应钢梁上、下翼缘或钢筋混凝土上、下边缘处应设置水平加劲肋，水平加劲肋与钢梁翼缘等厚，且不宜小于 12mm；水平加劲肋的中心部位宜设置混凝土浇筑孔，孔径不宜小于 200mm；加劲肋周边宜设置排气孔，孔径宜为 50mm。

对于铰接节点，只把梁端的剪力传给柱，所以只需在钢管柱上设计一个能承受和传递梁端剪力的牛腿即可。

最简单的牛腿是由顶板和腹板组成 T字形（图 5-28a），用剖口焊与管壁焊接。这种节点构造，不论是钢梁还是钢筋混凝土梁都可用。当梁的支反力较大时，可采用顶板和两块腹板组成的 Ⅱ 形牛腿，甚至带下翼缘的 I 字形或 Ⅱ 形牛腿（图 5-28b）。牛腿的顶板（上翼缘板）应和加强环结合起来，加强环起着保证管柱圆形不变、增加节点刚度及把几个牛腿连成整体的作用。加强环和牛腿顶板连接处应设 $r \geqslant 10$mm 的

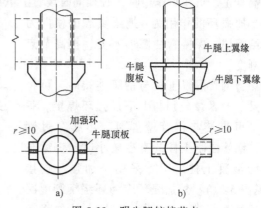

图 5-28　明牛腿铰接节点

圆弧过渡。在工程实际中应尽量避免采用牛腿腹板穿过管柱的做法，这种构造虽能增加节点的整体性，但增加钢材用量，还不利于管柱内混凝土的浇灌。

图 5-28 所示的牛腿部分完全位于梁的下面，称为明牛腿。在很多情况下，建筑不允许牛腿突出在梁的下面。这时可采用倒牛腿（也称暗牛腿）的构造，由向上的腹板和底板构成一个凹口向上的槽形，把梁放在槽口中，同时在牛腿底板处设置加强环。

对于半刚性节点，由于受力过程中梁和钢管混凝土柱轴线的夹角发生改变，会引起结构内力重分布，结构受力比较复杂，且变形较大，因此在设计中需慎重采用。目前，半刚性节点在欧美一些实际钢结构工程有一些应用，在我国，框架结构的抗震设计时一般不使用该类节点。

刚接节点是在我国建筑工程中应用最为广泛的一种节点形式。高层建筑中钢管混凝土柱为连续体，由基础开始一直通到建筑物顶端，各楼层结构中的横梁都与柱子侧面相连。梁端的弯矩、轴力和剪力通过一些连接件可靠地传给管柱柱身。设计中应避免翼缘的轴向拉力只作用在管柱的局部。图 5-29 所示为一钢梁直接焊于钢管混凝土柱子侧面的情况，此时，梁端内力通过钢梁腹板与管柱间的竖焊缝传给柱子，上翼缘传递的力（$N/2+M/h$）最大。此拉力可使钢管局部被撕开或造成该处发生塑性变形，将使梁柱间的夹角改变，梁柱间的弯矩减小，产生内力重分布。刚接节点变成了半刚接节点、铰接节点，设计中必须注意避免，特别是多方向有梁和柱相连时，更为危险。梁柱刚性节点必须保证在最大内力作用下，梁和柱轴线的夹角保持不变，无相对角变位。因此，必须在梁的翼缘平面内，围绕管柱设置加强环，如图 5-30 所示。

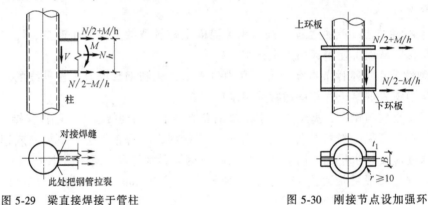

图 5-29　梁直接焊接于管柱　　　　图 5-30　刚接节点设加强环

梁的受压翼缘向柱传递压力时，该处可不设加强环，把梁的翼缘直接焊在管柱上。但当梁端有正、负弯矩作用时，必须同时设置上下加强环。

加强环的作用为：把梁翼缘的横向力传给管柱，保持管柱圆形不变，提高节点的刚度。

当钢管混凝土柱与钢梁连接时，可将钢梁上下翼缘分别与上下加强环焊接。腹板也可直接与钢管壁焊接，不必穿过钢管。钢管混凝土柱的直径较小时，钢梁与钢管混凝土柱之间可采用外加强环连接（见图 5-31）。外加强环应为环绕钢管混凝土柱的封闭满环（见图 5-32），外加强环

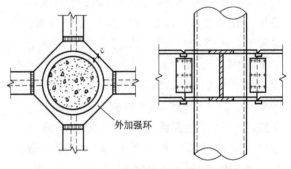

图 5-31　钢梁与钢管混凝土柱采用外加强环连接构造示意图

与钢管壁应采用全熔透焊缝连接，与钢梁应采用栓焊连接。外加强环的厚度不宜小于钢梁翼缘的厚度、宽度 c 不宜小于钢梁翼缘宽度的 0.7 倍。钢管混凝土柱的直径较大时，钢梁与钢管混凝土柱之间可采用内加强环连接。内加强环与钢管内壁应采用全熔透坡口焊缝连接。

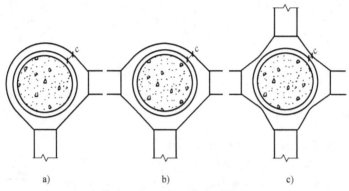

图 5-32　外加强环构造示意图

a）角柱　b）边柱　c）中柱

当钢管柱直径较大且钢梁翼缘较窄时，可采用钢梁穿过钢管混凝土柱的连接方式，钢管壁与钢梁翼缘应采用全熔透剖口焊，钢管壁与钢梁腹板可采用角焊缝（见图 5-33）。

当与预制钢筋混凝土梁连接时，梁端上下面设置预埋钢板，并在梁端轴线处预先开一个凹槽。而在上下加强环之间，梁轴线平面处焊一垂直加劲肋，安装梁时将此加劲肋插于梁端凹槽中，如图 5-34 所示，加强环的形式如图 5-35 所示。

钢管混凝土柱与现浇钢筋混凝土梁连接时，也可将梁端宽度加大，使纵向主筋绕过钢管直通。然后浇灌混凝土，将钢管包围在节点混凝土中，而在梁加宽处加设附加钢筋。梁宽加大

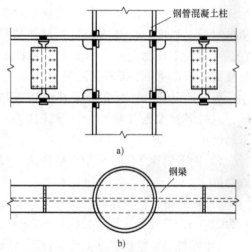

图 5-33　钢梁-钢管混凝土柱穿心式连接

a）立面图　b）平面图

部分的斜面坡度应不大于 1/6。试验证明，这种节点构造受力效果良好，但却省去了加劲环，因此施工简便且节约了连接所需的钢材，如图 5-36 所示。

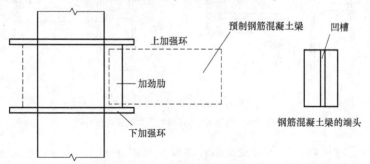

图 5-34　钢管混凝土柱与预制钢筋混凝土梁的连接

图 5-35　加强环的形式

5.6.2　柱拼接

高层建筑中，钢管混凝土柱长达几十米至几百米，必须沿高度进行钢管的对接。根据钢管制作、运输和吊装条件，通常以 3 至 4 个楼层柱段为一个安装段，在现场吊装校正后进行对接。

为制作和建筑构造上的方便，直接和围护结构相连的外柱，不宜改变直径，只变更钢管壁厚和内填的混凝土强度。内部柱子及带外伸悬臂结构的外柱，可在楼盖处改变直径。因此，管柱沿高度的对接接头有等直径和不等直径两种。

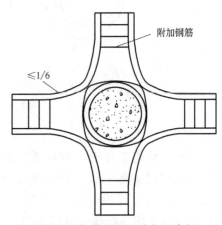

图 5-36　钢管混凝土柱与现浇钢筋混凝土梁的连接

等直径钢管对接时宜设置环形隔板和内衬钢管段，内衬钢管段也可兼作为抗剪连接件，并应符合下列规定：

1）上下钢管之间应采用全熔透坡口焊缝，坡口可取 35°，直焊缝钢管对接处应错开钢管焊缝。

2）内衬钢管仅作为衬管使用时（见图 5-37a），衬管管壁厚度宜为 4~6mm，衬管高度宜为 50mm，其外径宜比钢管内径小 2mm。

3）内衬钢管兼作为抗剪连接件时（见图 5-37b），衬管管壁厚度不宜小于 16mm，衬管高度宜为 100mm，其外径宜比钢管内径小 2mm。

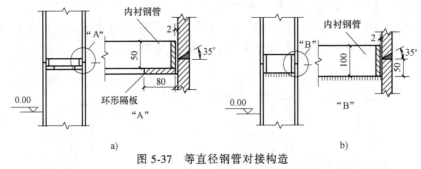

图 5-37　等直径钢管对接构造
a）仅作为衬管用时　b）同时作为抗剪连接件时

不同直径钢管对接时，宜采用变径钢管连接（见图 5-38）。变径钢管的上下两端均宜设置环形隔板，变径钢管的壁厚不应小于所连接的钢管壁厚，变径段的斜度不宜大于 1：6，变径段宜设置在楼盖结构高度范围内。

　　钢管分段接头在现场连接时，宜加焊内套圈和必要的焊缝定位件。焊接钢管上下柱的对焊焊缝应采用坡口全熔透焊缝。

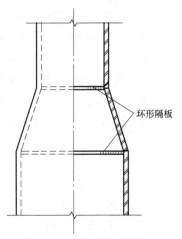

图 5-38　不同直径钢管接长构造示意图

5.6.3　柱脚

　　钢管混凝土柱的柱脚可采用端承式柱脚（见图 5-39）或埋入式柱脚（见图 5-40）。对于单层厂房，埋入式柱脚的埋入深度不应小于 $1.5D$；无地下室或仅有一层地下室的房屋建筑，埋入式柱脚埋入深度不应小于 $2.0D$（D 为钢管混凝土柱直径）。

　　钢管混凝土柱脚板下的基础混凝土内应配置方格钢筋网或螺旋式箍筋。应验算施工阶段和竣工后柱脚板下基础混凝土的局部受压承载力，局部受压承载力应符合《混凝土结构设计规范》的规定。

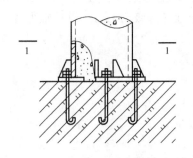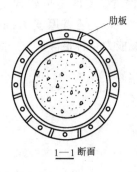

图 5-39　端承式柱脚（肋板厚度不小于 $1.5t$）

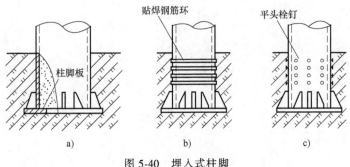

图 5-40　埋入式柱脚

a）无附件　b）贴焊钢筋环　c）平头栓钉

思　考　题

　　5-1　简述钢管混凝土轴心受压短柱的破坏过程，并与细长柱和偏压柱的破坏情况做比较。

5-2　简述钢管混凝土轴心受拉构件承载时的受力状态。

5-3　如何确定钢管混凝土轴心受压短柱的承载力？

5-4　长细比和偏心率是如何影响钢管混凝土柱的受压承载力的？

5-5　矩形钢管混凝土柱承载力的计算方法是什么？

5-6　钢管混凝土桁架在工程中有哪些应用？

5-7　钢管混凝土梁柱节点应采取哪些构造措施？

习　题

5-1　一钢管轴心受压短柱，柱高 $l=1000\mathrm{mm}$。钢管为 $\phi325\times8$，Q345 钢。混凝土强度等级为 C40。试计算该柱的极限承载力。

5-2　一两端铰支的轴心受压钢管混凝土框架柱，柱高 $l=6000\mathrm{mm}$。钢管为 $\phi273\times8$，Q235 钢。混凝土强度等级为 C45。试计算该柱的极限承载力。

5-3　有一偏心受压钢管混凝土底层框架柱，上端铰接，下端与基础刚接，柱高 $l=6000\mathrm{mm}$，两端轴压力的偏心距 $e_0=200\mathrm{mm}$。钢管为 $\phi325\times8$，Q345 钢。混凝土强度等级为 C45。试计算该柱的极限承载力。

5-4　一两端铰支的矩形轴向受压钢管混凝土框架柱，柱高 $l=12000\mathrm{mm}$。矩形钢管宽 900mm、高 900mm，管壁厚度 12mm。混凝土强度等级为 C45。设计轴力 $N=15000\mathrm{kN}$。试验算该柱的承载能力是否足够。

第6章 预弯型钢预应力混凝土梁设计

本章导读

➤ **内容及要求** 介绍预弯型钢预应力混凝土梁制作施工顺序及各阶段受力特点，预弯型钢预应力混凝土梁承载力、裂缝和挠度计算。通过本章学习，应熟悉预弯型钢预应力混凝土梁制作过程，掌握预弯型钢预应力混凝土梁正截面、斜截面承载力、裂缝和挠度计算。

➤ **重点** 预弯型钢预应力混凝土梁制作过程及各阶段受力特点，预弯型钢预应力混凝土梁设计。

➤ **难点** 预弯型钢预应力混凝土梁各阶段受力特点，预弯型钢预应力混凝土梁正截面承载力、斜截面承载力、裂缝和挠度计算。

6.1 基本原理

预弯型钢预应力混凝土梁又称预弯复合梁，是一种新型的预应力混凝土结构。它是将一根屈服强度较高的工字型劲性钢梁，按要求的拱曲线做成具有一定上拱度的预弯钢梁，然后把钢梁的两端搁置在支座上，并在距梁端 1/4 跨度位置上作用一对大小相等的集中力（称为预弯力），当钢梁上拱度为零，而梁下翼缘处于受拉状态时，立模在钢梁的下翼缘浇筑高强混凝土（称为一期混凝土），待下翼缘混凝土达到设计强度的 90% 以上时，卸去预弯力，钢梁回弹，从而使下翼缘混凝土受压产生预压应力。最后在预弯梁的腹板两侧及上翼缘浇筑混凝土（称为二期混凝土），就构成了预弯型钢预应力混凝土梁。

预弯型钢预应力混凝土梁不仅能承受较大的外荷载，同时具有刚度大、抗裂性能好的优点。预弯型钢预应力混凝土梁除用于大跨度、低梁高的特殊建筑外，还可应用于工业厂房、影剧院、地下建筑和高层建筑、公路和铁路桥梁等。

预弯复合梁的制作施工顺序如图 6-1 所示，主要包括：

1）预弯梁的制作阶段（见图 6-1a）。钢梁在工厂按设计预拱度制作成弧形钢梁，并在钢梁上配置一定数量的抗剪连接件，以防止钢梁与混凝土之间产生相对滑动和剥离。在这一阶段，钢梁处于无应力的预拱状态（忽略焊接应力及热加工应力）。

2）施加预弯力 P_f（见图 6-1b）。在预制台上，为了使钢梁产生正弯矩弯曲，在距梁端 1/4 跨处，施加一对大小相等的预弯力 P_f，弧形钢梁被压弯成近似水平状态，经锚固后所产生的预弯力大小与钢梁截面几何性质、预拱度大小及钢材容许应力有关。

3）浇筑下翼缘一期混凝土阶段（见图 6-1c）。在预弯力作用下，钢梁上翼缘受压、下翼缘受拉。此时，在钢梁下翼缘浇筑一期混凝土，一期混凝土采用 C40 或以上高强混凝土，在这一阶段，一期混凝土处于无应力状态。

4）去除预弯力 P_f 释放预应力阶段（见图 6-1d）。待一期混凝土达到设计强度的 90% 以上时，将预弯力 P_f 卸除，释放预应力，传递预压应力于一期混凝土，梁体恢复部分拱度形

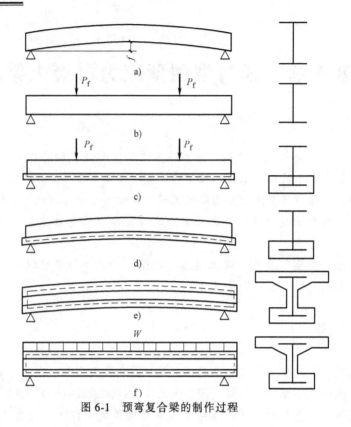

图 6-1　预弯复合梁的制作过程

成外形向上弓起的预弯梁（由于预制钢梁的预拱度大于一期混凝土作用于预弯梁的反拱度，所以此时预弯梁仍有一定的向上拱度）。

5）浇筑二期混凝土阶段（见图 6-1e）。预弯梁制成以后（截面如图 6-2 所示），吊运施工现场，安装就位并立模绑扎桥面构造钢筋，在钢梁的腹板两侧和上翼缘浇筑二期混凝土，此时应注意与一期混凝土及钢梁之间的连接。由于有一期混凝土形成的预弯梁的承托，二期混凝土处于无应力状态。

6）桥面铺装阶段（见图 6-1f）。当二期混凝土充分硬化后，预弯复合梁的制作即已完成，然后可进行桥面铺装、栏杆架设等后期工程。

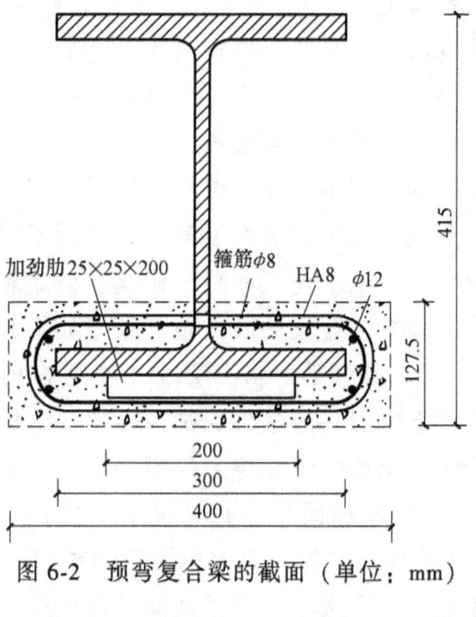

图 6-2　预弯复合梁的截面（单位：mm）

6.2　截面应力计算分析

6.2.1　计算假定

在外荷载作用下，当预弯预应力混凝土梁下翼缘达到其抗拉强度时开裂并退出工作，截面应力发生重分布，钢梁下翼缘先达到屈服，当屈服区逐渐向上发展到达极限状态时，由于受压区混凝土达到极限压应变而被压碎破坏，为简化计算，在截面计算时作如下假定：

1）平截面假定，即截面应变为直线分布。

2）钢和混凝土能够共同工作，且材料为完全线性弹性。

3）腹板混凝土处于部分受拉、部分受压状态，其应力值一般不大，忽略其影响。

4）钢梁与混凝土之间有可靠的连接交互作用，相对滑移小，可以忽略不计。

预弯复合梁从施工到使用各阶段计算截面及应力分布见表 6-1。

表 6-1 梁在各阶段计算截面及应力分布

序号	状 态	抵 抗 截 面	发 生 应 力		累 计 应 力	
			钢梁	二期混凝土	钢梁	二期混凝土
				一期混凝土		一期混凝土
1	预弯钢梁		无		无	
2	钢梁加预弯力		σ_c / σ_t		σ_c / σ_t	
3	预弯梁卸预弯力		σ_t / σ_c	σ_c / σ_c	σ_c / σ_t	σ_c / σ_c
4	预弯梁自重荷载		σ_c / σ_t	σ_t / σ_t	σ_c / σ_t	σ_c / σ_c
5	一期混凝土干缩及初期徐变		σ_t / σ_c	σ_c / σ_c	σ_c / σ_t	σ_c / σ_c

（续）

序号	状　态	抵 抗 截 面	发 生 应 力			累 计 应 力		
			钢梁	二期混凝土		钢梁	二期混凝土	
				一期混凝土			一期混凝土	
6	二期混凝土自重		σ_c σ_t	σ_c σ_t		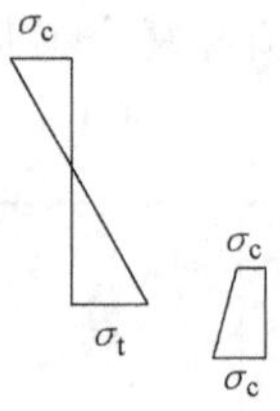 σ_c σ_t	σ_c σ_c	
7	预弯复合梁上作用恒载		σ_c σ_t	σ_c σ_c σ_t		σ_c σ_t	σ_c σ_c	
8	二期混凝土干缩、徐变及一期混凝土大部分徐变结束		σ_c σ_t	σ_t σ_t σ_c σ_t		σ_c σ_t	σ_c σ_c σ_c	
9	预弯复合梁上作用使用荷载及一期混凝土处于开裂状态	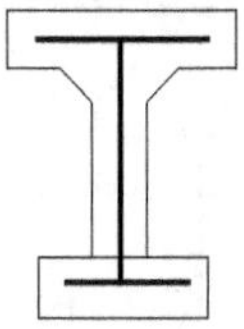	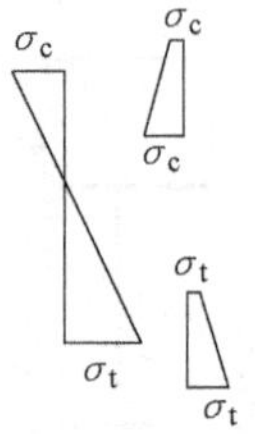 σ_c σ_t	σ_c σ_c σ_t σ_t		σ_c σ_t	σ_c σ_c σ_t	

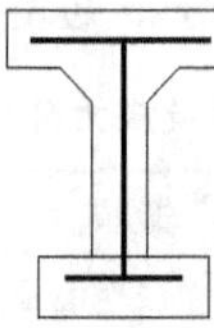

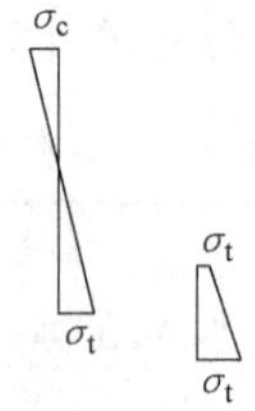

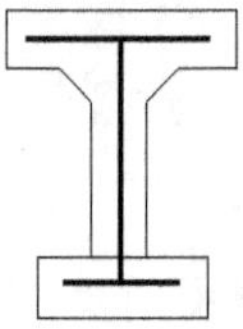

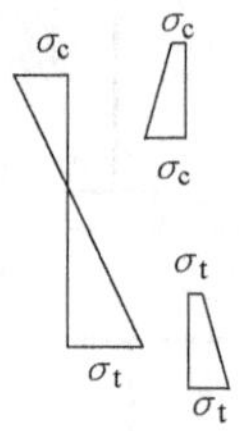

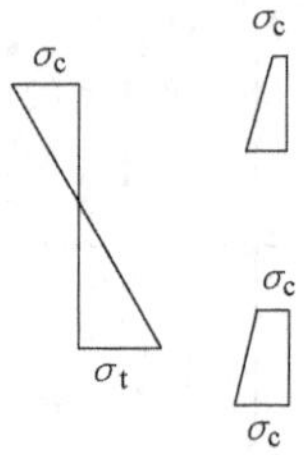

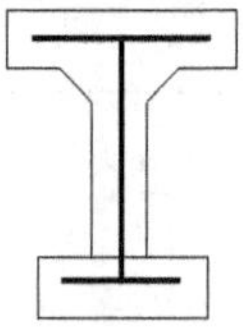

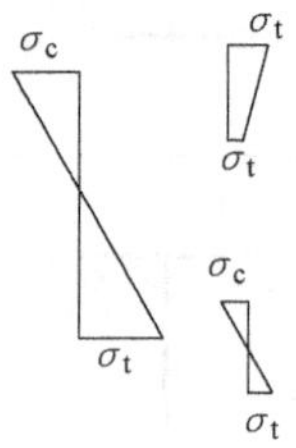

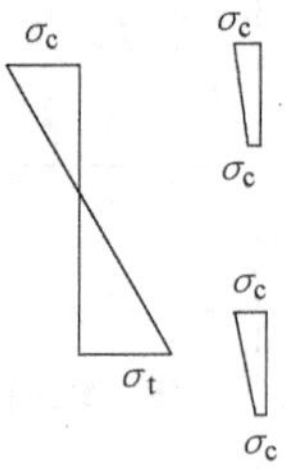

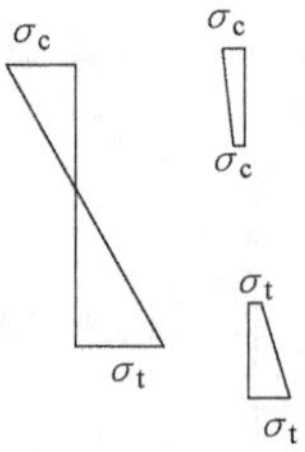

　　预弯复合梁在制作和使用过程中，不同阶段具有不同的截面形状，截面主要分为以下四类：钢梁截面、预弯梁截面、预弯复合梁截面以及一期混凝土开裂后预弯复合梁截面。为方便计算，可以将截面混凝土面积换算成钢材，换算时混凝土高度不变，从而保证截面形心和惯性矩不变。

1. 钢梁截面

将混凝土换算为钢材，钢梁截面无须改变，如图 6-3 所示。

2. 预弯梁截面

浇筑一期混凝土后的预弯梁原始截面如图 6-4a 所示，根据合力不变及应变相同的条件，将混凝土换算成钢材后，截面如图 6-4b 所示。由于一期混凝土形状不规则，可以划分为多个矩形，以图中编号①的混凝土为例进行换算。

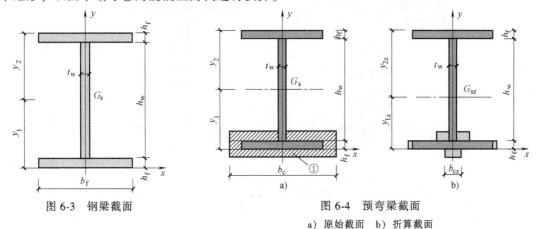

图 6-3　钢梁截面 　　　　　　　　　　　　　图 6-4　预弯梁截面
a）原始截面　 b）折算截面

对该混凝土面积，保持其高度不变，由合力相等

$$A_{c1}\sigma_{c1}=A_{s1}\sigma_{s1} \tag{6-1}$$

即　　　　　　　　　　$$A_{c1}\varepsilon_{c1}E_c=A_{s1}\varepsilon_{s1}E_s$$

钢梁应变与换算混凝土截面应变相等：$\varepsilon_{c1}=\varepsilon_{s1}$，令 $\alpha_E=E_s/E_c$，则上式变为

$$A_{s1}=\frac{A_{c1}}{\alpha_E} \tag{6-2}$$

由于截面高度保持不变，混凝土截面换算为钢材截面宽度为 $b_{cz}=\dfrac{b_c}{\alpha_E}$。

式中　A_{c1}——混凝土面积；

　　　A_{s1}——换算钢材截面面积；

　E_s、E_c——钢和混凝土的弹性模量；

　ε_{c1}、σ_{c1}——混凝土应变和应力；

　ε_{s1}、σ_{s1}——钢材截面应变和应力；

　　　b_c——混凝土宽度；

　　　b_{cz}——换算钢材截面宽度。

同理可将其他混凝土部分换算，得到换算钢材截面，此时截面形心为 G_{sz}。

3. 预弯复合梁截面

浇筑二期混凝土后复合梁截面如图 6-5a 所示，按照上述方法将混凝土截面转换为钢材截面，换算截面如图 6-5b 所示。在不同阶段，应该选取相应的截面进行计算。

4. 一期混凝土开裂后预弯复合梁截面

一期混凝土部分开裂后将退出工作，复合梁的有效截面如图 6-6 所示。

6.2.2　型钢预弯应力分析

为了使钢梁产生正弯矩弯曲，在距梁端 1/4 跨度处，分别施加一对大小相等的预弯力 P_f，预弯力 P_f 可按下式取值

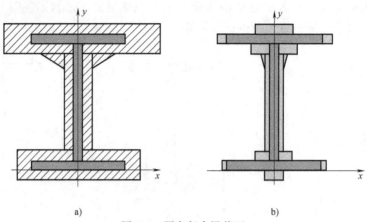

图 6-5　预弯复合梁截面

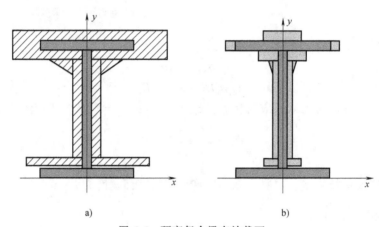

图 6-6　预弯复合梁有效截面

$$P_f = \frac{8[\sigma_s]I_s}{hL} \tag{6-3}$$

式中　$[\sigma_s]$——钢材的容许应力；

I_s——钢梁截面惯性矩；

h、L——钢梁的高度和跨度。

预弯力在钢梁中产生的最大弯矩为

$$M_f = \frac{P_f L}{4} = \frac{2[\sigma_s]I_s}{h} \tag{6-4}$$

预弯弯矩在钢梁上、下翼缘产生的应力分别为

$$\sigma_{st1} = \frac{M_f y_{ts}}{I_s} = \frac{2[\sigma_s]y_{ts}}{h}（压应力） \tag{6-5a}$$

$$\sigma_{sb1} = \frac{M_f y_{bs}}{I_s} = \frac{2[\sigma_s]y_{bs}}{h}（拉应力） \tag{6-5b}$$

式中　y_{ts}、y_{bs}——钢梁截面形心点纵坐标与上翼缘、下翼缘处纵坐标差，本身自带符号。

如钢梁截面上下对称，则预弯应力在上、下翼缘产生的应力是相等的，其值均等于钢材

的容许应力 $[\sigma_{s}]$。

6.2.3　混凝土浇筑成型各阶段应力分析

1. 卸载预弯力

待钢梁下翼缘浇筑一期混凝土并达到设计强度后，卸去预弯力，梁体产生回弹变形，使一期混凝土受压而产生预应力。此阶段一期混凝土参与梁体受力，构成了预弯复合梁。卸去预弯力，相当于在离梁端 1/4 处施加了一对与 P_{f} 大小相等、方向相反的作用力，它在钢梁上、下翼缘及一期混凝土上、下表面处产生的应力分别为

$$\sigma_{st2} = -\frac{M_{f}y_{st1}}{I_{1}} \tag{6-6a}$$

$$\sigma_{sb2} = -\frac{M_{f}y_{sb1}}{I_{1}} \tag{6-6b}$$

$$\sigma_{ct2} = -\frac{M_{f}y_{ct1}}{\alpha_{E1}I_{1}} \tag{6-6c}$$

$$\sigma_{cb2} = -\frac{M_{f}y_{cb1}}{\alpha_{E1}I_{1}} \tag{6-6d}$$

式中　I_{1}——预弯复合梁的截面惯性矩；

y_{st1}、y_{sb1}——分别为截面形心点纵坐标与钢梁上、下翼缘纵坐标差；

y_{ct1}、y_{cb1}——分别为截面形心点纵坐标与一期混凝土上、下表面纵坐标差；

α_{E1}——钢与一期混凝土弹性模量的比值。

2. 预弯复合梁的自重

在预弯梁的制作过程中，由于制作工艺的差异，自重荷载产生的应力也不同。当预弯梁制成以后，作为简支梁应用于工程时，在梁自重弯矩 M_{d1} 作用下，钢梁上、下翼缘及一期混凝土上、下表面产生的应力分别为

$$\sigma_{st3} = \frac{M_{d1}y_{st1}}{I_{1}} \tag{6-7a}$$

$$\sigma_{sb3} = \frac{M_{d1}y_{sb1}}{I_{1}} \tag{6-7b}$$

$$\sigma_{ct3} = \frac{M_{d1}y_{ct1}}{\alpha_{E1}I_{1}} \tag{6-7c}$$

$$\sigma_{cb3} = \frac{M_{d1}y_{cb1}}{\alpha_{E1}I_{1}} \tag{6-7d}$$

3. 二期混凝土的自重

浇筑二期混凝土时，可分为二期混凝土结硬前和结硬后两个阶段。二期混凝土结硬前，混凝土和模板自重作用在预弯梁上，设混凝土和模板自重在梁上产生的弯矩分别为 M_{d2} 和 M_{q}，此时梁截面抵抗矩仍为 I_{1}，则二期混凝土及模板自重在钢梁上、下翼缘及一期混凝土上、下表面产生的应力

$$\sigma_{st4} = \frac{(M_{d2}+M_{q})y_{st1}}{I_{1}} \tag{6-8a}$$

$$\sigma_{sb4} = \frac{(M_{d2} + M_q) y_{sb1}}{I_1} \tag{6-8b}$$

$$\sigma_{ct4} = \frac{(M_{d2} + M_q) y_{ct1}}{\alpha_{E1} I_1} \tag{6-8c}$$

$$\sigma_{cb4} = \frac{(M_{d2} + M_q) y_{cb1}}{\alpha_{E1} I_1} \tag{6-8d}$$

二期混凝土结硬后拆除模板，此时二期混凝土参与承受荷载，其截面抵抗惯性矩为 I_2，则钢梁上、下翼缘及一、二期混凝土的上、下表面所产生的应力可按下式计算

$$\sigma_{st4} = \frac{(M_{d2} + M_q) y_{st1}}{I_1} - \frac{M_q y_{st2}}{I_2} \tag{6-9a}$$

$$\sigma_{sb4} = \frac{(M_{d2} + M_q) y_{sb1}}{I_1} - \frac{M_q y_{sb2}}{I_2} \tag{6-9b}$$

$$\sigma_{ct4} = \frac{(M_{d2} + M_q) y_{ct1}}{\alpha_{E1} I_1} - \frac{M_q y_{ct2}}{\alpha_{E1} I_2} \tag{6-9c}$$

$$\sigma_{cb4} = \frac{(M_{d2} + M_q) y_{cb1}}{\alpha_{E1} I_1} - \frac{M_q y_{cb2}}{\alpha_{E1} I_2} \tag{6-9d}$$

$$\sigma'_{ct4} = -\frac{M_q y'_{ct2}}{\alpha_{E2} I_2} \tag{6-9e}$$

$$\sigma'_{cb4} = -\frac{M_q y'_{cb2}}{\alpha_{E2} I_2} \tag{6-9f}$$

式中　α_{E2}——钢与二期混凝土的弹性模量比值；

y'_{ct2}、y'_{cb2}——预弯复合梁截面形心纵坐标与二期混凝土上、下表面纵坐标的差；

y_{st2}、y_{sb2}——预弯复合梁截面形心纵坐标与钢梁上、下翼缘纵坐标的差；

y_{ct2}、y_{cb2}——预弯复合梁截面形心纵坐标与一期混凝土上、下表面纵坐标的差。

4. 复合梁上的永久荷载

设作用在预弯复合梁上的恒载所产生的弯矩为 M_{d3}，则由恒载在钢梁上、下翼缘产生的应力分别为

$$\sigma_{st5} = \frac{M_{d3} y_{st2}}{I_2} \tag{6-10a}$$

$$\sigma_{sb5} = \frac{M_{d3} y_{sb2}}{I_2} \tag{6-10b}$$

由恒载在一期混凝土上、下表面所产生的应力分别为

$$\sigma_{ct5} = \frac{M_{d3} y_{ct2}}{\alpha_{E1} I_2} \tag{6-10c}$$

$$\sigma_{cb5} = \frac{M_{d3} y_{cb2}}{\alpha_{E1} I_2} \tag{6-10d}$$

由恒载在二期混凝土上、下表面所产生的应力分别为

$$\sigma'_{ct5} = \frac{M_{d3} y'_{ct2}}{\alpha_{E2} I_2} \tag{6-10e}$$

$$\sigma'_{cb5} = \frac{M_{d3} y'_{cb2}}{\alpha_{E2} I_2} \tag{6-10f}$$

5. 预弯复合梁承受使用荷载

通过以上各种工作状态的计算，可以求得预弯复合梁制成以后，在恒载作用下一期混凝土上的预应力，从而可求得一期混凝土的消压弯矩 M_0，设预弯复合梁一期混凝土从消压开始到开裂的弯矩为 M_{cr}，作用在预弯复合梁上的使用弯矩为 M。

当 $M < M_0 + M_{cr}$ 时，预弯复合梁没有开裂，它在使用荷载作用下的应力为

$$\sigma_{st6} = \frac{M y_{st2}}{I_2} \tag{6-11a}$$

$$\sigma_{sb6} = \frac{M y_{sb2}}{I_2} \tag{6-11b}$$

$$\sigma_{ct6} = \frac{M y_{ct2}}{\alpha_{E1} I_2} \tag{6-11c}$$

$$\sigma_{cb6} = \frac{M y_{cb2}}{\alpha_{E1} I_2} \tag{6-11d}$$

$$\sigma'_{ct6} = \frac{M y'_{ct2}}{\alpha_{E2} I_2} \tag{6-11e}$$

$$\sigma'_{cb6} = \frac{M y'_{cb2}}{\alpha_{E2} I_2} \tag{6-11f}$$

当 $M > M_0 + M_{cr}$ 时，预弯复合梁下翼缘的一期混凝土开始出现裂缝，以钢梁上、下翼缘和梁顶混凝土的应力为控制应力，由 M_0 在上述各部位产生的应力分别为

$$\sigma_{st0} = \frac{M_0 y_{st2}}{I_2} \tag{6-11g}$$

$$\sigma_{sb0} = \frac{M_0 y_{sb2}}{I_2} \tag{6-11h}$$

$$\sigma'_{ct0} = \frac{M_0 y'_{ct2}}{\alpha_{E2} I_2} \tag{6-11i}$$

由 $M-M_0$ 在各部位产生的应力为

$$\sigma_{est} = \frac{(M-M_0) y_{ste2}}{I_e} \tag{6-11j}$$

$$\sigma_{esb} = \frac{(M-M_0) y_{sbe2}}{I_e} \tag{6-11k}$$

$$\sigma'_{ect} = \frac{(M-M_0) y'_{cte2}}{\alpha_{E2} I_e} \tag{6-11l}$$

因此由 M 在各部位产生的应力为

$$\sigma_{st6} = \sigma_{st0} + \sigma_{est} \tag{6-11m}$$

$$\sigma_{sb6} = \sigma_{sb0} + \sigma_{esb} \tag{6-11n}$$

$$\sigma'_{ct6} = \sigma'_{ct0} + \sigma'_{ect} \tag{6-11o}$$

式中　I_e——预弯复合梁一期混凝土开裂后有效截面惯性矩；

　　　y_{ste2}——有效截面形心纵坐标与钢梁上翼缘纵坐标差；

　　　y_{sbe2}——有效截面形心纵坐标与钢梁下翼缘纵坐标差；

　　　y'_{cte2}——有效截面形心纵坐标与二期混凝土上表面纵坐标差。

将以上各种状态产生的应力累加起来，得到钢梁上、下翼缘及梁顶混凝土应力 σ_{st}、σ_{sb} 和 σ'_{ct} 分别为

$$\sigma_{st} = \sum_{i=1}^{n} \sigma_{sti} \tag{6-11p}$$

$$\sigma_{sb} = \sum_{i=1}^{n} \sigma_{sbi} \tag{6-11q}$$

$$\sigma'_{ct} = \sum_{i=1}^{n} \sigma_{cti} \tag{6-11r}$$

在以上介绍的各种状态对应的计算公式中未包括混凝土的收缩、徐变产生的应力损失。如需考虑，将相应的应力值代入应力叠加公式即可。得到的最终累加应力应满足强度要求，否则应修改截面尺寸等参数，重新计算，直到满足下列条件为止。

$$\max\{|\sigma_{st}|, \sigma_{sb}\} \leq [f] \tag{6-11s}$$

$$|\sigma'_{ct}| \leq [f_c] \tag{6-11t}$$

式中　$[f]$——钢梁的容许应力；

　　　$[f_c]$——二期混凝土的容许压应力。

6.3　预弯型钢预应力混凝土梁设计

6.3.1　一般构造要求

1. 材料选用

钢梁采用高强钢材，可用 16Mn、16Mnq、16Mnv 等。一期混凝土强度等级不应低于 C50，宜采用 C60，不应选用强度等级过高的混凝土。二期混凝土可按普通钢筋混凝土梁选用，如 C25、C30 等。

2. 一期混凝土截面构造

为便于施工，一期混凝土和钢梁下翼缘之间的间隙应满足最小尺寸要求。

为了使钢梁和混凝土能够协同工作，除了设置一定数量的抗剪连接件外，还必须在混凝土中配置一些钢筋。抗剪连接件应通过计算确定。在一期混凝土中，纵筋应上下两排布置，配筋量不小于 8Φ16；箍筋一般采用 Φ(8~10)@(150~250)，与钢梁腹板焊接连接。

3. 二期混凝土截面构造

钢梁上翼缘到二期混凝土顶面的距离不小于 60mm，同时还应满足抗剪连接件的设置要求。在满足最小尺寸和构造要求后，钢梁应尽可能高，以利于充分发挥它承载能力大的优点。在二期混凝土腋部可做成倒角，以平缓过渡，加强协同工作能力。

4. 腹板混凝土的构造

腹板混凝土的作用是加强上下翼缘的联系，保证它们协同工作，其厚度一般可取 $(0.2~0.3)h$。此外腹板混凝土的厚度还应满足施工浇捣和钢梁防腐要求，一般不小于 150mm。对于比较低的梁可采用斜腹板式。腹板腰筋一般用 Φ10~16，间距不大于 300mm，另在钢腹板两侧加焊"匚"形钢筋。

6.3.2　型钢的预弯变形

在计算梁跨中挠度时，规定梁水平状态挠度为零，上拱为负，下挠为正。

1. 钢梁在预弯力作用下挠度

简支钢梁在距梁端 $l/4$ 的两集中荷载 P_f 作用下的挠曲线方程为

$$v = \frac{P_f(8x^4 - 62x^3 l + 27x^2 l^2 + 13xl^3)}{192 E_s I_s l} \quad (0 < x < \frac{l}{4}) \tag{6-12a}$$

$$v = \frac{P_f(-l^3 + 48l^2 x - 48lx^2)}{384 E_s I_s} \quad \left(\frac{l}{4} \leqslant x \leqslant \frac{l}{2}\right) \tag{6-12b}$$

型钢梁在跨中的挠度最大，为

$$f_{01} = \frac{11 P_f l^3}{384 E_s I_s} \tag{6-13}$$

式中　E_s——钢材的弹性模量；

I_s——钢梁的截面惯性矩。

2. 钢梁在自重下的挠度

由钢梁自重产生的跨中挠度为

$$f_{02} = \frac{5 q_s l^4}{384 E_s I_s} \tag{6-14}$$

式中　q_s——钢梁单位长度的重力。

3. 浇筑一期混凝土后撤去预弯力挠度

在一期混凝土结硬后，撤去 P_f 力（相当于在已结合的梁体加上两个与 P_f 大小相等、方向相反的力），同时，一期混凝土自重参与作用。在这一过程中，梁的挠度变化为

$$f_1 = -\frac{11 P_f l^3}{384 EI_1} + \frac{5 q_1 l^4}{384 EI_1} \tag{6-15}$$

式中　I_1——预弯复合梁的截面惯性矩；

q_1——一期混凝土均布荷载。

假设钢梁的预拱度为 f_0，浇筑一期混凝土后梁的挠度为

$$f = f_0 + f_{01} + f_{02} + f_1 \tag{6-16}$$

式中　f_0——裸钢梁的预拱度。

6.3.3　梁的正截面承载力计算

预弯梁与一般预应力梁类似，加载过程中的应力变化是：先抵消预加力产生的初始预压应力，然后再引起下翼缘一期混凝土开裂，钢梁下翼缘先达到流限，当钢塑性区具有一定高度时，上翼缘混凝土压碎。正截面受弯承载力按下列假定进行计算

1）平截面假定。

2）忽略混凝土的抗拉强度。

3）受压边缘混凝土极限压应变 ε_{cu} 取为 0.0033，相应的最大压应力取混凝土轴心抗拉强度设计值 f_c，受压区应力图形简化为等效矩形应力图，其高度取值按平截面假定所确定的

中和轴高度乘以系数 0.8，矩形应力图的应力取为混凝土轴心抗压强度设计值。

4）型钢腹板的应力图形为拉、压梯形应力图形，设计计算时，将其简化为等效矩形应力图形。

5）钢筋应力取钢筋应变与其弹性模量的乘积，但不大于其强度设计值。受拉钢筋和型钢受拉翼缘的极限拉应变 ε_{su} 取为 0.01。

（1）预弯梁正截面应力　截面上各部分应力分布如图 6-7 所示。

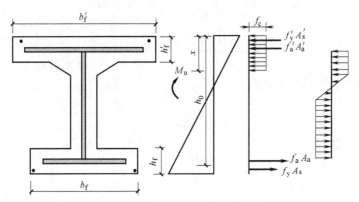

图 6-7　预弯梁正截面承载力计算

（2）预弯梁正截面各分力计算

1）混凝土承受压力：

当等效受压区高度 $x \leqslant h'_f$ 时

$$N'_c = \alpha_1 f_c b'_f x \tag{6-17a}$$

当等效受压区高度 $x > h'_f$ 时

$$N'_c = \alpha_1 f_c b x + \alpha_1 f_c (b'_f - b) h'_f \tag{6-17b}$$

2）上翼缘受压钢筋受压力　　$N'_s = f'_y A'_s$ 　　　　　　　　　　(6-18)

3）型钢上翼缘受压力　　　　$N'_a = f'_a A'_a$ 　　　　　　　　　　(6-19)

4）下翼缘受拉钢筋受拉力　　$N_s = f_y A_s$ 　　　　　　　　　　(6-20)

5）型钢下翼缘受拉力　　　　$N_a = f_a A_a$ 　　　　　　　　　　(6-21)

6）型钢腹板合力，当 $\delta_1 h_0 < 1.25x$，$\delta_2 h_0 > 1.25x$ 时

$$N_{aw} = [2.5\xi - (\delta_1 + \delta_2)] t_w h_0 f_a \tag{6-22}$$

（3）预弯梁正截面合力计算

1）非抗震设计情况，截面上各力的合力为

$$\sum N = N'_c + N'_s + N'_a - N_s - N_a + N_{aw} = 0 \tag{6-23}$$

2）各力对型钢受拉翼缘和纵向受拉钢筋合力点取矩

$$M_u \leqslant \sum M = N'_c \left(h_0 - \frac{x}{2}\right) + N'_s (h_0 - a'_s) + N'_a (h_0 - a'_a) + M_{aw} \tag{6-24}$$

3）抗震设计时，轴向力方程与非抗震设计公式相同，弯矩应满足下式

$$M_u \leqslant \frac{1}{\gamma_{RE}} \left[N'_c \left(h_0 - \frac{x}{2}\right) + N'_s (h_0 - a'_s) + N'_a (h_0 - a'_a) + M_{aw} \right] \tag{6-25}$$

$$M_{aw} = \left[\frac{1}{2}(\delta_1^2 + \delta_2^2) - (\delta_1 + \delta_2) + 2.5\xi - (1.25\xi)^2 \right] t_w h_0^2 f_a$$

$$\xi_b = \frac{\beta_1}{1 + \dfrac{\min(f_y, f_a)}{E_s \cdot \varepsilon_{cu}}} \tag{6-26}$$

混凝土受压区高度 x 尚应符合下列公式要求

$$x \leq \xi_b h_0 \tag{6-27a}$$

$$x > a'_a + t_f \tag{6-27b}$$

式中　ξ——相对受压区高度，$\xi = \dfrac{x}{h_0}$；

$\quad\quad \xi_b$——相对界限受压区高度，$\xi_b = x_b / h_0$，x_b 为界限受压区高度；

$\quad\quad h_0$——型钢受拉翼缘和纵向受拉钢筋合力点至混凝土受压边缘的距离；

$\quad\quad N_{aw}$——型钢腹板承受的轴向合力；

$\quad\quad M_{aw}$——型钢腹板承受的轴向力对型钢受拉翼缘和纵向受拉钢筋合力点的力矩；

$\quad\quad \delta_1 、 \delta_2$——分别为型钢腹板上端、下端至截面上边距离与 h_0 的比值；

$\quad\quad t_w$——型钢腹板厚度；

$\quad\quad t_f$——型钢翼缘厚度；

$\quad\quad h_w$——型钢腹板高度；

$\quad\quad f_y 、 f'_y$——普通钢筋抗拉、抗压强度设计值；

$\quad\quad f_a 、 f'_a$——型钢抗拉、抗压强度设计值；

$\quad\quad a'_a$——型钢受压翼缘合力点至混凝土受压边缘距离；

$\quad\quad \gamma_{RE}$——承载力抗震调整系数，按《混凝土结构设计规范》规定取值。

6.3.4　梁的斜截面承载力计算

预弯预应力混凝土梁处于受剪极限状态时，一期混凝土开裂退出工作，腹板混凝土仅作为加强梁上下翼缘协同工作和防止钢梁腹板局部失稳、腐蚀等作用，抗剪计算忽略这些混凝土的作用。假定剪力全部由钢梁腹板承受，则斜截面承载力计算公式为

$$V = f_v t_w h_w \tag{6-28}$$

式中　f_v——钢梁腹板抗剪强度设计值。

6.3.5　梁的正常使用极限状态验算

1. 抗裂验算

与普通预应力混凝土梁一样，预弯预应力混凝土梁在加载过程中截面应力的变化是先抵消初始的预压应力。在使用荷载作用下，当下翼缘混凝土达到抗拉强度时开裂，梁的开裂弯矩为

$$M_{cr} = \alpha_{E1}(f_{t1k} - \sigma_{pc}) W_2 \tag{6-29}$$

式中　σ_{pc}——为一期混凝土在二期混凝土硬化后的预压应力；

$\quad\quad W_2$——为二期混凝土硬化后截面的抵抗矩（折算成钢）。

考虑裂缝宽度分布的不均匀性、在荷载长期效应组合下梁中混凝土的最大裂缝宽度为

$$\omega_{max} = 2.1\psi \frac{\sigma_{sa}}{E_s}\left(1.9 c_s + 0.08 \frac{d_e}{\rho_{te}}\right) \tag{6-30}$$

其中

$$\psi = 1.1\left(1 - \frac{M_c}{M}\right) \tag{6-31a}$$

$$\sigma_{sa} = \frac{M}{0.87(A_s \cdot h_{0s} + A_{af} \cdot h_{0f} + kA_{aw} \cdot h_{0w})} - \sigma_{s0} \tag{6-31b}$$

$$d_e = \frac{4(A_s + A_{af} + kA_{aw})}{n\pi d_s + (2b_f + 2t_f + 2kh_w) \times 0.7} \tag{6-31c}$$

$$\rho_{te} = \frac{A_s + A_{af} + kA_{aw}}{0.5A} = 0.065 \tag{6-31d}$$

式中　　ψ——考虑型钢翼缘作用的钢筋应变不均匀系数，当 $\psi < 0.4$ 时，取 $\psi = 0.4$，当 $\psi > 1.0$ 时，取 $\psi = 1.0$；

M_c——混凝土截面的抗裂弯矩；

σ_{s0}——预弯复合梁初始钢筋应力；

σ_{sa}——考虑型钢受拉翼缘与部分腹板及受拉钢筋的钢筋应力值；

c_s——纵向受拉钢筋的混凝土保护层厚度；

k——型钢腹板影响系数，取梁受拉侧 1/4 梁高范围中腹板高度与整个腹板高度的比值；

d_e、ρ_{te}——考虑型钢受拉翼缘与部分腹板及受拉钢筋的有效直径、有效配筋率；

A_s、A_{af}——纵向受力钢筋、型钢受拉翼缘面积；

A_{aw}、h_{aw}——型钢腹板面积、高度；

h_{0s}、h_{0f}、h_{0w}——分别为纵向受拉钢筋、型钢受拉翼缘、k_{Aaw} 截面重心至混凝土受压边缘的距离；

n——纵向受拉钢筋数量；

b_f、t_f——型钢受拉翼缘宽度、厚度。

2. 挠度验算

预弯型钢预应力混凝土梁在正常使用状态下的挠度，可根据构件的刚度用结构力学的方法计算。在等截面构件中，可假定各同号弯矩区段内的刚度相等，并取用该区段内最大弯矩处的刚度。

受弯构件的挠度应按荷载短期效应组合并考虑长期效应组合影响的长期刚度 B_l 进行计算，所求的挠度计算值应满足规范限值的要求。

预弯型钢预应力混凝土梁纵向受拉钢筋的配筋率为 0.3% ~ 1.5% 时，其荷载短期效应和长期效应组合作用下的短期刚度 B_s 和长期刚度 B_l，可按下列公式计算

$$B_s = \left(0.22 + 3.75\frac{E_s}{E_c}\rho_s\right)E_cI_c + E_aI_a \tag{6-32}$$

$$B_l = \frac{M_s}{M_l(\theta - 1) + M_s}B_s \tag{6-33}$$

式中　E_c——混凝土弹性模量；

E_a——型钢弹性模量；

I_c——按截面尺寸计算的混凝土截面惯性矩；

I_a——型钢的截面惯性矩;

M_s——按荷载短期组合计算的弯矩值;

M_l——按荷载长期效应组合的弯矩值;

θ——考虑荷载长期效应组合对挠度增大的影响系数。

由于构件制作时预先起拱,验算挠度时,可将计算所得挠度值扣除起拱值。

6.4 设计示例

已知:某预弯复合简支梁,跨度 $l_0 = 21\text{m}$,采用 16Mn 钢焊接,抗拉强度设计值 $f_s = 345\text{MPa}$,弹性模量 $E_s = 2.06 \times 10^5 \text{N/mm}^2$,钢梁上拱度为 180mm,钢梁上、下翼缘及腹板厚度均为 20mm,截面尺寸如图 6-8 所示。为了使钢梁产生预弯曲,在距梁两端 1/4 跨度处,分别施加一对大小相等的预弯力 $P_f = \dfrac{8[\sigma_s]I_s}{hL}$,$[\sigma_s]$ 取 204MPa。在钢梁的下翼缘浇筑一期混凝土,强度等级为 C50,$E_{c1} = 3.45 \times 10^4 \text{N/mm}^2$,$f_c = 23.1\text{N/mm}^2$。一期混凝土底部布置 $5\oplus16\text{mm}$ 钢筋,顶部布置 $4\oplus16$ 钢筋,$f_y = 300\text{N/mm}^2$。二期混凝土选用 C30,$E_{c2} = 3.0 \times 10^4 \text{N/mm}^2$,$f_c = 14.3\text{N/mm}^2$,二期混凝土模板重量为 125kg/m^2,相当于均布荷载 $q = 2450\text{N/m}$。组合梁在使用过程中均布荷载和集中力分别为 $g = 160\text{kN/m}$、$P = 120\text{kN}$。试计算预弯复合梁在设计和施工过程中的应力、挠度变化,并复核梁是否满足抗弯、抗剪承载力,以及是否满足正常使用状态要求。

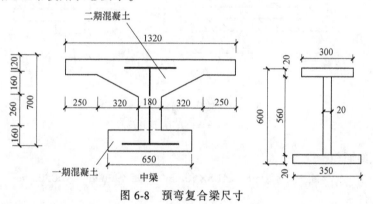

图 6-8 预弯复合梁尺寸

解:1. 钢梁截面参数

面积 $A_s = 300 \times 20\text{mm}^2 + 350 \times 20\text{mm}^2 + 560 \times 20\text{mm}^2 = 24200\text{mm}^2$

截面形心位置 $y_0 = [350 \times 20 \times 10 + 560 \times 20 \times (280 + 20) + 300 \times 20 \times 590]\text{mm}/A_s = 288\text{mm}$

惯性矩 $I_s = \left[\dfrac{20 \times 560^3}{12} + 560 \times 20 \times (300-288)^2 + 350 \times 20 \times (288-10)^2 + 300 \times 20 \times (590-288)^2 \right]\text{mm}^4$

$= 13.82 \times 10^8 \text{mm}^4$

2. 预弯力作用下

(1) 应力计算

钢梁施加的预弯力 $\qquad P_f = \dfrac{8[\sigma_s]I_s}{hL} = 179\text{kN}$

预弯力在钢梁上产生的弯矩 $M = P_f \dfrac{L}{4} = \dfrac{2[\sigma_s]I_s}{h} = 940\text{kN} \cdot \text{m}$

上翼缘应力 $\sigma_1 = \dfrac{My_1}{I_s} = \dfrac{2[\sigma_s]y_1}{h} = 2 \times 204 \times \dfrac{288-600}{600}\text{MPa} = -212.16\text{MPa}$

下翼缘应力 $\sigma_2 = \dfrac{My_2}{I_s} = \dfrac{2[\sigma_s]y_2}{h} = 2 \times 204 \times \dfrac{288}{600}\text{MPa} = 195.84\text{MPa}$

（2）挠度计算

型钢梁在跨中的挠度 $f_{01} = \dfrac{11P_f l}{384E_s I_s} = \dfrac{11 \times 179 \times 10^3 \times (21 \times 10^3)^3}{384 \times 2.06 \times 10^5 \times 13.82 \times 10^8}\text{mm} = 154\text{mm}$

3. 一期混凝土卸载后

（1）应力计算　在钢梁的下翼缘浇筑一期混凝土（图 6-9），强度等级为 C50，待一期混凝土达到设计强度的 90% 以上时，将预弯力 P_f 去除，计算时将混凝土部分换算为钢材，截面高度保持不变，混凝土截面换算为钢材截面宽度 $b_{cz} = b_c/\alpha_E$，其中：$\alpha_E = E_s/E_c = 6$。

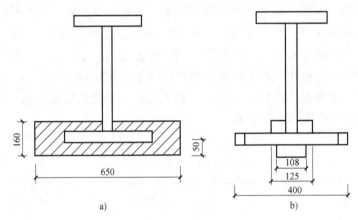

图 6-9　浇筑一期混凝土梁截面

a）原始截面　b）换算截面

换算后截面面积
$$A_{s1} = A_s + 50 \times 20\text{mm}^2 + 108 \times 50\text{mm}^2 + 105 \times 90\text{mm}^2 = 40050\text{mm}^2$$

截面形心位置
$$y_{01} = [108 \times 50 \times 25 + 400 \times 20 \times 60 + 105 \times 90 \times 115 + 560 \times 20 \times 350 + 300 \times 20 \times 640]\text{mm}/A_{s1}$$
$$= 236\text{mm}$$

换算截面对形心惯性矩
$$I_1 = [108 \times 50 \times (236-25)^2 + 400 \times 20 \times (236-60)^2 + 105 \times 90 \times (236-115)^2 + 20 \times 560^3/12 +$$
$$560 \times 20 \times (236-350)^2 + 300 \times 20 \times (640-236)^2]\text{mm}^4 = 20.4 \times 10^8\text{mm}^4$$

考虑一期混凝土的自重产生的弯矩为
$$M_{d1} = \dfrac{q_{c1} \times 21^2}{8} = 143\text{kN} \cdot \text{m}$$

混凝土自重 $q_{c1} = 104000 \times 25 \times 10^{-3}\text{N/m} = 2600\text{N/m}$。

卸载预弯力引起钢梁上、下翼缘的应力变化为

$$\sigma_{st2} = -\frac{(M_f - M_{d1})y_{st1}}{I_1} = -\frac{(940-143)\times 10^6 \times (236-650)}{20.4\times 10^8}\text{MPa} = 161.7\text{MPa}$$

$$\sigma_{sb2} = -\frac{(M_f - M_{d1})y_{sb1}}{I_1} = -\frac{(940-143)\times 10^6 \times (236-50)}{20.4\times 10^8}\text{MPa} = -72.7\text{MPa}$$

此时，钢梁上、下翼缘的应力为

$$\sigma_{st} = (-212.16+161.7)\text{MPa} = -50.4\text{MPa}$$

$$\sigma_{sb} = (195.84-72.7)\text{MPa} = 123.2\text{MPa}$$

同理，卸载预弯力在一期混凝土上、下表面引起的应力变化为

$$\sigma_{ct2} = -\frac{(M_f - M_{d1})y_{ct1}}{\alpha_{E1}I_1} = -\frac{(940-143)\times 10^6 \times (236-160)}{6\times 20.4\times 10^8}\text{MPa} = -4.9\text{MPa}$$

$$\sigma_{cb2} = -\frac{(M_f - M_{d1})y_{cb1}}{\alpha_{E1}I_1} = -\frac{(940-143)\times 10^6 \times 236}{6\times 20.4\times 10^8}\text{MPa} = -15.4\text{MPa}$$

因此，卸载预弯力在一期混凝土上产生预压力，下表面预压力最大，为 15.4MPa。

（2）挠度计算

在一期混凝土结硬后，撤去 P_f 力（相当于在已结合的梁体上施加两个与 P_f 大小相等、方向相反的力），同时，一期混凝土自重参与作用，在这一过程中，梁的挠度变化为

$$f_1 = -\frac{11P_f l^3}{384EI_1} + \frac{5q_1 l^4}{384EI_1} = \frac{-11\times 179\times 10^3 \times (21\times 10^3)^3 + 5\times 2.6\times (21\times 10^3)^4}{384\times 2.06\times 10^5 \times 20.4\times 10^8}\text{mm} = -97\text{mm}$$

此时预弯符合梁的挠度为

$$f = (-180+154-97)\text{mm} = -123\text{mm}$$

即预弯梁上拱度为 123mm。

4. 浇筑二期混凝土

浇筑二期混凝土梁截面如图 6-10 所示。二期混凝土选用 C30 强度等级，$E_{c2} = 3.0\times 10^4 \text{N/mm}^2$，$f_c = 14.3\text{N/mm}^2$，混凝土截面换算为钢材截面宽度 $b_{cz} = b_c/\alpha_E$，其中：$\alpha_E = E_s/E_c = 6.9$。选用钢模板 125kg/m²，均布荷载 $q = 2450\text{N/m}$。

（1）应力计算　浇筑二期混凝土时，可分为二期混凝土结硬前和结硬后两个阶段。

1）第一阶段：二期混凝土结硬前，混凝土和模板自重作用在预弯梁上，产生的弯矩分别为

$$M_{d2} = \frac{q_{c2}\times 21^2}{8} = 393\text{kN}\cdot\text{m}$$

$$M_q = \frac{q\times 21^2}{8} = 135\text{kN}\cdot\text{m}$$

混凝土自重 $q_{c2} = 285200\times 25\times 10^{-3}\text{N/m} = 7130\text{N/m}$。

此时梁截面抵抗矩仍为 I_1，则二期混凝土及模板自重在钢梁上、下翼缘产生的应力

$$\sigma_{st4} = \frac{(M_{d2}+M_q)y_{st1}}{I_1} = \frac{(393+135)\times 10^6 \times (236-650)}{20.4\times 10^8}\text{MPa} = -107\text{MPa}$$

$$\sigma_{sb4} = \frac{(M_{d2}+M_q)y_{sb1}}{I_1} = \frac{(393+135)\times 10^6 \times (236-50)}{20.4\times 10^8}\text{MPa} = 48\text{MPa}$$

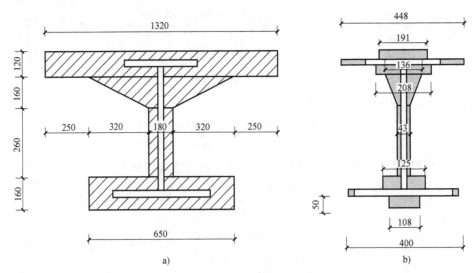

a)
b)

图 6-10　浇筑二期混凝土梁截面

a）原始截面　b）换算截面

二期混凝土及模板在一期混凝土上、下表面产生的应力为：

$$\sigma_{ct4} = \frac{(M_{d2}+M_q)y_{ct1}}{\alpha_{E1}I_1} = \frac{(393+135)\times10^6\times(236-160)}{6\times20.4\times10^8}MPa = 3.3MPa$$

$$\sigma_{cb4} = \frac{(M_{d2}+M_q)y_{cb1}}{\alpha_{E1}I_1} = \frac{(393+135)\times10^6\times236}{6\times20.4\times10^8}MPa = 10.2MPa$$

2）第二阶段：二期混凝土结硬后拆除模板，此时二期混凝土参与承受荷载，其截面抵抗惯性矩为 I_2，换算截面的参数为

换算后截面面积

$$A_{s2} = [A_{s1}+(43-20)\times260+(23+116)\times160/2+188\times50+148\times20+191\times50]mm^2 = 79060mm^2$$

截面形心位置

$$y_{02} = [108\times50\times25+400\times20\times60+105\times90\times115+23\times420\times370+188\times50\times602+560\times20\times350+$$
$$448\times20\times640+191\times50\times675]mm/A_{s2} = 342mm$$

换算截面对形心惯性矩

$$I_2 = [108\times50\times(342-25)^2+400\times20\times(342-60)^2+105\times90\times(342-115)^2+560\times20\times(350-$$
$$342)^2+448\times20\times(640-342)^2+420\times23\times(342-370)^2+188\times50\times(342-602)^2+191\times50\times$$
$$(342-675)^2+43\times700^3/12]mm^4 = 53.9\times10^8mm^4$$

钢梁上、下翼缘及一、二期混凝土的上、下表面所产生的应力可按下式计算

$$\sigma_{st4} = \frac{(M_{d2}+M_q)y_{st1}}{I_1} - \frac{M_qy_{st2}}{I_2} = -107MPa - \frac{135\times10^6\times(342-650)}{53.9\times10^8}MPa = -99MPa$$

$$\sigma_{sb4} = \frac{(M_{d2}+M_q)y_{sb1}}{I_1} - \frac{M_q \cdot y_{sb2}}{I_2} = 48MPa - \frac{135\times10^6\times(342-70)}{53.9\times10^8}MPa = 41MPa$$

$$\sigma_{ct4} = \frac{(M_{d2}+M_q)y_{ct1}}{\alpha_{E1}I_1} - \frac{M_q \cdot y_{ct2}}{\alpha_{E1}I_2} = 3.3MPa - \frac{135\times10^6\times(342-160)}{6\times53.9\times10^8}MPa = 2.5MPa$$

$$\sigma_{cb4} = \frac{(M_{d2}+M_q)y_{cb1}}{\alpha_{E1}I_1} - \frac{M_q \cdot y_{cb2}}{\alpha_{E1}I_2} = 10.2\text{MPa} - \frac{135 \times 10^6 \times 342}{6 \times 53.9 \times 10^8}\text{MPa} = 8.8\text{MPa}$$

$$\sigma'_{ct4} = -\frac{M_q y'_{ct2}}{\alpha_{E2}I_2} = -\frac{135 \times 10^6 \times (342-700)}{6.9 \times 53.9 \times 10^8}\text{MPa} = 1.3\text{MPa}$$

$$\sigma'_{cb4} = -\frac{M_q y'_{cb2}}{\alpha_{E2}I_2} = -\frac{135 \times 10^6 \times (342-160)}{6.9 \times 53.9 \times 10^8}\text{MPa} = -0.7\text{MPa}$$

此时，钢梁上、下翼缘的应力为

$$\sigma_{st} = -50.4\text{MPa} - 99\text{MPa} = -149.4\text{MPa}$$

$$\sigma_{sb} = 123.2\text{MPa} + 41\text{MPa} = 164.2\text{MPa}$$

一期混凝土上、下表面的应力为

$$\sigma_{ct} = -4.9\text{MPa} + 2.5\text{MPa} = -2.4\text{MPa}$$

$$\sigma_{cb} = -15.4\text{MPa} + 8.8\text{MPa} = -6.6\text{MPa}$$

二期混凝土上、下表面的应力为

$$\sigma'_{ct} = 1.3\text{MPa}$$

$$\sigma'_{cb} = -0.7\text{MPa}$$

（2）挠度计算　二期混凝土结硬前，此时梁的截面抵抗惯性矩为 I_1，由二期混凝土及模板自重产生的挠度为

$$f_{d+q} = \frac{5(M_{d2}+M_q)l^2}{48EI_1}$$

二期混凝土结硬后，拆除模板，梁发生回弹，其回弹值为

$$f_q = \frac{5M_q \cdot l^2}{48EI_2}$$

因此，二期混凝土结硬后，由二期混凝土自重产生的挠度为

$$f_2 = \frac{5(M_{d2}+M_q)l^2}{48EI_1} - \frac{5M_q l^2}{48EI_2} = \frac{5 \times (393+135) \times 10^6 \times (21 \times 10^3)^2}{48 \times 2.06 \times 10^5 \times 20.4 \times 10^8}\text{mm}$$

$$-\frac{5 \times 135 \times 10^6 \times (21 \times 10^3)^2}{48 \times 2.06 \times 10^5 \times 53.9 \times 10^8}\text{mm} = 52\text{mm}$$

5. 使用阶段验算

（1）抗弯承载力　截面上各部分应力合力分别为：

1）混凝土承受压力

假设等效受压区高度 $x > h'_f$，$N'_c = \alpha_1 f_c bx + \alpha_1 f_c(b'_f - b)h'_f = 14.3 \times 180x + 14.3 \times (1320-180) \times 120$

上翼缘受压钢筋　$N'_s = f'_y A'_s = 300 \times 8 \times 3.14 \times 14^2 \div 4 = 369264\text{N}$

型钢上翼缘受压　$N'_a = f'_a A'_a = 345 \times 300 \times 20\text{N} = 1380000\text{N}$

下翼缘受拉钢筋　$N_{s1} = f_y A_{s1} = 300 \times 5 \times 3.14 \times 16^2\text{N} \div 4 = 301440\text{N}$

$$N_{s2} = f_y A_{s2} = 300 \times 4 \times 3.14 \times 16^2\text{N} \div 4 = 241152\text{N}$$

型钢下翼缘受拉　$N_a = f_a A_a = 345 \times 350 \times 20\text{N} = 2415000\text{N}$

2）型钢腹板合力

当 $\delta_1 h_0 < 1.25x$，$\delta_2 h_0 > 1.25x$ 时，$N_{aw} = [2.5\xi - (\delta_1 + \delta_2)]t_w h_0 f_a = (2.5x - 700) \times 20 \times 345$

截面上各力合力为

$$\sum N = N_c' + N_s' + N_a' - N_s - N_a + N_{aw} = 0$$

代入得到：$x = 206\text{mm} > h_f' = 120$ 与假设一致。

3）各力对型钢受拉翼缘和纵向受拉钢筋合力点取矩

$$M_u = N_c'\left(h_0 - \frac{x}{2}\right) + N_s'(h_0 - a_s') + N_a'(h_0 - a_a') + M_{aw}$$

$$= 2486.5 \times 537 \times 10^{-3}\text{kN} \cdot \text{m} + 369.3 \times 610 \times 10^{-3}\text{kN} \cdot \text{m} + 1380 \times 580 \times 10^{-3}\text{kN} \cdot \text{m} + 111.7\text{kN} \cdot \text{m}$$

$$= 2472.6\text{kN} \cdot \text{m}$$

$$M_{aw} = \left[\frac{1}{2}(\delta_1^2 + \delta_2^2) - (\delta_1 + \delta_2) + 2.5\xi - (1.25\xi)^2\right]t_w h_0^2 f_a = 111.7\text{kN} \cdot \text{m}$$

$M = (2.6 + 7.13 + 5) \times 21^2 \div 8\text{kN} \cdot \text{m} + 120 \times 21\text{kN} \cdot \text{m} \div 2 = 2073\text{kN} \cdot \text{m} < M_u$（满足要求）

（2）抗剪承载力　预弯型钢复合梁所能承受的抗剪承载力为

$$V_{max} = f_v t_w h_w = 200 \times 20 \times 560\text{kN} = 2240\text{kN}$$

$V = (2.6 + 7.13 + 5) \times 21\text{kN} \div 2 + 120\text{kN} \div 2 = 215\text{kN} < V_{max}$（满足抗剪要求）

（3）正常使用极限状态

1）裂缝验算

$$\sigma_{ct5} = \frac{M_q y_{ct2}}{\alpha_{E1} I_2} = \frac{1181 \times 10^6 \times (342 - 160)}{6 \times 53.9 \times 10^8}\text{MPa} = 6.6\text{MPa}$$

$$\sigma_{cb5} = \frac{M_q y_{cb2}}{\alpha_{E1} I_2} = \frac{1181 \times 10^6 \times 342}{6 \times 53.9 \times 10^8}\text{MPa} = 12.5\text{MPa}$$

一期混凝土上、下表面的应力为

$$\sigma_{ct} = -2.4\text{MPa} + 6.6\text{MPa} = 4.2\text{MPa}$$

$$\sigma_{cb} = -6.6\text{MPa} + 12.5\text{MPa} = 5.9\text{MPa} > f_{tk} = 2.64\text{（一期混凝土开裂）}$$

钢梁上下翼缘应力变化为

$$\sigma_{st5} = \frac{M_q y_{st2}}{I_2} = \frac{1181 \times 10^6 \times (342 - 650)}{53.9 \times 10^8}\text{MPa} = -67\text{MPa}$$

$$\sigma_{sb5} = \frac{M_q y_{sb2}}{I_2} = \frac{1181 \times 10^6 \times (342 - 70)}{53.9 \times 10^8}\text{MPa} = 60\text{MPa}$$

此时，钢梁上、下翼缘的应力为

$$\sigma_{st} = -149.4\text{MPa} - 67\text{MPa} = -216\text{MPa}$$

$$\sigma_{sb} = 164.2\text{MPa} + 60\text{MPa} = 224\text{MPa}$$

考虑裂缝宽度分布的不均匀性、荷载长期效应组合影响的最大裂缝宽度为

$$\omega_{max} = 2.1\psi \frac{\sigma_{sa}}{E_s}\left(1.9c_s + 0.08\frac{d_e}{\rho_{te}}\right)$$

$$\psi = 1.1\left(1 - \frac{M_c}{M}\right) = 1.1 \times \left(1 - \frac{76}{1595}\right) = 10.5 > 1.0，\text{取为 } 1.0。$$

$$\sigma_{sa} = \frac{M}{0.87\ (A_s h_{0s} + A_{af} h_{0f} + kA_{aw} h_{0w})} - \sigma_{s0}$$

$$= \frac{1595 \times 10^6}{0.87 \times (1808 \times 640 + 7000 \times 640 + 0.1875 \times 11200 \times 577)} MPa - 123 MPa = 145 MPa$$

$$d_e = \frac{4(A_s + A_{af} + kA_{aw})}{n\pi d_s + (2b_f + 2t_f + 2kh_w) \times 0.7}$$

$$= \frac{4(1808 + 7000 + 0.1875 \times 11200)}{9\pi \times 16 + (2 \times 350 + 2 \times 20 + 2 \times 0.1875 \times 560) \times 0.7} mm = 39 mm$$

$$\rho_{te} = \frac{A_s + A_{af} + kA_{aw}}{0.5A} = 0.065$$

因此 $\omega_{max} = 2.1 \times 1.0 \times \dfrac{145}{2.06 \times 10^5} \times \left(1.9 \times 25 + 0.08 \times \dfrac{39}{0.065}\right) mm = 0.14 mm < 0.2 mm$（裂缝宽度满足要求）

2）挠度验算。预弯型钢预应力混凝土梁纵向受拉钢筋配筋率为 0.3% ~ 1.5% 范围时，其荷载短期效应和长期效应组合作用下的短期刚度 B_s 和长期刚度 B_l，可按下列公式计算

$$B_s = \left(0.22 + 3.75 \frac{E_s}{E_c}\rho_s\right)E_c I_c + E_a I_a$$

$$B_l = \frac{M_s}{M_l(\theta - 1) + M_s} B_s$$

式中，$E_s = 2.06 \times 10^5 N/mm^2$，$E_c = 3 \times 10^4 N/mm^2$，$\rho_s = \dfrac{1809}{343700} = 0.53\%$，$E_a = 2.06 \times 10^5 N/mm^2$，$I_c = 2.16 \times 10^{10} mm^4$，$I_a = 13.82 \times 10^8 mm^4$，$M_s$ 与 M_l 与荷载种类及相应比例有关，近似取 $M_l = 0.75 M_s$，$\theta = 1.72$。

因此得到 $B_l = 33.5 \times 10^{13} N \cdot mm^2$

$$f_l = \frac{5M_k l_0^2}{48B_l} = \frac{5 \times \left(\dfrac{2073}{1.3}\right) \times 21^2 \times 10^{12}}{48 \times 33.5 \times 10^{13}} mm = 219 mm$$

由于构件制作时预先起拱，验算挠度时，可将计算所得挠度值减去起拱值 180mm。

$f = 39 mm < [l_0/300] = 70 mm$（满足要求）

思　考　题

6-1　什么是预弯复合梁？

6-2　预弯复合梁有哪些优点？

6-3　简述预弯复合梁制作施工顺序。

6-4　预弯力大小如何确定？

6-5　预弯复合梁混凝土现浇成型需要考虑哪些荷载？

6-6　预弯复合梁设计验算内容包括哪几方面？

6-7　影响预弯复合梁正截面承载力的因素包括哪些？

6-8　影响预弯复合梁斜截面承载力的因素包括哪些？

6-9 影响预弯复合梁裂缝的因素包括哪些？

6-10 影响预弯复合梁挠度的因素包括哪些？

习 题

6-1 某预弯复合简支梁，跨度 $l_0 = 21\text{m}$，采用 16Mn 钢焊接，钢梁上拱度为 170mm，钢梁上、下翼缘及腹板厚度均为 20mm，截面尺寸如图 6-8 所示。为了使钢梁产生预弯曲，在距梁两端 1/4 跨度处，分别施加一对大小相等的预弯力 $P_\text{f} = \dfrac{8\left[\sigma_\text{s}\right] I_\text{s}}{hL}$，$\left[\sigma_\text{s}\right]$ 取 200MPa。在钢梁的下翼缘浇筑一期混凝土，强度等级为 C50，一期混凝土底部布置 5⌀16mm 钢筋，顶部布置 4⌀16 钢筋。二期混凝土选用 C30，二期混凝土模板重量为 125kg/m^2，相当于均布荷载 $q = 2450\text{N/m}$。组合梁在使用过程中均布荷载和集中力分别为 $g = 150\text{kN/m}$、$P = 120\text{kN}$。计算预弯复合梁在设计和施工过程中的应力、挠度变化，并复核梁是否满足抗弯、抗剪承载力，以及正常使用状态要求。

参 考 文 献

［1］ 中国建筑科学研究院. 建筑结构荷载规范：GB 50009—2012［S］. 北京：中国建筑工业出版社，2012.

［2］ 中国建筑科学研究院. 混凝土结构设计规范（2015 版）：GB 50010—2010［S］. 北京：中国建筑工业出版社，2016.

［3］ 中冶京诚工程技术有限公司. 钢结构设计标准：GB 50017—2017［S］. 北京：中国建筑工业出版社，2017.

［4］ 哈尔滨工业大学. 钢管混凝土结构技术规范：GB 50936—2014［S］. 北京：中国建筑工业出版社，2014.

［5］ 中国建筑科学研究院. 组合结构设计规范：JGJ 138—2016［S］. 北京：中国建筑工业出版社，2016.

［6］ 中冶建筑研究总院有限公司. 组合楼板设计与施工规范：CECS 273—2010［S］. 北京：中国计划出版社，2011.

［7］ 中国建筑第二工程局有限公司. 钢-混凝土组合结构施工规范：GB 50901—2013［S］. 北京：中国建筑工业出版社，2013.

［8］ 中冶集团建筑研究总院. 建筑用压型钢板：GB/T 12755—2008［S］. 北京：中国标准出版社，2009.

［9］ 赵顺波，张新中. 混凝土叠合结构设计原理［M］. 北京：中国水利水电出版社，2001.

［10］ 聂建国，等. 钢-混凝土组合结构［M］. 北京：中国建筑工业出版社，2005.

［11］ 薛建阳. 钢与混凝土组合结构［M］. 武汉：华中科技大学出版社，2007.

［12］ 夏冬桃. 组合结构设计原理［M］. 武汉：武汉大学出版社，2009.

［13］ 李天，等. 组合结构设计原理［M］. 郑州：郑州大学出版社，2010.

［14］ 薛建阳. 钢与混凝土组合结构设计原理［M］. 北京：科学出版社，2010.

［15］ 钟善桐. 钢管混凝土结构［M］. 北京：清华大学出版社，2003.

［16］ 陈世鸣. 钢-混凝土组合结构［M］. 北京：中国建筑工业出版社，2013.

［17］ 蔡绍怀. 现代钢管混凝土结构［M］. 北京：人民交通出版社，2003.

［18］ 韩林海. 现代钢管混凝土结构技术［M］. 北京：中国建筑工业出版社，2004.

［19］ 周学军，王敦强. 钢与混凝土组合结构设计与施工［M］. 济南：山东科学技术出版社，2004.

［20］ 陈忠汉，胡夏闽. 钢-混凝土组合结构设计［M］. 北京：中国建筑工业出版社，2009.

［21］ 竺存宏，张凤珍. 预弯复合梁作用机理研究［J］. 水道港口，1989，(2)：13-25.

［22］ 赵继章，曹森虎，竺存宏. 预弯预应力复合梁开裂后正截面强度计算方法的研究［J］. 西安公路学院学报，1992，(4)：11-17.

［23］ 竺存宏. 预弯复合梁在反复荷载作用下正截面强度的试验研究［J］. 建筑结构学报，1995，(1)：50-59.

［24］ 肖明伟，蔡均田. 预弯复合梁在施工阶段的应力控制［J］. 铁道建筑，2001，(7)：28-30.

［25］ 李立军，艾晓光. 预弯组合梁破坏阶段的分析［J］. 辽宁交通科技，2002，(3)：35-37.

［26］ 赵明，申全增. 预弯（钢与混凝土）复合梁铁路桥［J］. 铁道建筑，2001，(9)：40-42.

［27］ 李国强，楼国彪. 预弯复合梁及其计算与设计（1）［J］. 工业建筑，1998，(7)：45-49.

［28］ 李国强，楼国彪，杨晓峰. 预弯复合梁及其计算与设计（2）［J］. 工业建筑，1998，(8)：46-49.

［29］ 李国强，楼国彪，杨晓峰. 预弯复合梁及其计算与设计（3）［J］. 工业建筑，1998，(9)：45-46.

［30］ 张克波，李素平. 预弯预应力混凝土受弯构件正截面受弯承载力［J］. 长沙交通学院学报，1998，(2)：33-38.

［31］ 张克波，刘开生，李素平. 预弯预应力混凝土受弯构件的挠度计算［J］. 长沙交通学院学报，1999，(1)：55-57.

［32］ 周先雁，周义武. 预弯梁回弹量与挠度计算方法的探讨［J］. 重庆交通学院学报，1990，(4)：33-40.